Perry 小鼠实验系列丛书

Perry小鼠实验
手术造模。I

Perry's Model Operation on Laboratory Mouse

刘彭轩　主编

北京大学出版社
PEKING UNIVERSITY PRESS

图书在版编目（CIP）数据

Perry 小鼠实验手术造模 . I / 刘彭轩主编 . —北京：北京大学出版社，2024.6
（Perry 小鼠实验系列丛书）
ISBN 978-7-301-35035-5

Ⅰ.①P…　Ⅱ.①刘…　Ⅲ.①鼠科－实验医学－外科手术－模型　Ⅳ.① Q959.837

中国国家版本馆CIP数据核字（2024）第095578号

书　　　名	Perry小鼠实验手术造模 I
	Perry XIAOSHU SHIYAN SHOUSHU ZAOMO I
著作责任者	刘彭轩　主编
责任编辑	黄　炜
标准书号	ISBN 978-7-301-35035-5
出版发行	北京大学出版社
地　　　址	北京市海淀区成府路205号　100871
网　　　址	http://www.pup.cn　　新浪微博：@北京大学出版社
电子邮箱	zpup@pup.cn
电　　　话	邮购部 010-62752015　发行部 010-62750672　编辑部 010-62764976
印　刷　者	北京九天鸿程印刷有限责任公司
经　销　者	新华书店
	720毫米×1020毫米　16开本　22.25印张　360千字
	2024年6月第1版　2024年6月第1次印刷
定　　　价	266.00元（精装）

《Perry 小鼠实验手术造模》
编委会

主　　编	刘彭轩
副 主 编	王成稷　田　松　刘金鹏
手术顾问	王增涛
病理顾问	赵德明　杨利峰
病理编辑	刘大海　李海峰　寿旗扬　王　哲
专业影像	王成稷
专业美术	罗豆豆
专业助理	李光轩

编委（以姓氏拼音为序）

白　帆	蔡　铎	曹智勇	陈　涛	丁　立	丁玉超	杜霄烨
范小芳	范业欣	方皓舒	顾凯文	胡锦烨	荆卫强	李　斌
李　聪	李　维	李亚光	刘金鹏	刘仁发	陆炜晟	马寅仲
马元元	聂艳艳	戚文军	尚海豹	舒泽柳	孙　敏	田　松
田　莹	王成稷	王海杰	王　谦	王增涛	夏洪鑫	肖双双
熊文静	徐桂利	徐一丹	于乐兴	于镇榕	张　迪	

特别鸣谢

序

手捧《Perry 小鼠实验手术造模》的书稿，不由得想起 20 年前我和学生们做小鼠实验找不到真正有用的参考书时的那种抓耳挠腮、心急火燎的样子。当时，国内能找到的与小鼠相关的解剖书籍中，极少有实体图片，大多是示意图，并且内容相对粗浅、不够实用。现在，期盼多年的书终于要出版，甚感欣喜，可高兴之中又不免带有一丝丝伤感：如果 20 年前就能看到这本书该有多好，我的研究之路会是另外一种走法。

因为平时与 Perry 老师交流较多，很是了解本书编著过程中的种种不易，特别是出版这样一本原创图书。书中内容都是各位作者多年来亲自手术的原创结果和经验，得来不易，更不易的是如何用真实的图片、影像来清楚表达作者丰富的经验与研究成果。都说"一图胜千言""短片胜万语"，但作者长年实践获取的很多成果与经验大多只存储在记忆中，没有留下图像资料；有些虽留下了图像资料，但图像质量达不到 Perry 老师出版经典著作的要求，于是重新手术、重新拍摄。小鼠体重 20 g 左右，仅约为人体重的1/3000，却又五脏俱全，器官非常小，手术难度大，要获得高质量图像资料，需要在显微镜下进行手术。工作量大，质量要求又高，确实不易。

一本影响世界的重量级学术著作，作者们却大多是青年学者，这一反差是本书主编Perry 老师为培养青年人才而有意为之。出书的过程实际上是培养人才的过程。每周的书稿讨论会，讨论的是新技术、新理论；每一章节反复严谨地审核，就像是老师指导学生完成论文；对传统模型的改良和更新，激发了大家的工作热情；青年作者独创模型的收录，增加了他们科研上的自信。一本经典著作出版了，一批青年才俊崛起了。

这是一本具有划时代意义的书，与此前已经出版的《Perry 实验小鼠实用解剖》《Perry 小鼠实验标本采集》《Perry 小鼠实验给药技术》和《Perry 小鼠实验手术操作》

一起标志着小鼠实验外科学的诞生。从今往后，小鼠实验手术造模有了范本可依，作为医学研究基础支撑的小鼠实验外科技术会更加科学、规范。

感谢 Perry 老师，感谢本书的作者们！

王增涛

山东大学、山东第一医科大学、南方医科大学教授

台湾长庚医院整形外科系客座教授

The Buncke Medical Clinic 客座教授

中国医师协会显微外科医师分会副会长

国际超级显微外科学会（ICSM）执行理事

2024 年春于济南

前言

时光如驹，转眼已是经年，"Perry 小鼠实验系列丛书"已进入第四个年头。2021年出版的第一册《Perry 实验小鼠实用解剖》是这套丛书的解剖理论基础；2022 年同时推出的《Perry 小鼠实验标本采集》《Perry 小鼠实验给药技术》和《Perry 小鼠实验手术操作》，则在第一册的基础上介绍了常规操作的技术基础。作为一名在动物实验领域干了几十年的临床手术医师，看到这心血换来的成果，我很是感慨，终于邀朋携友为小鼠实验外科学的建立奠定了基石。

近几十年来，小鼠手术造模技术发展非常快，虽然百花齐放令人欣喜，但鱼龙混杂也令人忧虑，于是有了撰写一本表达个人见地的小鼠手术造模图书，与同行分享自己专业体会的想法。然而，当前涉及小鼠手术工作的人员很多，有研究人员、技术员、教师、医生和学生等，大家职业层次多种多样，专业背景五花八门，交流起来困难重重。好在已出版的四册图书为小鼠专业基础知识统一认识做了铺垫，使我有机会实现自己的初衷，和大家就手术造模展开专业交流。

小鼠手术极具特殊性，在 20 g 左右的小动物身上做文章，用的多为临床手术器械，难以得心应手。解决这个矛盾的主要方法就是相应地改变操作手法，使临床器械成为小鼠手术中的利器，招招式式逐渐累积，最终形成专业的小鼠手术操作技术。

即将出版的《Perry 小鼠实验手术造模》分为两册（以下简称"本书"），内容涉及运动系统、心血管系统、神经系统、消化系统、呼吸系统、泌尿系统、生殖系统等，还专篇介绍缺血模型、血液病模型、活体血管窗、眼科模型、感染疾病模型、器官移植模型和肿瘤模型。本书共计 18 篇，108 章。其中有对经典模型的详细介绍，提供了作者个人的造模经验和体会，也有对传统模型的改良和更新，更不乏作者独创模型的分享。

可以自豪地说，本书所介绍的模型都不是他人资料的综述，更没有抄袭，其中的内容和图片、影像都是各位作者的原创，来自作者亲自手术的结果和经验。

本书不敢求大求全，小鼠手术能够建造的模型何止此区区百余。仅就自己所知所行，在自己能力范围内求真求实。本书亦非权威发布，都是众作者的个人见解。没有质疑，不敢于挑战，就不会有专业的进步。对权威、对专业文献，我们尊重，不盲从，也不迷信。同样，我们也只愿本书能成为同行们的参考书，不希望大家将其奉为金科玉律，欢迎大家质疑、讨论，对本书不当之处予以批评指正。

本书的编委们是一群有专业热忱和奉献精神的动物实验领域敬业者。从国际闻名的当代显微手术大家，到默默无名的博士研究生，专业层次千差万别，但是每一位编委都有自家绝活。大家意气风发，群策群力，共襄盛举。在这里，我衷心感谢编写团队无私地分享自己的专业知识，在动物实验发展历程上留下自己汗水凝注的笔墨。

在本书编撰的日子里，让我看到了新一代专家的崛起。本书的三位副主编都是中青年专家。副主编王成稷不但精通显微手术，而且有很高的专业影像造诣。他提供的专业影像成千累万，精彩纷呈。副主编田松，专业功底深厚，在小鼠心血管系统模型领域更显突出。在丛书第一册中，他独扛心血管解剖部分，在本书的心血管系统模型方面，驾轻就熟，内容精彩。副主编刘金鹏个人能够驾驭的小鼠模型之多，涉猎范围之广，令人叹服。他是我所知为数不多的多面手之一，其专业水平已经超越了一般实验师，达到成熟的模型设计水准。其他作者都各有千秋，我相信读者在本书的字里行间会一一领悟。总之，我对这个编写团体有信心，对小鼠实验外科学的发展前景有信心。

最后，衷心感谢为本书的写作和出版做出贡献的各位作者、共同作者和协作者。感谢所有帮助我的专业朋友们，感谢北京大学出版社多年的支持和信任，感谢众多单位给予的多种帮助。

任重道远，路在脚下，开拓前行，未来可期。我相信专业同道们携手努力，必迎小鼠实验外科学的无限风光。

刘彭轩
2024 年春

目录

第1章
手术前后处理常规

刘彭轩

本书所介绍的模型都包含手术操作,其中有许多操作,尤其术前、术后的常规操作都是相同的,例如,麻醉、备皮、固定、术后处理等。为了避免在各章中赘述,本章将统一介绍一些术前、术后常规操作。

实验小鼠与人类的生理解剖和生存环境都存在巨大差异,尤其在皮肤厚度、痛阈值、消化速度、呕吐反射、抗感染能力、抗低温能力等方面。若术者简单套用临床手术的术前、术后处理方法,很难成为专业的小鼠实验操作人员。目前专业的小鼠实验规则尚未完善,有赖于一线实验操作人员以实践经验总结并逐步改进。本章是作者参考临床规定,依据个人的实际操作经验提出的,适用于本书多个章节。

一、术前禁食禁水

小鼠体型小,消化过程快,缺乏呕吐反射,禁食对体力消耗非常明显。一般手术无须术前禁食禁水。

若研究课题要求禁食,也要尽量缩短禁食时间,以尽可能保存小鼠体力,不推荐无差异地规定禁食 12 h。

二、麻醉

用于小鼠的麻醉方法主要有吸入麻醉和注射麻醉两种。操作中首选吸入麻醉,文中提及的"常规麻醉",则表示吸入麻醉和注射麻醉均可。

（一）吸入麻醉

1. 优点

（1）操作方便，容易控制麻醉深度和时间。

（2）术后小鼠苏醒快，且苏醒后麻醉药物能很快在体内被清除干净。

2. 缺点

（1）不适用于口、鼻、面部手术。

（2）需要正确安装成套的麻醉装置。错误的吸入麻醉装置常仅考虑满足小鼠麻醉需要，却忽视了术者自身的安全防护。例如，麻醉装置只有异氟烷出口，没有足够安全的回吸通路。

（3）对手术室有空气流通控制要求。实验室空气没有负压调控会使术者长期无意识地遭受健康危害。手术室、吸入麻醉设备和实操环境也需要做定期的专业检查和维护，例如，废气回收罐要根据其质量改变进行更换，需要定期做环境检测等。

3. 麻醉药物

小鼠吸入麻醉药物，以前多用乙醚，现在基本改用异氟烷（isoflurane），诱导浓度一般为 2.5%～3%，短时间可以提高到 5%。维持浓度为 1%～2%。药物浓度并非一成不变，应根据特定的麻醉深度、废气抽吸负压的强度、小鼠面罩状况和麻醉箱的密封程度等进行相应的调整。

4. 驱动气体

吸入麻醉的驱动气体为普通空气或氧气，做缺氧实验时可以改用氮气。

（二）注射麻醉

1. 优点

（1）注射麻醉可以借鉴外科麻醉和兽医手术传统经验，麻醉药物的选择搭配也相当成熟，大多有章可循，并且多已在各实验小鼠管理部门形成常规细则。

（2）不需要特殊的实验室条件和麻醉设备。

2. 缺点

（1）麻醉时间长，小鼠苏醒慢，麻醉深度调节不方便。

（2）麻醉意外明显多于吸入麻醉。

（3）注射麻醉，如腹腔注射麻醉，对小鼠机体有损伤，包括意外损伤。

3. 使用范围

（1）不方便进行吸入麻醉的手术，例如，口、鼻、面部手术。

（2）不具备吸入麻醉的环境和设备。

4. 拮抗剂

过度麻醉会使小鼠很快死亡，安全阈值窄的麻醉药物尤其危险。由于注射麻醉不像吸入麻醉那样方便随时调节麻醉深度，因此需要使用拮抗剂。拮抗剂有两个主要作用：

（1）作为过度麻醉时的紧急抢救用药。

（2）短时间手术的麻醉，需要小鼠及时苏醒。

5. 注射麻醉方式

注射麻醉分为腹腔注射（intraperitoneal injections，IP）、肌肉注射（intramuscular injection，IM）、皮下注射 (subcutaneous injection，SC) 和静脉给药（intravenous infusion，IV），各有其特点。

（1）腹腔注射是目前流行的注射麻醉方式。由于是"暗箱操作"，很难控制准确的药物入血途径，所以该麻醉方式效果不确定，麻醉意外发生的概率较大。

（2）肌肉注射的麻醉速度比腹腔注射稍快一些，但对肌肉会造成明显损伤。

（3）皮下注射相对安全可靠，对机体损伤最小。

（4）静脉给药用于维持麻醉。由于吸入麻醉的优势，这个方法日渐被淘汰。如果因为特殊原因需要使用，必须保持适宜的剂量，稍微过量就容易使小鼠出现危险，很难抢救。

（5）有些药物可以采用腹腔注射，也可以采用传统的肌肉注射（实际是肌肉间注射）和皮下注射（实际是浅筋膜注射）的方法，使用剂量都不变。这类药物在使用时，应注意比较各注射方法的优缺点，根据实验目的选择最适宜的注射方法。

6. 注射麻醉药物组合

注射麻醉药物组合种类不少，应首选有拮抗剂的组合。

（1）氯胺酮 100 mg/kg + 美托咪定（medetomidine）1 mg/kg，美托咪定的拮抗剂为阿替美唑（atipamezol）(1 mg/kg，SC)。麻醉时间约为 1 h。鉴于小鼠体温控制要求不同，且小鼠存在个体差异，麻醉维持时间会有不同。

（2）供参考的麻醉药物组合：氯胺酮 100 mg/kg + 盐酸赛拉嗪（xylazine）20 mg/kg，盐酸赛拉嗪的拮抗剂为育亨宾（yohimbine）(1 ～ 2 mg/kg，IP)。麻醉时间同上一个组合。

（3）推荐的非管控注射麻醉药物组合：盐酸赛拉嗪 5 mg/kg + 舒泰 75 mg/kg。

（4）短时间麻醉药物：1.25% 阿佛丁（2,2,2- 三溴乙醇）（20 mL/kg，IP），麻醉时长 10 ～ 40 min。

（三）麻醉深度

小鼠麻醉深度分为四期（表 1.1），一般手术麻醉以第三期的轻度和中度麻醉为宜，检查麻醉深度以观察小鼠呼吸最为方便。

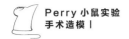

表 1.1 小鼠麻醉深度分期及表现

麻醉深度分期	小鼠表现	是否适宜手术
第一期（无痛期）	小鼠呼吸规则，肌张力正常，掐爪反应存在	不宜手术
第二期（兴奋期）	小鼠呼吸不规则，肌张力增高，掐爪反应强	不宜手术
第三期（手术麻醉期）	分为 4 级：	
	Ⅰ级（轻度）：呼吸浅快，肌肉开始松弛，掐爪反应弱	可以手术
	Ⅱ级（中度）：呼吸正常，肌肉松弛，掐爪反应消失	最适宜手术
	Ⅲ级（重度）：呼吸深而慢，肌肉极度松弛，掐爪反应消失	不宜手术
	Ⅳ级（过量）：呼吸不规则，肌肉极度松弛，掐爪反应消失	不宜手术
第四期（休克死亡期）	不规则腹式深呼吸，体温明显下降	

判断麻醉深度时的注意事项：

（1）搬动下颌，可以判断肌肉松弛状况；掐后爪检验掐爪反应。

（2）麻醉中的小鼠眼睑张开，角膜暴露，失去瞬目功能。必须以液体或油剂覆盖角膜，以避免角膜干燥损伤。用眼膏涂抹角膜比滴液体维持时间长。小鼠苏醒后，自会清理眼膏。

（3）较长时间处于麻醉状态会导致小鼠血压下降，体温下降。小鼠的体温维持非常重要，体温过低可能致其死亡，而且低体温可导致麻醉药物在体内代谢时间延长。

（4）局部麻醉与全身麻醉：与临床适应证不一样。临床上的局部手术，从简便、安全、患者配合、对患者生理功能影响小等考虑，采用局部麻醉即可。而小鼠体型小，且不能配合，手术时多采用全身麻醉。小型手术且可以有效控制小鼠时才采用局部麻醉。

（5）对于较大的手术，如果考虑术后小鼠苏醒会有严重疼痛，可在术前、术后给予镇痛药物。对于小手术，术后观察行为正常，可以不予镇痛药物，避免药物进入身体干扰实验结果。

三、备皮

专业的小鼠备皮概念单纯指术区皮肤去毛过程，不包括皮肤消毒。为了避免小鼠剃除的体毛污染，剃毛需要在手术区域外完成，而皮肤消毒在手术台上进行，其间还有转移、固定小鼠的过程。

去毛的方法有剃毛和脱毛之分，都需要在麻醉状态下进行。即使在准备间剃毛，也建议剃毛的同时利用负压抽吸清理残毛，如此可以大幅度避免残毛飞扬。

四、皮肤、黏膜消毒

专业的小鼠手术消毒方法不同于临床。因为小鼠的生活环境单一，相对临床患者感染微生物的概率低。根据有效消毒、对皮肤刺激小和保护体温的原则制订消毒程序。

（1）非开刀操作术区皮肤消毒首选酒精棉片。

（2）开刀操作术区和黏膜术区消毒用碘伏。

（3）需要避免小鼠皮肤长时间受到消毒剂持续刺激，采用挥发快的酒精消毒。

（4）吸入麻醉术毕皮肤伤口消毒：小鼠苏醒快，为了避免酒精刺激伤口引起疼痛，选用碘伏消毒。

（5）对于腹腔注射等穿皮操作，一般无须备皮，仅用酒精消毒。需要严格无菌操作的实验，腹腔注射前需要备皮、消毒后再注射。

（6）表浅血管针刺采集血液，如需用酒精消毒，必须等酒精完全挥发后再采血。因为酒精保留在体毛上，刺破血管流出的血液无法成滴，难以用吸管采集。

（7）推荐使用酒精棉片，不推荐使用临床用的酒精棉球。酒精棉球含酒精量差异很大，尤其浸泡在酒精内的棉球，会将过多的酒精带到小鼠皮肤上，使小鼠体温下降过大。使用酒精棉片时，原则上仅消毒最小有效区域，以尽量减少体温损失。

（8）术者亲自剃毛后开始无菌手术，需更换无菌手套。

五、手术固定

小鼠手术固定体位，谨防盲目抄袭大动物手术捆绑四肢的方式。小鼠麻醉后，固定四肢不是为了防止小鼠挣扎，而是调整体位。绳索捆绑四肢会严重影响肢端血液循环，甚至造成机体损伤，因此，用胶带粘贴固定或弹力管（硅胶管）拦挡足矣（图 1.1）。

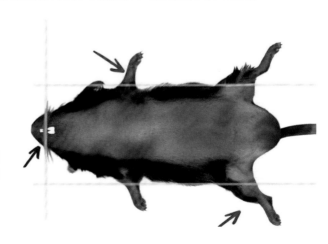

图 1.1 小鼠固定。黑色箭头示细硅胶管固定上门齿；蓝色箭头示硅胶管拦挡四肢

小鼠体型小，手术暴露区域相对小，因此手术视野和操作空间狭小。必要时可垫高某些部位，有利于暴露术区（图 1.2）。例如，仰卧位腹腔手术时垫高腰部、颈部颈总动脉手术时垫高后颈等都属于常规操作，这些就不在各章中专门提及了。

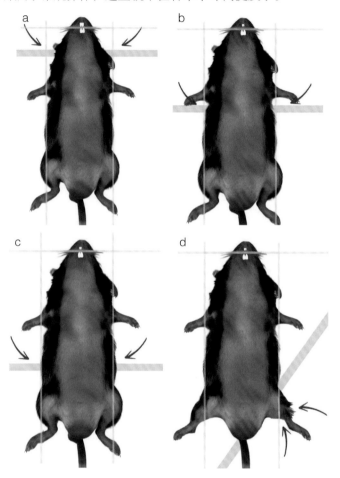

图 1.2　根据手术需要垫高小鼠身体的部位。a. 箭头示垫高后颈；b. 箭头示垫高胸部；c. 箭头示垫高腰部；d. 箭头示垫高单侧大腿

在进行较长时间手术时，应使用恒温手术台、手术垫或用保温灯照射，以保证小鼠正常体温。有些带有小鼠肛肠温度计的手术台更便于控制温度。保温灯照射时需要注意对小鼠术区液体的蒸发速度、术者视觉的影响以及对影像摄制的干扰。

六、铺巾展单

小鼠无菌手术的原则是任何有菌物体不得在手术期间触碰无菌术区。在符合原则的前提下，根据小鼠的特点，尽量选择方便、有效、经济的手术方法，无须完全按照临床无菌手术方法来执行。例如，临床外科手术有专门的铺巾展单程序，要用 4 块无菌手术巾上、下、左、右遮盖术区四边，并用巾钳固定。小鼠体型很小，无须完全模仿临床铺巾展单的做法。

（1）一般无菌手术，若能保证手术器械不触及未消毒区域，可以不铺无菌手术巾。

（2）开腹手术，需要将内脏移出腹腔，可以将无菌纱布从中间剪孔，铺在术区表面，用拉钩将腹壁连同纱布剪口一起向两侧拉开。

（3）复杂手术，需要反复移动小鼠体位，或者无菌条件要求严格，严防小鼠体毛脱落污染，推荐采用无菌小鼠弹性孔套（图 1.3），将小鼠麻醉后置于套中，仅仅在手术孔处露出术区。手术孔可以根据实验要求设计位置和大小，简单剪孔即可。

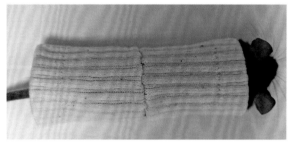

图 1.3　未剪孔的弹性孔套。小鼠麻醉后置入，方便移动和摆放（王成稷供图）

七、术毕缝合手术切口

小鼠术毕缝合手术切口是大多数切开皮肤手术的常规程序。闭合伤口多用缝合的方法，也可用组织胶水黏合或用金属伤口夹子夹闭。具体可参见《Perry 小鼠实验手术操作》"第 4 篇　手术基础：合"。

皮肤缝合一般使用 5-0 丝线。缝合线过细不结实，过粗对机体损伤大，且不利于伤口愈合。常用方式为连续或间断缝合。连续缝合可以缩短操作时间，间断缝合更牢固。小鼠为松皮动物，遇到皮肤伤口张力大的情况很少。一旦遇到，可以用加强缝合的方法。因为罕见，在此不做赘述。

八、术后

小鼠术后有一个从麻醉中苏醒的过程。吸入麻醉苏醒时间很短，一般为 1 ～ 2 min；注射麻醉苏醒时间随使用的麻醉药物及其剂量的不同而不同，一般需要维持保温状态，直

至苏醒。

专业的小鼠术后护理，不能一成不变地照抄临床术后护理常规，一切根据需要出发，这就需要提高专业水平，灵活对待。

术后的止痛、补充体液和抗菌措施不是必需的，要根据具体手术方式和小鼠状况来决定。如果小鼠术后生活行为正常，无须给予镇痛药物，减少对小鼠体内药物的干扰。

一般无菌手术，不建议术后常规给予抗生素预防感染。

过分地强调抗菌、消毒和盲目追求小鼠福利，对于小鼠本身和实验往往弊大于利。抗菌、镇痛药物的使用原则是，在能达到目的、效果的前提下，能不用则不用，能少用则少用。避免在不明了药物对机体的影响和副作用的情况下盲目抗菌和镇痛。

运动系统损伤模型

第一篇

第 2 章

颅骨开窗①

刘金鹏

一、模型应用

近年来神经工程领域迅速发展，脑机融合技术不但给多种脑神经疾病的治疗带来希望，更进一步地，有可能将计算机信息直接输入人脑。这类前沿医学研究，带来拓展动物模型的需要。小鼠颅骨开窗模型是一种用于研究大脑功能和神经病学的动物模型。该模型通过在小鼠颅骨上制作一个小的开口，可以直接观察小鼠大脑浅表区域，包括神经元、胶质细胞和血管等，并进行相应的操作。

小鼠颅骨开窗模型的主要意义包括：

（1）研究大脑神经元和神经回路的功能：该模型可通过显微成像技术观察大脑表面神经元的活动和突触连接的形成和变化，以研究神经回路的功能和调节机制。

（2）研究神经病学：小鼠颅骨开窗模型可以用于研究神经系统疾病的发病机制和治疗方法，如癫痫、帕金森病、阿尔茨海默病等。

（3）评估神经保护剂和药物：该模型可以用于评估神经保护剂和药物对大脑功能的影响，以开发更有效的治疗方案。

（4）建立人脑活动的计算模型：该模型可以为建立计算模型提供关键数据，使科学家能够更加准确地预测人脑活动的变化和响应。

总之，小鼠颅骨开窗模型是一个重要的神经科学研究工具，可以为理解大脑功能和疾病提供有价值的信息。

颅骨窗的建立分为开窗和打孔两种形式。开窗是去除较大面积的颅骨，目的是在颅内安置装置。打孔是在颅骨钻小孔，目的是安装脑内电极。

---

① 共同作者：刘彭轩。

本章介绍颅骨暴露基本技术和三种颅骨窗模型：干细胞支架植入、安置微电极和脑立体定位注射。

二、解剖学基础

小鼠顶骨解剖结构及颅骨组织切片如图 2.1、图 2.2 所示。

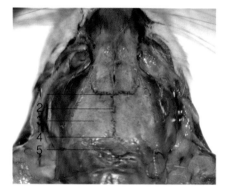

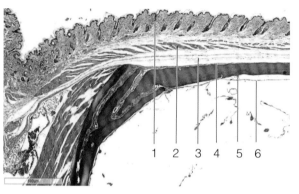

1. 前囟；2. 矢状缝；3. 顶骨；4. 后囟；5. 枕骨

图 2.1　顶骨解剖结构

1. 头皮；2. 皮肌；3. 浅筋膜；4. 硬脑膜；5. 颅骨；6. 软脑膜

图 2.2　小鼠颅骨组织切片，H-E 染色。颅骨薄处不足 0.1 mm（辛晓明供图）

三、　器械材料与实验动物

（1）设备：脑立体定位仪，颅骨钻（图 2.3）。

（2）器械：4-0 带线缝合针，眼科剪，直径 2 mm 钻头，球形钻头，打结镊，眼科镊（图 2.4）。

图 2.3　颅骨钻及钻头

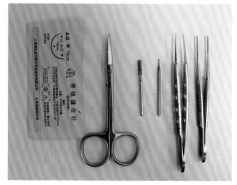

图 2.4　常用材料，由左到右依次为：4-0 带线缝合针、眼科剪、直径 2 mm 钻头、球形钻头、打结镊、眼科镊

（3）实验动物：BALB/c 小鼠，6 ～ 8 周龄，性别不限。

四、手术流程

建立颅骨开窗模型的第一个步骤是暴露颅骨，然后根据实验目的分别进行干细胞支架植入、安置微电极和脑立体定位注射。

1. 暴露颅骨

（1）小鼠常规麻醉，头顶备皮。

（2）取俯卧位，备皮区常规消毒。

（3）用眼科剪沿着顶骨中间剪开头顶皮肤，暴露颅骨（图 2.5）。

2. 干细胞支架植入

（1）暴露颅骨。选择颅骨一侧中间位置。

（2）一只手固定小鼠颅骨，另一只手持颅骨钻。

（3）用颅骨钻钻孔，孔径为 2 mm，精准深度以完全钻透颅骨且不损伤脑为原则，即钻孔时需要将颅骨钻移开观察钻孔的情况，及时调整钻孔的方向（图 2.6）。

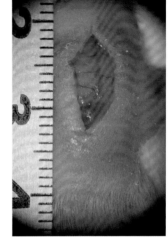

图 2.5 头顶皮肤纵向切开，保留颅骨。图示切开的长度

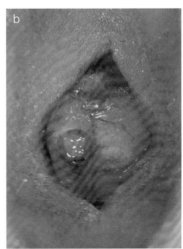

图 2.6 颅骨钻孔。a. 用颅骨钻钻孔；b. 示孔径

（4）植入长满干细胞的支架（支架形如海绵），将支架填充在钻孔骨缺损区内，贴敷于软脑膜表面，完全覆盖在钻孔处。

（5）缝合头部手术切口，常规消毒。

3. 安置微电极

（1）暴露颅骨。以前囟为基点，根据坐标在颅骨上钻孔，孔径约 0.5 mm（图 2.7）。

（2）在颅骨上另随机钻孔 2 个，孔径约 0.5 mm，与目标孔呈三角分布，拧上颅钉，用于固定微电极。

（3）用脑立体定位仪夹持微电极或脑内注射导管，沿着目标孔调节脑立体定位仪的 Z 轴定深刺入脑内。

（4）将牙托粉覆盖颅钉和微电极或脑内注射导管，待牙托粉凝固后，撤去脑立体定位仪，观察微电极的固定情况。

（5）缝合头部皮肤切口。常规消毒。

4. 脑立体定位注射

（1）暴露颅骨。

（2）以前囟为基点，根据坐标在颅骨上钻孔，孔径约 0.5 mm（图 2.7），用脑立体定位仪夹持微量注射器，调节脑立体定位仪的 Z 轴定深刺入脑内。注射后，用牙托粉封堵缺口，随即缝合头部皮肤切口。常规消毒。

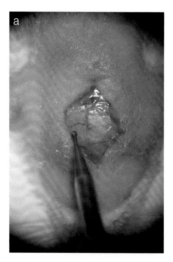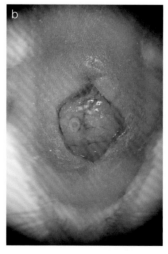

图 2.7　以前囟为基点，在颅骨上钻孔。a. 用颅骨钻钻孔；
b. 示孔径和孔的位置

五、模型评估

术后对模型进行大体评估。颅骨窗肉眼可见；小鼠存活良好（不包括手术目标损伤）；安置物位置保持稳定。评估该模型时还需要考虑以下因素：

（1）外科操作技术：该模型需要术者在小鼠颅骨上制作一个小的开口，术者需要一定的外科技术和经验。技术差异可能会影响实验结果，因此，需要评估术者的技术水平。

（2）操作对小鼠的影响：在制作颅骨窗时，小鼠需要承受一定的麻醉和外科操作，这可能会对小鼠的生理状态和行为产生影响。因此，在评估该模型时需要关注小鼠的健康状况和行为表现，确保实验结果的可靠性。

（3）实验操作时间：该模型需要在一定时间内完成，因此，需要评估操作时间对小鼠的影响，以及在操作时间内是否能够实现研究目的。

（4）实验结果的可重复性和稳定性：评估该模型需要考虑实验结果的可重复性和稳定性。不同术者、不同实验条件下得到的结果应该在统计学上没有显著性差异，以确保实验结果的可靠性。

六、讨论

（1）小鼠颅骨的厚度为 0.2 ~ 0.3 mm，使用颅骨钻时，要掌握手感、穿透感，穿透后立即拔出颅骨钻，注意不要损伤脑组织；或者在钻头上距尖端 0.2 mm 做标记，作为钻深参考。

（2）植入干细胞支架的系列操作中，需要注意边钻颅骨边用预冷的生理盐水冲洗伤口，以免造成钻孔周围颅骨坏死，影响干细胞对颅骨的修复。

（3）需要植入颅钉时，一定要将颅钉拧紧，但是不要拧得太深，以免伤及脑组织，也不能拧得太浅，以免颅钉脱落，没有起到固定的效果。

（4）微电极固定原理：颅钉固定在颅骨上，待牙托粉凝固后，颅钉帽会将凝固的牙托粉固定在颅骨上，从而把微电极固定颅骨上。

（5）牙托粉的流动性不能太大，也不能太小。应掌握牙托粉混合比例，通常是稀释液 : 牙托粉 = 2 : 3（参考比例）。流动性稍大，牙托粉混合液会自由流入任何角落；一般凝固时间 1 min 时，表面凝固，3 min 时完全凝固。

（6）颅骨钻孔：

① 手钻：钻孔特点是快速便捷，但是要掌握手感，必须熟练才能保证不伤及脑组织。

② 手动脑立体定位仪：可以定深钻孔，特点是容易操作，不容易伤及脑组织，但是耗时较长。

③ 不建议用半自动脑立体定位仪，因为行程较短，Z 轴下降速度较快，容易突然穿透顶骨而导致脑组织冲击伤。

④ 颅钉孔打在颅骨脊上较为安全。因为颅骨脊向颅内隆起，形成较厚的骨骼。

第3章
下颌骨缺损－修复 [①]

徐一丹

一、模型应用

临床上下颌骨缺损类型多样，不仅影响患者面部外貌，而且易造成下颌骨功能障碍。对上述缺损，一般选用骨材料移植或物理材料填充来修复。为探究下颌骨缺损及其修复机制、科学地评价骨材料和物理填充材料等产品的修复性能，下颌骨缺损模型建立成功与否成为关键。

在研究过程中，针对不同类型的疾病通常会建立与之相对应的疾病模型。下颌骨缺损模型一般通过人为的下颌骨损伤术来建立。因自身成本低、抗感染力强、手术耐受性强、修复周期短等特点，小鼠成为理想的下颌骨缺损模型动物。本章介绍下颌骨颊面钻孔型骨缺损模型。

二、解剖学基础

表皮定位的方法为，从眼睛中部向正下方做延长线，将其与外嘴角延长线的交点作为中点，做一个约 10 mm 切口，钝性分离可见表皮下方覆盖白色筋膜的咬肌及颞浅静脉和咬肌静脉（图 3.1，图 3.2）。

---

① 共同作者：刘彭轩。

图 3.1　小鼠面部相关解剖。体表定位解剖示意

图 3.2　分离咬肌后暴露手术位置的下颌骨（右侧头位）

三、器械材料与实验动物

（1）设备：牙科种植机，球钻（直径 1.2 mm）（图 3.3）。

（2）器械材料：眼科剪，眼科镊，剥离子，6-0 圆针缝合线，5-0 角针缝合线，骨缺损填充物（根据研究需要选择）。

（3）实验动物：C57BL/6 小鼠，6 ～ 8 周龄，性别不限。

图 3.3　牙科种植机和球钻

四、手术流程

（1）常规腹腔注射麻醉小鼠。

（2）右下颌术区剃毛（图 3.4）。

（3）左侧卧于手术台，术区消毒。

（4）以眼睛中部正下方延长线与外嘴角延长线的交点为中点，手触可明显感知咬肌。在此处做一个长约 10 mm 皮肤切口（图 3.5）。

（5）钝性分离浅筋膜，暴露下方覆盖着白色筋膜的咬肌及颞浅静脉和咬肌静脉（图 3.6）。

 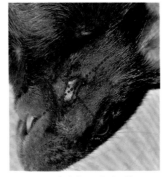 

图 3.4　手术备皮区域　　图 3.5　手术切口标记线　　图 3.6　分离浅筋膜

（6）从颞浅静脉和咬肌静脉之间的后浅咬肌中部插入眼科剪，沿肌纤维钝性分离咬肌（图 3.7）。

（7）暴露下颌骨（图 3.8），并用剥离子剥离附着在下颌骨上的前深咬肌和后深咬肌，完全暴露下颌骨平面，包括咬肌粗隆。

（8）选定位置后选用直径 1.2 mm 的钻头打孔，常规深度 1 mm，打孔原则深度是磨穿骨皮质而不洞穿（图 3.9，图 3.10）。

  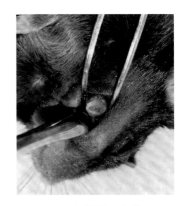

图 3.7　分离咬肌　　　　图 3.8　暴露下颌骨　　　图 3.9　下颌骨钻孔完毕

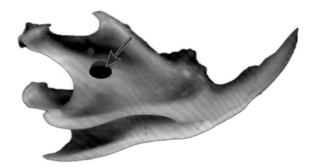

图 3.10　下颌骨打孔示意。箭头所示圆孔为咬肌粗隆，
这里骨结构较厚

（9）在孔区用骨缺损填充物填充（图 3.11）。

（10）肌肉复位，用 5-0 角针缝合线缝合皮肤切口（图 3.12）。常规消毒。

（11）术后将小鼠放回笼内保温待苏醒。苏醒后正常饲喂。

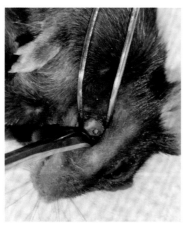

图 3.11　填平骨缺损孔区　　　　图 3.12　缝合皮肤切口

五、模型评估

1. 大体观察

术后逐日观察两周，记录伤口愈合情况和全身健康情况。体重记录每 3 日一次。

2. 大体解剖

术后 7 日和 14 日进行解剖，并对咬肌愈合状况和填充物状况进行观察，对不同的填充物进行相应的模型评估。

（1）咬肌愈合状况：成功的手术咬肌创伤在 7 日后完全愈合（图 3.13）。

（2）填充物状况观察：解剖观察填充物是否有松解、移位、破碎状况。

（3）根据不同填充物做相应的模型评估。

① 物理填充物：要求填充物稳定，对机体无损伤。

② 促进骨质生长的填充物：可以做病理切片。

除了大体观察及大体解剖之外，也可通过在填充物中混合荧光物质或用慢病毒

图 3.13　术后 1 周，分离的咬肌恢复良好

转染填充细胞的方式，用活体成像系统进行活体荧光影像随时摄影分析。

六、讨论

（1）该模型为颊面钻孔型骨缺损，应注意仅钻透咬肌粗隆皮质，暴露髓质即可，不可洞穿整个下颌骨。一旦洞穿，在填充流体类填充物时，填充物会流入口腔并呛入气管造成小鼠死亡。

（2）固体填充物用量：填充平整即可。

（3）沿肌纤维钝性分离的咬肌无须缝合，术后愈合良好。

第 4 章

脊髓损伤[①]

白帆

一、模型应用

脊髓损伤动物模型是研究神经损伤治疗的重要工具之一。模型通过外科手术或机械损伤等方法来模拟人体脊髓损伤。

常见的损伤方法包括脊髓切断、钳夹、压迫以及打击等方式。脊髓打击模型使用专用的打击器对小鼠脊髓进行给定参数的打击，造成损伤。由于该模型比较贴近真实情况，能够引发创伤后的缺血、免疫炎症反应以及多种神经功能障碍，因此，被广泛用于各类脊髓继发性损伤相关研究中。

一般根据打击力度将小鼠脊髓打击损伤模型分为轻度、中度以及重度损伤三类。鉴于打击器设置上各有差异，以 IH-400 打击器为例，打击力度分别为 50 kdyn（1 dyn=10^{-5}N）（轻度）、70 kdyn（中度）、90 kdyn（重度）。此外还可改变的打击参数包括组织形变程度以及停留时间。各参数可根据研究目的进行设置，目前打击模型主要通过改变打击力度实现不同程度的损伤。在本章中以打击力度 70 kdyn 为例介绍中度脊髓损伤模型的建立。

二、解剖学基础

小鼠脊髓有两个膨大区，即颈膨大区和腰膨大区，这些区域与四肢的神经相连。颈膨大区从 C_5 延伸到 T_1，腰膨大区 从 L_2 延伸到 L_6。在 13 个胸椎中，T_2 胸椎上棘突较长，特征明显。确定 T_2 位置后，依次根据棘突位置可确定之后剩余脊椎节段（图 4.1）。在本模型中 T_{10} 椎板的定位十分关键，可通过小鼠俯卧时背部最高点来定位，或通过最后一组浮肋连接定位 T_{13} 胸椎，向前确定 T_{10} 椎板位置。

[①] 共同作者：荆瀛黎。

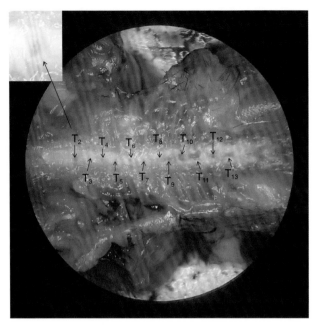

图 4.1 小鼠胸椎解剖

三、器械材料与实验动物

（1）设备：脊髓打击器（IH-400），吸入麻醉系统。

（2）器械：剃须刀，持针器，手术刀，眼科剪，显微剪，眼科齿镊，弯镊。

（3）材料：刀片（20 号圆刀），棉签，明胶海绵，5-0 缝合线，1 mL 注射器，碘伏，75% 医用酒精，生理盐水，异氟烷。

（4）实验动物：C57 小鼠，8 ～ 10 周龄，雌性，体重 20 ± 1g。进入屏障环境停留 1 ～ 2 周后用于实验。

四、手术流程

（1）小鼠常规吸入麻醉。

（2）背部剃毛。

（3）取俯卧位安置于手术台上，术区常规消毒。

（4）沿背中线将皮肤切开 2 ～ 3 cm（图 4.2）。

（5）用齿镊固定脊柱。在紧贴脊柱左、右的背部肌肉各划一切口，方便齿镊夹持固定脊柱。

（6）将小鼠自然放平，背部弯曲最高点为 T_{10} 段。用齿镊夹持固定 T_{10} 段，用手术刀切断 T_{10} 段与前、后节段之间的软组织连接，T_{10} 段尾端暴露明显缝隙（图 4.3）。

（7）用齿镊稍稍提起小鼠脊柱，使 T_{10} 椎板呈水平，将显微剪一边呈同样水平角度小心从 T_{10} 段尾端缝隙伸入 T_{10} 椎板下方，剪开一侧椎板。

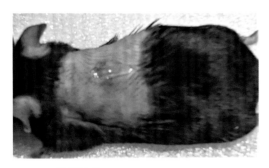

图 4.2　暴露胸椎　　　　　　　　　　　图 4.3　独立 T_{10} 段

（8）同法剪开另一侧并移除 T_{10} 椎板，暴露下方脊髓（图 4.4）。

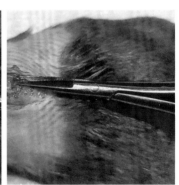

图 4.4　暴露脊髓

（9）在小鼠身下垫一块纱布，用打击器自带的夹持器夹持 T_{10} 段前、后段脊柱（图 4.5）。

（10）顺时针转动旋转杆，降下打击头，接触到小鼠脊髓表面后记下刻度。

（11）逆时针回旋 2 圈抬起打击头，在打击器控制软件窗口界面输入力度、停留时间等打击参数（图 4.6）。

（12）点击"Start Experiment"并确认，打击后软件自动记录实际的打击力度和位移等参数（图 4.7）。

（13）打击后小鼠一般有蹬腿或摆尾反应，脊髓组织可见红肿或出血。

（14）迅速松开夹持器，取下小鼠，用少量生理盐水清理脊髓表面。

（15）如有出血适当止血，之后在损伤的脊髓上覆盖少许明胶海绵（图 4.8）。

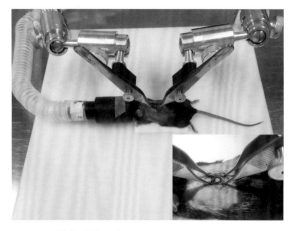

图 4.5　脊柱夹持固定

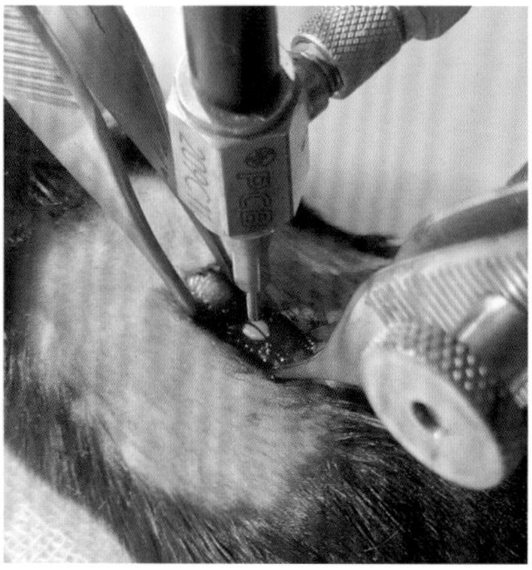

图 4.6　打击前

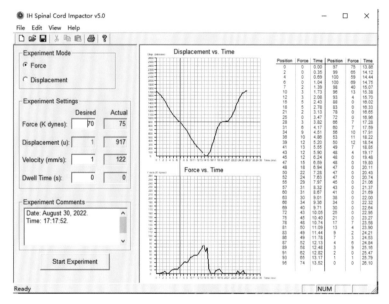

图 4.7　打击后软件界面及设备记录参数

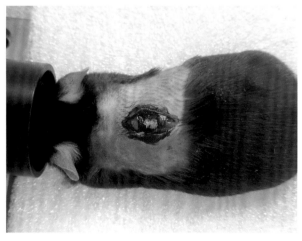

图 4.8　明胶海绵覆盖

（16）常规缝合皮肤切口。

（17）皮下注射生理盐水 0.5 mL。

（18）将小鼠放至保温箱中苏醒。苏醒后移至饲养笼内。

（19）术后 3 天内每天皮下注射 0.5 mL 生理盐水。

（20）1 周内分别于早晚按压膀胱帮助排尿 1 次，监测体重变化。

五、模型评估

（一）术中评估

1. 脊髓组织形态变化

脊髓组织打击前后对比，损伤后组织局部明显红肿（图 4.9）。

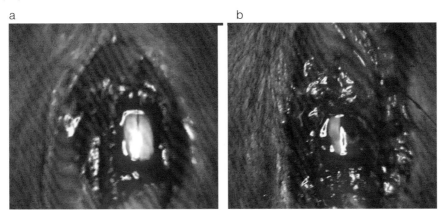

图 4.9　脊髓组织打击前后对比。a. 打击前；b. 打击后

2. 血流评估

脊髓组织打击前后血流状况对比，发现损伤部位血流显著降低（图 4.10）。

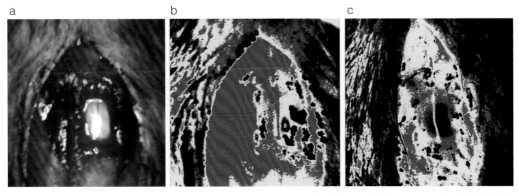

图 4.10　激光散斑血流改变。a. 损伤后脊髓大体照片；b. 打击前；c. 打击后，可见损伤部位血流显著降低

（二）术后评估

1. 组织病理学

脊髓损伤 8 周后取损伤组织进行病理染色，如进行 Luxol Fast Blue（LFB）髓鞘染色（图 4.11），可见损伤病灶区域出现组织结构破坏、组织萎缩以及髓鞘损伤等变化。由于是脊髓背侧打击的中度损伤模型，打击处即损伤核心区组织破坏最严重，仅腹侧保留小部分完整组织。

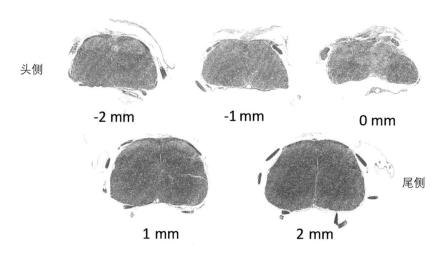

图 4.11　脊髓损伤组织病理切片

2. 行为学评估及体重变化

Basso Mouse Scale（BMS）评分是根据骨髓损伤小鼠运动功能改变特点设计的一种敏感、可靠、有效的小鼠运动评分方法。在该方法中分值越高表示恢复越好，正常动物表现为 9 分。脊髓损伤后通过 BMS 评分评估小鼠后肢运动功能的恢复情况（图 4.12）。

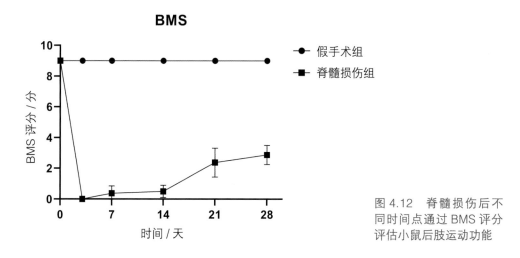

图 4.12　脊髓损伤后不同时间点通过 BMS 评分评估小鼠后肢运动功能

考察脊髓损伤小鼠体重随时间变化情况，可见脊髓损伤后小鼠体重会短暂下降，在之后的数天内会逐渐稳定并缓慢回升（图 4.13）。

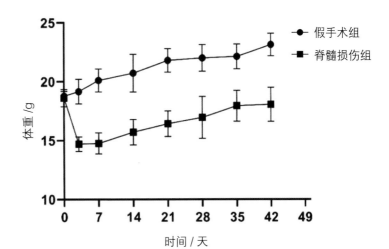

图 4.13　脊髓损伤后小鼠体重变化

六、讨论

1. 操作关键技术

（1）在移除 T_{10} 椎板时应格外小心，注意不要损伤后方脊髓。若在椎板移除过程中小鼠后肢出现抽搐，表明已经触及脊髓。

（2）注意脊髓两侧有丰富的血管，在剪开椎板、骨窗扩大旁开时需格外小心，容易造成出血；若发生出血，可用生理盐水沾湿棉签按压止血。

（3）在固定小鼠脊柱节段时，要确保夹持器固定在暴露的脊髓的前、后节段椎骨上，并使小鼠俯卧姿态保持自然，不可过高使腹部悬空或过低压迫胸腔。

2. 容易发生的错误以及预防和挽救措施

（1）若 T_{10} 椎板移除不完全或开窗过窄，容易导致打击头在下降打击过程中撞到坚硬的椎骨而非软性脊髓组织，在打击数据上往往反映为组织形变（displacement）极低而力度偏高，此情况下对脊髓造成的损伤往往偏轻。

（2）打击前确定打击头对准暴露脊髓的正中部位；若打击偏向一侧，可能导致后期小鼠后肢功能两侧恢复差异过大，影响行为学检测。

（3）在脊髓损伤后对小鼠体重进行监测，有助于排查实验过程中产生的问题。若发生体重持续下降可能意味着小鼠状态不佳，需要从是否手术时间过长、损伤程度过重或者术后护理不到位等方面排查原因。

（4）若术后切口缝合不牢固，缝合线会被小鼠抓开，因此，必须保证缝合质量，术后

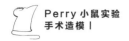

定时观察。

（5）若发现术后炎症、感染情况严重，可在术后 3 天每天给予 5×10^4 单位青霉素（将青霉素用生理盐水配制成浓度为 10^5 单位 /mL 的溶液，术后每天给予 0.5 mL）。

七、参考文献

1. HARRISON M, O'BRIEN A, ADAMS L, et al. Vertebral landmarks for the identification of spinal cord segments in the mouse[J]. Neuroimage, 2013, 68: 22-29.

2. BASSO D M, FISHER L C, ANDERSON A J, et al. Basso Mouse Scale for locomotion detects differences in recovery after spinal cord injury in five common mouse strains[J]. Journal of neurotrauma, 2006, 23(5): 635-659.

第5章

骨折①

刘金鹏

一、模型应用

骨损伤模型分为三大类：皮质孔模型（corticotomy model）、三点骨折模型（Einhorn model）和阶段性骨缺损模型（SBD model）。

骨折动物模型的历史可以追溯到 19 世纪末，当时人们开始使用动物模型研究骨骼生长和再生的生理过程。早期的骨折实验主要使用大型动物，如狗和猪等。由于这些动物的体型较大，难以控制实验条件和获得足够的实验数据，因此，逐渐转向使用小型哺乳动物。

小鼠骨折模型具有显著优势。从基因层面来说，小鼠的基因是明确的，而且有大量商品化的小鼠单克隆抗体，为研究在骨伤愈合过程中机体所表达的生物大分子提供了大量标记机会和工具。

小鼠体型小，其胫骨和股骨很细，与大型动物相比，很容易被锯断，操作简单，而且小鼠易于麻醉，无须仪器监护。

小鼠骨折模型主要用于骨生物学、骨再生、骨疾病治疗方面的研究，以及用于促进骨愈合的药物的筛选、各种促进骨愈合材料的检验。

虽然新的骨折修复方法不断涌现，鉴于目前应用最广的还是传统方法，故本章仅介绍传统的骨折模型及其修复方法，以资读者参考创新。

二、解剖学基础

本章以后肢骨为介绍对象，后肢骨解剖结构如图 5.1 所示。

---

① 共同作者：刘彭轩。

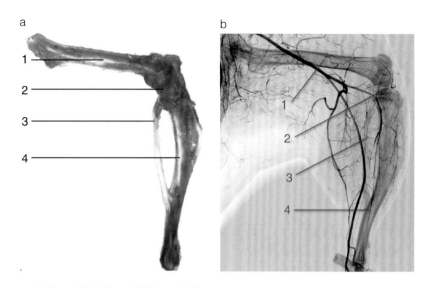

1. 股骨；2. 膝关节；3. 腓骨；4. 胫骨

图 5.1　小鼠后肢骨解剖。a. 大体解剖；b. X 线血管造影

三、器械材料与实验动物

（1）器械材料：牙科钻，4-0 带线缝合针，自制 0.25 mm 髓内针（由针灸针制备），眼科镊，球形钻头，圆片钻头，眼科剪（图 5.2）。

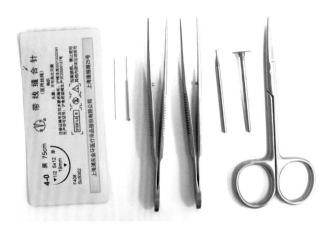

图 5.2　常用材料，由左到右依次为：4-0 带线缝合针、自制 0.25 mm 髓内针、眼科镊、球形钻头、圆片钻头、眼科剪

（2）实验动物：BALB/c 小鼠，6 ～ 8 周龄，性别不限。

四、手术流程

以后肢骨为例，分别介绍股骨骨折模型和胫骨骨折模型的建立。

1. 股骨骨折模型

（1）小鼠常规麻醉。

（2）大腿外侧备皮，侧卧位固定，大腿外侧常规消毒。

（3）沿股骨将皮肤剪开 1 cm，暴露股内侧肌和膝关节。

（4）在股骨中段沿着股直肌、股内侧肌、股外侧肌和股中间肌之间分界线钝性分离肌肉，暴露并游离出股骨 5 mm（图 5.3a、b）。

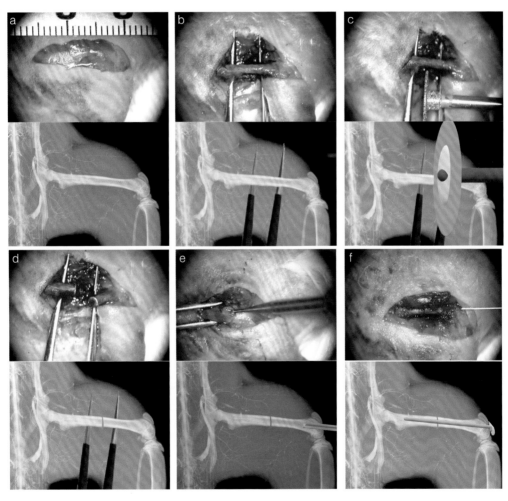

图 5.3　股骨骨折手术简要流程及示意。a. 暴露股骨；b. 分离股骨；c. 锯断股骨；d. 截断股骨；e. 钻通骨髓腔；f. 插入髓内针，牙托粉固定

（5）在股骨长轴的中间位置用牙科钻配置圆片钻头锯断股骨（图 5.3c、d），边锯边在切口处滴加预冷生理盐水降温。

（6）用球形钻头沿着股骨长轴从股骨远心端钻通骨髓腔（图 5.3e），随即拔出，完成髓内针进入髓腔的通道。进钻深度约 3 mm。

（7）将髓内针沿着通道进入骨髓腔连接并固定锯断的股骨（图 5.3f），使股骨断面紧密接触。

（8）髓内针前端抵达骨髓腔前端，髓内针在股骨远心端外弯曲 90° 后剪断，保留 1 mm 弯曲段。

（9）用牙托粉封堵膝盖处的空隙。缝合手术皮肤切口。

2. 胫骨骨折模型

（1）小鼠常规麻醉，小腿备皮，仰卧位固定。

（2）沿着胫骨长轴中线剪开皮肤，暴露胫骨和膝关节，保留髌骨和髌骨悬韧带。

（3）在胫骨中段沿着胫前肌和腓肠肌的缝隙钝性分离肌肉 (图 5.4a)，暴露并游离胫骨（图 5.4b）。

（4）将镊子插入胫骨下，充分分离胫骨，制作切割空间（图 5.4c）。

（5）在胫骨长轴的中线位置用牙科钻配置圆片钻头锯断胫骨（图 5.5a、b），边锯边在切口处滴加预冷生理盐水降温。

（6）用球形钻头在膝盖处从胫骨近心端沿着胫骨长轴钻通骨髓腔，制作髓内针通道（图 5.5c）。

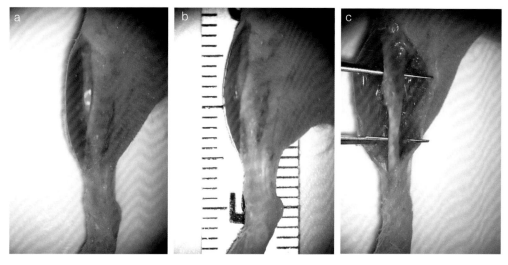

图 5.4　分离胫骨。a. 分离肌肉；b. 游离胫骨；c. 分离胫骨

（7）将髓内针沿通道进入骨髓腔，直抵远心端（图 5.5d）。连接并固定锯断的胫骨，使胫骨断面紧密接触。

（8）髓内针在胫骨近心端外弯曲 90° 后剪断，保留 1 mm 弯曲段（图 5.5d）。

（9）用牙托粉封堵膝盖处的空隙（图 5.5d）。缝合手术皮肤切口。

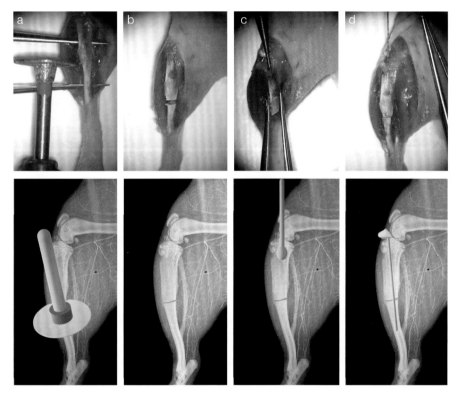

图 5.5　胫骨骨折手术简要流程及示意。a. 锯胫骨；b. 锯断的胫骨；c. 钻通骨髓腔；d. 插入髓内针

五、模型评估

（1）手术效果评估：术后骨折处对合紧密，无错位；髓内针固定稳固；软组织损伤程度在控制范围内。

（2）影像学评估：使用 X 线、CT 或 MRI 等影像技术对骨折部位进行检查，评估骨折程度、愈合程度、新骨生成等情况。

（3）组织学评估：通过组织学染色技术对骨折部位进行检查，评估愈合过程中不同细胞类型，如成骨细胞、软骨细胞、炎症细胞等的分布和数量。

（4）生物化学评估：检测骨骼生长因子和细胞因子等生物分子在愈合过程中的表达情况，如碱性磷酸酶、骨形态发生蛋白等。

（5）功能性评估：通过行为学、运动学等手段对小鼠的行动能力、步态等进行评估，评估骨折愈合后的功能恢复情况。

以上评估方法可以结合使用，综合评估小鼠骨折模型的有效性和可靠性，为研究骨骼生长、骨质疏松、骨折治疗等提供实验数据和支持。

六、讨论

（1）小鼠的股骨很短，在钝性分离股直肌时，注意选择股骨中段，这样才会有较大的操作空间。

（2）小鼠的胫骨锯断相对比较容易，但也容易意外折断腓骨，需警惕。

（3）在锯断股骨和胫骨时，务必注意边锯边在锯口处滴加预冷生理盐水降温，因为锯骨时的摩擦会产生大量的热，容易造成骨切面坏死，不利于骨切面愈合。

（4）髓内针一定要将断骨固定好，使断骨切面紧密连接，否则影响骨切面愈合。

（5）暴露股骨远心端和插入、固定髓内针时，避免损伤髌骨悬韧带。

（6）选择直径为 0.25 mm 的不锈钢针或针灸针作为髓内针，是因为这两类针很硬，不易弯折，而且既适用于股骨骨折，也适用于胫骨骨折，更重要的是在做 X 线摄影时不会产生大的金属伪影，股骨和胫骨的轮廓很清晰。

（7）由于髓内针骨外端固定在膝关节，术后会发生膝关节强直，影响术肢正常运动功能，成为骨愈合的影响因素之一。观测骨愈合时，该因素须在考虑范围之内。

（8）注射器针头内腔是一个容易污染之处，所以从这一点来看，不锈钢针或针灸针作为髓内针优于注射器针头。

（9）将髓内针末端保留在骨外，为了取材时抽出方便。如无须取材或拔针，可以将针完全埋入髓内，然后用牙托粉封闭髓孔，对膝关节运动功能损伤小。

七、参考文献

COLLIER C D, HAUSMAN B S, ZULQADAR S H, et al. Characterization of a reproducible model of fracture healing in mice using an open femoral osteotomy[J]. Bone reports, 2020, 12: 100250.

第 6 章

骨性关节炎[①]

胡锦烨

一、模型应用

骨性关节炎是一种退行性关节疾病，常见于运动损伤或年龄增大造成膝关节内结构破坏，进而发展成涉及整个关节腔的炎症。该病发展至后期，会出现关节疼痛、活动障碍、残疾，甚至累及股骨远心端和胫骨近心端的骨性病变。

该病的特点是患处膝关节活动时伴有钝痛，病理上表现为关节软骨的破坏、重建、钙化、增生以及软骨下骨的结构改变。

小鼠骨性关节炎模型旨在模拟临床退行性关节炎，重现其活动疼痛以及关节软骨病变的主要特点，为这一疾病药物治疗的研究提供合适的平台。

二、解剖学基础

以右膝为例，小鼠膝关节韧带结构如图 6.1 所示，膝关节解剖结构如图 6.2 ～图 6.5 所示，骨结构如图 6.6、图 6.7 所示。

---

① 共同作者：刘彭轩。

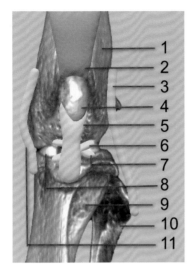

1. 股骨；2. 股直肌腱，连接髌骨前端；3. 外侧副韧带；4. 髌骨；5. 髌韧带；6、7. 交叉韧带；8. 半月板；9. 胫骨；10. 腓骨；11. 内侧副韧带

图 6.1　膝关节示意

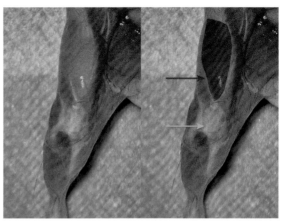

图 6.2　小鼠右膝关节（分离表皮后）。左为解剖照，右为标记照。红色箭头示股直肌；绿色箭头示髌韧带

图 6.3　右膝关节（分离肌肉并切断股直肌腱后，髌骨向下翻转位置）。左为解剖照，右为标记照。绿色箭头示髌韧带；红色箭头示髌骨

图 6.4　右膝关节腔（分离关节滑膜暴露关节腔后）。左为解剖照，右为标记照。红色箭头示内侧半月板；绿色箭头示前交叉韧带；紫色箭头示股骨；黄色箭头示胫骨

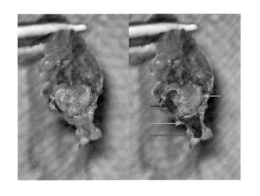

图 6.5　胫骨平台。左为解剖照，右为标记照。绿色箭头示内侧半月板；红色箭头示外侧半月板；黄色箭头示向下翻转的髌韧带；紫色箭头示向下翻转的髌骨

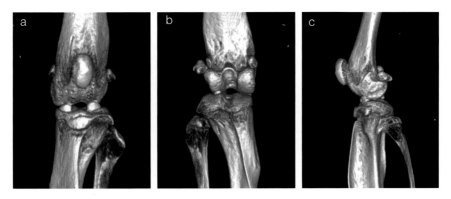

图 6.6　膝关节骨结构。a. 膝关节前面观；b. 膝关节后面观 c. 膝关节侧面观（张阔供图）

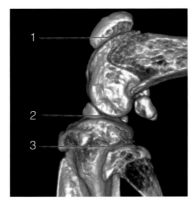

1. 髌骨；2. 股胫关节；3. 胫腓关节

图 6.7　小鼠膝关节面（张阔供图）

三、器械材料

（1）设备：吸入麻醉系统。

（2）器械：显微剪，10# 手术刀片，眼科直尖剪，细针持针器。

（3）材料：4-0 缝合线，异氟烷，无菌纱布块，手术垫单。

四、手术流程

（1）小鼠常规吸入麻醉。

（2）右后肢剃毛，上及腹股沟，下至踝关节。

（3）取仰卧位，将剃毛处与右爪消毒（图 6.8）。

（4）盖无菌孔巾，右后肢穿过巾孔暴露于孔巾上。

（5）术者左手食指与拇指分别抵住股骨和胫骨，使膝关节最大程度弯曲（图 6.9）。

（6）沿内侧股骨髁纵向切开皮肤，暴露肌肉组织（图 6.10）。

图 6.8　小鼠备皮区域与手术体位　　图 6.9　最大程度屈膝固定关节　　图 6.10　切开皮肤

（7）沿髌骨韧带内侧纵向切开股内侧肌及关节囊（图 6.11）。切开至暴露股骨髁，改用剪子修剪。

（8）松开左手，将膝关节伸直，将髌骨拨至外侧时屈膝，造成髌骨脱位，充分暴露关节腔（图 6.12～图 6.15）。

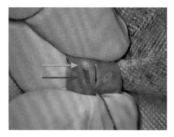  

图 6.11　切开皮肤位置避开髌骨和髌韧带。绿色箭头示髌骨投影位置标记；红色箭头示髌韧带投影位置标记　　图 6.12　切开股内侧肌至暴露关节腔　　图 6.13　髌骨脱位

（9）重新固定关节腔。在图 6.16～图 6.18 中，上为股骨侧，下为胫骨侧。

 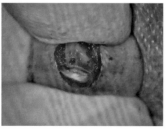 

图 6.14　局部放大髌骨脱位处。图示将髌骨拨至关节外侧　　图 6.15　髌骨向外侧脱位后髌韧带的位置形态。绿色标记示髌韧带　　图 6.16　重新固定关节

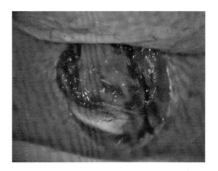

图 6.17　修剪关节滑膜，充分暴露关　　图 6.18　显微镜下暴露的关节腔
节腔

（10）四种关节损伤模型的构建。

① 内侧半月板横断（medial meniscal transection，MMT）：用显微剪将半月板与胫骨平台游离，在半月板中间横断，两瓣半月板可较为松散地游移（图 6.19）。

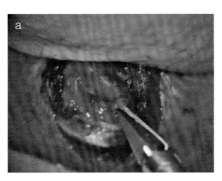
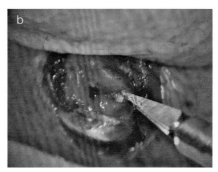

图 6.19　内侧半月板横断。a. 游离半月板；b. 半月板横断

② 内侧半月板摘除（medial meniscectomy）：用显微剪将半月板与关节囊游离，剪断半月板两端韧带并取出半月板（图 6.20）。

③ 前交叉韧带横断（anterior cruciate ligament transection，ACLT）：用显微剪将前交叉韧带剪断（图 6.21）。

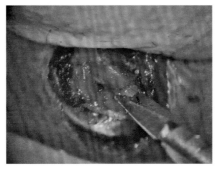
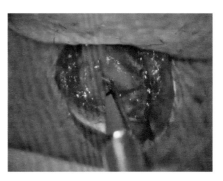

图 6.20　半月板摘除　　　　　　　　图 6.21　前交叉韧带横断

④ 内侧副韧带横断（medial collateral ligament transection，MCLT）：用显微剪将半月板与关节囊游离，剪断内侧副韧带（图 6.22）。

（11）膝关节伸直，将髌骨和内侧韧带复位（图 6.23）。

（12）分别缝合股内侧肌和皮肤（图 6.24），常规消毒。

（13）小鼠保温复苏，回笼。

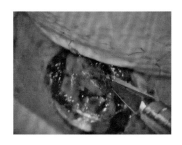
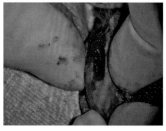

图 6.22　内侧副韧带横断　　图 6.23　髌骨和内侧韧带复位　　图 6.24　缝合皮肤

五、模型评估

（1）行为学分析：动态的步态分析以及静态的承重分析。

（2）组织病理学评价：

① 方法：取膝关节或胫骨近心端，充分固定后脱钙，番红 O- 固绿染色（图 6.25 ～图 6.27）。

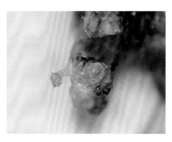
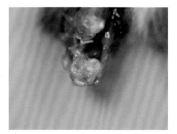

图 6.25　造模 4 周后术区的肌肉组织　　图 6.26　半月板摘除合并内侧副韧带横断造模 4 周后的胫骨平台　　图 6.27　内侧半月板横断合并前交叉韧带横断造模 4 周后的胫骨平台

② 评价：运用国际骨关节炎研究学会（Osteoarthritis Research Society International，OARSI）评分系统评价组织、结构、软骨细胞等。

六、讨论

（1）沿髌骨韧带内侧纵向切开肌肉及关节囊。若横向伤及髌骨悬韧带，将对小鼠的正常行动造成巨大影响，进而影响造模效果。

（2）切开肌肉时可根据熟练程度把握切口大小，原则上是尽量沿着肌肉纤维的方向切开。

（3）手术过程的关键在于髌骨脱位与否，脱位完全将充分暴露关节腔，之后的模型损伤是否可控依托于此。

（4）关节腔内的模型损伤会有部分步骤无法在目视下操作，例如，剪断半月板后侧连接处，因此，需要对膝关节结构有深入了解。

（5）一旦伤及计划外的韧带，则可判定造模失败。将显微剪深入关节缝隙时应避免划伤软骨。

（6）造模一般选择右侧膝关节；模型损伤可以根据研究需要选择一种或两种。一般而言，四种造模方式在小鼠模型平台上很难表现出如病程周期、损伤程度、行为学或组织病理学等方面的显著差异，因此，在模型的实际应用中，需要参照受试物的药理原理进行选择。如果要深入研究膝关节中软骨、各韧带和半月板等结构在不同负重损伤下对关节软骨的组织学效果，建议使用大动物。

（7）动物的品系优先选择活泼好动的雄鼠。小鼠术后正常饲喂，完全负重活动。

（8）小鼠术后的体重数据显示手术组与正常动物无显著差异。

（9）此模型手术成功必定成模，造模后 4 周可见组织学差异，一般不存在病情减缓或痊愈。

（10）关节软骨病变短周期造模方式，可以行膝关节腔注射碘乙酸钠，快速形成软骨层的破坏。不属于手术造模，恕不详细讨论。

第 7 章

跟腱损伤修复[①]

刘金鹏

一、模型应用

跟腱是人体内最强壮、最粗的肌腱，跟腱断裂是临床上常见的一种严重肌腱损伤，多见于健康、活跃的人群，尤其是运动员。跟腱损伤会使行走和活动受到严重影响。

在 20 世纪 50 年代开始开发的小鼠跟腱损伤模型主要用于肌肉骨骼系统的生理学和病理学研究。流行的方法是通过手动切割损伤小鼠的跟腱，模拟人类跟腱的损伤。

随着技术的进步，模型逐渐细化为急性损伤和慢性损伤等不同类型，并出现了微创手术或注射化学物质等不同的造模方法。例如，在小鼠跟腱中注射胶原酶来模拟慢性跟腱损伤。

本章介绍小鼠跟腱横行贯通切断的急性损伤模型。这种跟腱损伤愈合要经过三个阶段：炎症反应期、增殖修复期和重塑愈合期。炎症反应期较短，持续 1 周左右；随后的增殖修复期，持续约数周；最后的重塑阶段，持续约数月。实验者可在不同时间点观察跟腱损伤修复的情况。

二、解剖学基础

小鼠跟腱是腓肠肌和比目鱼肌的肌腹远心端移行的腱性结构，止于跟骨结节，是最粗、最大的肌腱，对机体行走、站立和维持平衡有着重要的意义（图 7.1），其长度约为 7 mm（图 7.2）。

---

① 共同作者：刘彭轩；协助：王哲。

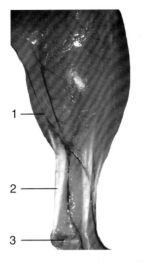 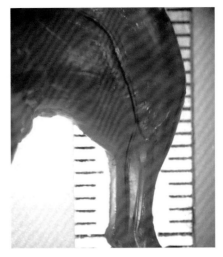

1. 腓肠肌；2. 跟腱；3. 爪踝
图 7.1 跟腱结构

图 7.2 跟腱长度

三、器械材料

器械材料如图 7.3 所示。

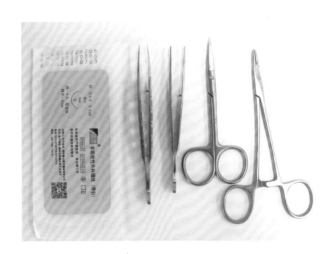

图 7.3 器械材料。由左到右依次为 6-0 尼龙线、打结镊、眼科镊、眼科剪、持针器

四、手术流程

（1）小鼠常规麻醉。

（2）小腿和后爪跟周围备皮，俯卧位固定。备皮区常规消毒。

（3）从后爪跟沿着胫骨长轴切开皮肤约 1 cm（图 7.4），暴露跟腱，在跟腱两侧边缘

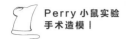

用眼科镊拨开筋膜，游离跟腱（图 7.5）。

（4）在跟腱的中间部位垂直于跟腱剪断（图 7.6，图 7.7）。

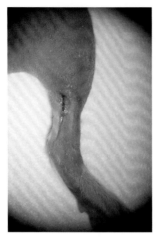

图 7.4 切开皮肤　　　　图 7.5 游离跟腱　　　　图 7.6 剪断跟腱

（5）用 6-0 尼龙线使用 Kessler 缝合法缝合跟腱：带线缝合针将两端肌腱固定（图 7.8，图 7.9）。

图 7.7 剪断后的跟腱　　　　图 7.8 跟腱缝合示意

（6）常规缝合手术皮肤切口。常规消毒。

（7）小鼠保温苏醒，返笼，正常饲喂。

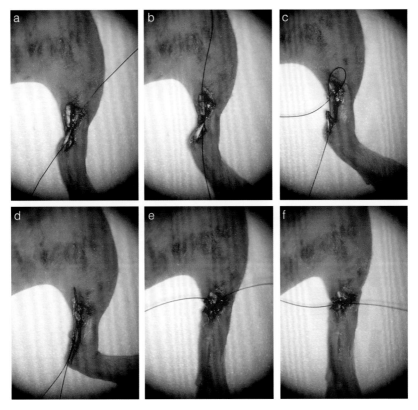

图 7.9 Kessler 缝合法缝合跟腱。a. 在距下端断面 1 ～ 2 mm 处用 6-0 带线缝合针稍斜穿入跟腱；b. 穿出跟腱并沿着上端断面刺入上端跟腱，并在距断面 1 ～ 2 mm 处穿出；c. 缝合针横向刺穿上端跟腱并穿出；d. 沿着下端跟腱的断面刺入跟腱，距断面 1 ～ 2 mm 处穿出；e. 缝合针再横向刺穿下端跟腱；f. 缝合线打结

五、模型评估

（1）第 4 周取材做病理切片，H-E 染色和 Masson 染色后观察跟腱组织形态、粘连与纤维化的情况。

（2）第 8、12 周取材做病理切片，H-E 染色和 Masson 染色后观察跟腱组织修复情况以及纤维化的情况。

（3）将正常跟腱和术后第 4、8、12 周取材的大体解剖照片比较，显示跟腱出现肉眼可见的变化（图 7.10）。

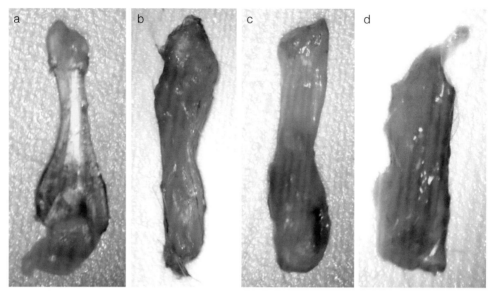

图 7.10　正常跟腱与术后跟腱的比较。a. 正常跟腱；b. 术后 4 周跟腱；c. 术后 8 周跟腱；d. 术后 12 周跟腱

六、讨论

（1）跟腱位于后爪跟与腓肠肌之间，并将二者紧密相连，通过腓肠肌的舒张与收缩控制踝关节的伸屈活动。

（2）跟腱位于足跟部皮下，所以切开皮肤时，不要损伤跟腱。

（3）小鼠的跟腱较短，在跟腱的中间部位横行贯通切断跟腱，方便缝合。跟腱切口偏向腓肠肌，缝合时需要带着肌肉一起缝合；如果跟腱切口偏向后爪跟，操作空间太小，会给缝合带来很大的困难，甚至无法缝合。

（4）横行贯通切断跟腱时，一定要保证不要损伤长屈肌腱，以免影响脚趾的活动。

（5）跟腱缝合后，用 2.5 mg/mL 维拉帕米溶液浸泡的可吸收明胶海绵敷在跟腱切口及周围皮下，然后缝合皮肤，无须取出明胶海绵，会减轻粘连现象的出现，同时有助于跟腱的修复与愈合。

（6）可以每次取材前一天进行术后小鼠后肢行动状态评估；也可以通过行走步态分析仪客观反映小鼠的行为。

（7）术后若使用明胶海绵，需要定期观察明胶海绵吸收的情况，以及肌腱的炎症、增殖、重塑等肉眼可见的变化。

（8）体外测量：可以使用皮肤游离技术和荧光染色技术等，在小鼠的跟腱表面进行测量，以评估跟腱损伤的程度和愈合情况。其中，皮肤游离技术可以测量跟腱的直径、长度和形态等指标，而荧光染色技术可以测量跟腱的力学性能、力学刚度和形变等指标。

（9）组织学评估：可以使用光学显微镜、电子显微镜等，在跟腱组织的不同深度部位进行组织学评估，以了解跟腱损伤的程度和愈合情况。其中，光学显微镜可以观察组织的结构和变化，电子显微镜则可以观察细胞的结构和形态。

（10）生物力学测试：可以使用万能试验机、三点弯曲测试机等设备，在小鼠跟腱上进行生物力学测试，以评估跟腱的力学性能和力学特性。其中，万能试验机可以测量跟腱的拉伸性能和应力－应变关系等指标，三点弯曲测试机则可以测量跟腱的弯曲刚度和抗弯强度等指标。

第8章

骨质疏松①

王海杰、田莹

一、模型应用

小鼠骨质疏松模型可以通过药物诱导、转基因等非手术方法制作，也可以通过手术构建。

手术构建主要有两种方法——双侧卵巢摘除法和双侧甲状旁腺摘除法。

就女性而言，雌激素对调节骨代谢平衡有着重要作用，持续的雌激素缺乏被认为是导致女性骨质疏松症的重要原因。卵巢是主要产生雌激素的器官，因此，卵巢摘除可以显著降低体内雌激素水平。为了模拟雌激素缺乏引起的骨质疏松症，常采用雌鼠双侧卵巢摘除法造模，一般在术后正常饲养 2 个月即可成功建立骨质疏松模型。由于该模型能够模拟女性绝经后体内雌激素水平变化以及由雌激素变化引起的骨质疏松症，因此可用于研究女性绝经后的骨质疏松症发病机制及筛选相关治疗药物。

至于双侧甲状旁腺摘除法，其造模机制在于：甲状旁腺（parathyroid glands）主要分泌甲状旁腺激素（parathyroid hormone，PTH），PTH 对于维持正常血钙水平至关重要。当血钙水平下降时，甲状旁腺释放 PTH，促使骨骼释放储存在其中的钙，并增加肾对钙的重吸收，从而提高血钙水平。摘除甲状旁腺会减少 PTH 的分泌，使肾对钙的重吸收减少，尿液中钙的排泄增加，血钙水平下降，最终由于缺钙而导致骨质疏松。

双侧卵巢摘除法和双侧甲状旁腺摘除法可以联合使用，以产生更复杂的和临床相关的骨质疏松模型。这种模型被称为"OVX/PTX"模型，其中"OVX"代表卵巢摘除，"PTX"代表甲状旁腺摘除。该模型同时考虑了两个重要的生理变化，即雌激素缺乏和甲状旁腺激素缺乏，因而具有以下两个特点。

（1）更强的骨丢失模拟：卵巢摘除导致雌激素水平下降，这是骨丢失的一个主要因素。

---

① 共同作者：戚文军、徐桂利、徐一丹、刘彭轩。

同时，甲状旁腺摘除会导致钙代谢紊乱，从而影响骨质。通过联合使用这两个手术，可以更全面地模拟骨丢失和骨质疏松。

（2）更接近临床情况：许多骨质疏松症患者同时存在多个风险因素，如更年期导致的雌激素减少和甲状旁腺功能障碍。因此，这种模型更接近临床情况，有助于研究多种因素对骨骼健康的联合影响。

该模型主要用于治疗策略测试和骨质疏松症的机制研究。① 治疗策略测试：该模型可以用于测试骨质疏松症的治疗策略，例如，雌激素替代疗法、PTH 替代疗法或其他药物治疗。研究人员可以评估这些治疗策略对模型骨质疏松程度的影响。② 机制研究：通过该模型可以研究雌激素和 PTH 在骨骼健康中的相互作用和生理机制，有助于深入了解骨质疏松症的发病机制。

二、解剖学基础

小鼠卵巢位于肾后方，紧贴背侧腹壁，被卵巢脂肪垫包绕。卵巢与子宫末端中间为盘曲的输卵管（图 8.1）。小鼠左侧卵巢位置较右侧卵巢偏前；右侧卵巢位置距离中线更远。小鼠卵巢背部体表投影约在腰椎旁开 1 cm 处（图 8.2），右侧卵巢位置的变异范围大于左侧。

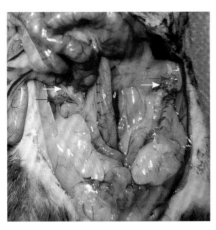
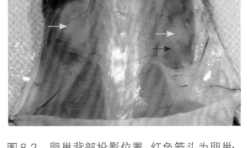

图 8.1　雌鼠生殖系统。绿色箭头示子宫角；白色箭头示输卵管；红色箭头示卵巢

图 8.2　卵巢背部投影位置。红色箭头为卵巢；黄色箭头为卵巢周围脂肪组织

小鼠甲状旁腺（图 8.3，图 8.4）左、右各一，位于第 1 ～第 3 气管环水平、气管两侧表面，紧贴甲状腺。颜色与甲状腺相似，体积约为甲状腺的 1/5。

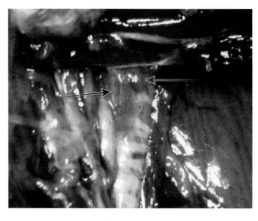

图 8.3　小鼠甲状腺解剖（右侧位）。蓝色箭头示甲状旁腺；黑色箭头示甲状腺

图 8.4　采集下来的甲状旁腺（左）和甲状腺（右），可对比其体积大小

三、器械材料与实验动物

（1）设备：手术显微镜，Micro-CT，血生化仪，电烧灼器。

（2）器械材料：手术剪，手术镊，显微剪，显微镊，拉钩，止血钳，7-0 缝合线，5-0 缝合线。

（3）实验动物：C57BL/6 小鼠，6 ～ 8 周龄，雌性。

四、手术流程

1. 双侧卵巢摘除法

（1）小鼠术前 3 天行 Micro-CT 扫描，采血，做术前生化检验，建立对照资料。

（2）常规吸入麻醉，背部备皮。

（3）俯卧于手术台上，备皮区常规消毒。

（4）在左脊肋角后 2 mm，距背中线 1 cm 处皮肤及腹壁做 5 mm 纵切口（图 8.5）。

（5）左手持镊子牵拉腹壁切口，暴露腹腔。右手持镊子行腹腔探查并拉出卵巢脂肪垫（图 8.6）。

（6）左手用镊子将卵巢连同脂肪垫一起夹持，并将输卵管以及子宫角远心端拉出体外，保持绷紧态势，右手持电烧灼器烧断输卵管，完整摘除卵巢及脂肪垫（图 8.7）。

（7）将子宫角还纳腹腔。

（8）用 7-0 丝线在腹壁切口缝合 1 针（图 8.8）。

（9）用 5-0 丝线在皮肤切口缝合 1 针。

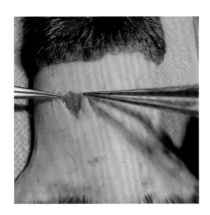

图 8.5　皮肤切口位置

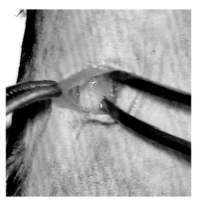

图 8.6　暴露并牵拉卵巢脂肪垫

图 8.7　电烧灼切除卵巢

图 8.8　腹壁缝合 1 针

（10）术区皮表常规消毒。

（11）右侧卵巢摘除方法同左侧。

2. 双侧甲状旁腺摘除法

（1）小鼠常规麻醉，颈部备皮。

（2）仰卧固定于手术板上，并置于显微镜下。垫高后颈。常规术区皮肤消毒。

（3）沿颈中线划开皮肤（图 8.9）。安置拉钩，暴露颌下腺。

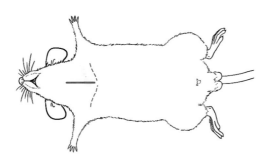

图 8.9　皮肤切开位置示意

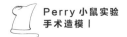
（4）从中间钝性分离颌下腺，翻向外侧，暴露胸骨舌骨肌（图8.10）。其下方气管隐约可见。

（5）从中间钝性分离胸骨舌骨肌，并用止血钳夹住向两侧牵拉，暴露气管和甲状腺（图8.11）。

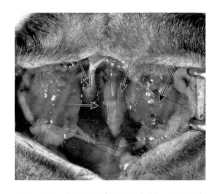
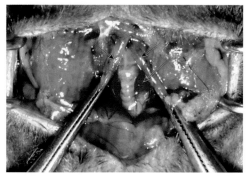

图8.10　将颌下腺翻向外侧，暴露胸骨舌骨肌。黑色箭头示颌下腺；蓝色箭头示胸骨舌骨肌；红色箭头示颈总动脉；紫色箭头示二腹肌后腹

图8.11　拉开胸骨舌骨肌，暴露贴附在气管两侧的甲状腺。黑色箭头示胸骨舌骨肌；蓝色箭头示甲状腺

（6）仔细辨别甲状腺表面的甲状旁腺（图8.12）。

（7）用镊子将右甲状旁腺与右甲状腺做钝性分离（图8.13）。然后夹住甲状旁腺并摘除（图8.14）。

（8）同样方法摘除左甲状旁腺。然后将胸骨舌骨肌和颌下腺复位。

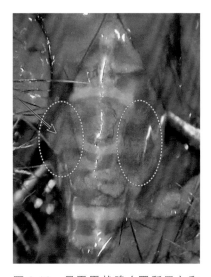

图8.12　暴露甲状腺（圈所示）和甲状旁腺（箭头所示）

图8.13　从右甲状腺（黑色箭头所示）上分离右甲状旁腺（蓝色箭头所示）

图 8.14　用镊子钝性摘除甲状旁腺

（9）缝合颈部皮肤切口。常规术区皮肤消毒。

（10）在小鼠保温苏醒后，常规饲喂。

五、模型评估

（1）影像学评估：手术前、后用 Mirco-CT 分析骨密度、骨体积分数、骨小梁宽度、骨小梁数量、骨小梁间隔。

（2）病理学评估：术后 3 个月，小鼠安乐死，取假手术组和手术组小鼠完整股骨，并于 10% 甲醛溶液中固定 48h，然后制作石蜡病理脱钙切片、H-E 染色，分析股骨远心端病理情况。假手术组小鼠骨髓腔内骨髓细胞致密，骨小梁分布密集，形态结构完整。手术组小鼠在术后 3 个月时骨髓腔内骨髓细胞数量明显减少，骨小梁数量减少，厚度变小，间隙变大，部分区域的形态结构出现断裂甚至消失（图 8.15）。

（3）子宫内膜萎缩病理。

（4）血生化检验：术后 4 周，小鼠血清中雌激素显著降低，具有统计学意义（图8.16）。在小鼠双侧甲状旁腺摘除术后，血钙水平明显降低（图 8.17）。

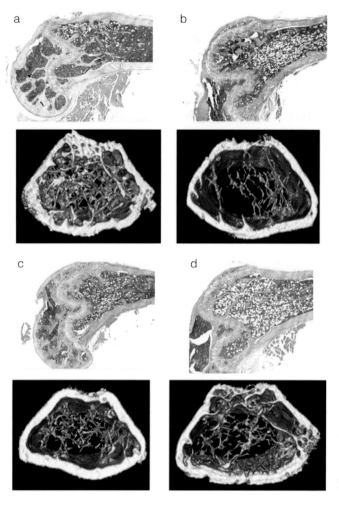

图 8.15　小鼠股骨远心端病理切片，H-E 染色。a. 对照组；b. 术后 1 个月；c. 术后 2 个月；d. 术后 3 个月。可见术后骨小梁明显变薄，间隙加大。对照同期 Micro-CT 扫描图，可见相应病理改变

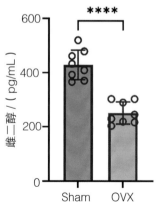

图 8.16　术前、术后 4 周小鼠血清雌二醇统计。OVX（卵巢摘除术 ovariectomy 缩写），手术组；Sham，假手术组

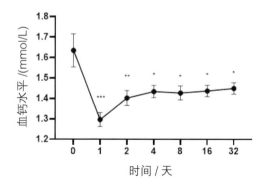

图 8.17　双侧甲状旁腺摘除前后血钙水平。0 天数据为术前血钙水平

六、讨论

（1）双侧卵巢切除术的术式非常多，包括腹中线切口、背部中线切皮后两侧肌肉切口、背部卵巢投影位置双侧切口等。考虑到切口错位可以避免感染以及皮肤切口小等因素，背部中线切皮后两侧肌肉切口较为常见。但基于小鼠较强的抗感染和恢复能力，以及良好的饲养环境，背部卵巢投影位置双侧切口的术式并未观察到有增加小鼠术后感染的风险，且还有如下优点：① 较小的皮肤切口，有利于伤口恢复；② 直接的开口位置，避免背部中线开口后皮下寻找肌肉开口位置的视野局限；③ 准确的开口位置，减少翻动腹内器官等操作的影响；④ 减少了大面积皮下钝性分离潜在的问题；等等。

在此术式中切口位置最关键，一般在左脊肋角后 2 mm，距背中线 10 mm 附近，切口不宜过大。小鼠卵巢紧贴背部肌肉，是背部体表投影双侧开口的基础。要注意左、右卵巢位置及活动性的差异，轻微调整切口位置，以保证准确开口。虽然小鼠腹壁较薄，手术灯光下可以看到卵巢的位置，但皮肤切口需要相对延长。所以，熟悉卵巢体表投影位置、准确的切口以及切口后直接暴露卵巢脂肪，可以有效提高手术效率，减少手术创伤。

（2）如果皮肤切口位置不准，可以在背部腹壁找到卵巢位置后，再做肌肉切口。在右侧（小鼠俯卧，术者右手边）切口时，很容易出现开口后第一次牵拉出的脂肪不是卵巢周围脂肪（紧实且相对固定），而是生殖脂肪囊的现象，这时不要盲目牵拉和翻动，左手提拉脂肪组织，右手从该脂肪组织左下方深部探查，即可发现卵巢周围脂肪（松散，白色，直视下亮闪闪）。

（3）在右侧切口时，可以比预想位置再向外挪 2～3 mm。

（4）电烧灼法切除卵巢时，因烧灼头温度较高，容易灼烧到周围组织，可以加热后稍稍冷却再灼烧输卵管，以避免子宫遭受不必要的损伤。

（5）在骨质疏松模型的造模方式中，用卵巢去势的方法造模成功率为 100%。雌性动物体内的雌激素主要由卵巢合成，在正常雌激素水平的动物体内，骨吸收和骨生成之间因雌激素调控而保持平衡，去势后的动物体内雌激素水平极低，由此平衡被打破。在手术后，随着时间推移（大约 4 周开始），动物将不可避免地出现骨质疏松的情况。

（6）流行的错误概念和方法：很多人认为绝经后或者术后，雌激素等会下降至远低于正常水平，而黄体生成素和卵泡刺激素会远高于正常水平。实际上，不论是女性自然绝经，还是动物手术绝经，激素变动的临界值都会有交集。对于小鼠来说，在自然周期中，正常对照组的激素水平本身就有剧烈波动，因而与手术组相比并不一定有很大差异。这时，更好的模型验证指标是抗米勒管激素，在绝经后，该激素会有显著下降，甚至低于测

量范围。

（7）造模中尽量避免惯性思维，比如完全通过人的生理来推断小鼠。小鼠的输卵管伞端与腹腔不相通，而与子宫角和卵巢囊紧密连接，因而术中可以牵拉输卵管进行钳夹和切除操作，避免损伤子宫或扯断系膜血管造成不必要的手术创伤。

（8）甲状旁腺与甲状腺容易混淆，摘除时需在显微镜下仔细辨别，不可损伤甲状腺。

（9）甲状旁腺的分布有少数变异，且左、右不对称。分布变异一般发生在右甲状旁腺，左甲状旁腺少见。暴露甲状旁腺时，如果在常规部位找不到，应该在周围找寻，尤其注意甲状腺后方，甚至离开甲状腺数毫米之处，不可轻易定性为"甲状旁腺缺如"。

（10）甲状旁腺摘除后，血钙水平立即下降，但是骨密度值下降到具有统计学明显差异，还需要数月时间。

（11）卵巢和甲状旁腺双摘除手术，可进一步降低血钙水平（图 8.18）。但单纯的卵巢切除不能导致血钙水平变化，其原因在于：

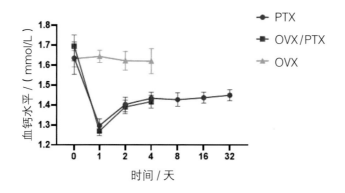

图 8.18 双侧甲状旁腺摘除（PTX）、双侧卵巢摘除 + 双侧甲状旁腺摘除（OVX/PTX）与双侧卵巢摘除（OVX）前后小鼠血钙水平变化。0 天数据为术前血钙水平

① 钙流失增加：雌激素有助于维持骨骼健康，包括促进骨密度和骨基质的形成。卵巢切除会导致雌激素水平急剧下降，这可能导致骨质流失的增加，从而释放更多的钙离子进入血液中，可能导致血钙水平升高。

② 钙吸收减少：雌激素对肠道吸收钙离子也有影响，因为它们可以促进肠道对钙的吸收。卵巢切除后，这种促进效应可能会减弱，导致小鼠钙吸收减少，从而使血液中的钙水平下降。

③ 甲状旁腺激素水平变化：卵巢切除会导致对甲状旁腺激素的反应发生变化。甲状旁腺激素是一个调节血钙水平的激素，在卵巢切除后增加，以促进骨骼中的钙流入血液，因

此可以维持正常的血钙水平。

（12）卵巢和甲状旁腺双摘除手术，对骨质疏松进展速度的影响如 CT 扫描图像所示（图 8.19）。

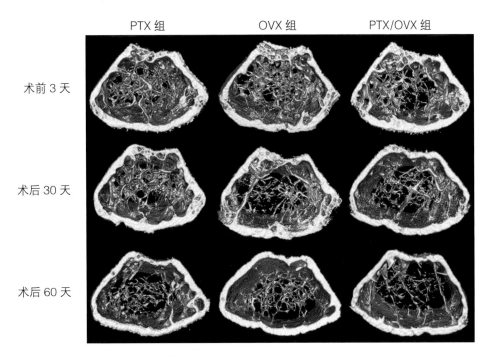

图 8.19　CT 扫描图像

（13）术中需区别甲状旁腺和颈深淋巴结（图 8.20）。颈深淋巴结位于甲状腺深层背面，颜色透明。

图 8.20　小鼠甲状腺局部解剖。黄色
箭头示右甲状腺；黑色箭头示右甲状
旁腺；蓝色箭头示右颈深淋巴结

2

心血管系统模型

第二篇

第 9 章

心血管系统模型概论①

田松

一、引言

  心血管疾病是一类影响心脏或血管功能的疾病，是人类的主要死因之一。常见的心血管疾病包括脑卒中、心力衰竭、高血压、心肌梗死、先天性心脏病、瓣膜性心脏病、心肌病、心率异常、主动脉瘤、动脉粥样硬化和血栓性疾病等。

  对于心血管疾病的研究是热门领域之一，和心血管疾病相关的常见动物模型有高血压模型、心肌肥厚模型、脑卒中模型、动脉粥样硬化模型、心力衰竭模型、心肌梗死模型、心律失常模型、动脉损伤模型、腹主动脉瘤模型等。在制作心血管疾病模型的过程中可综合运用饮食诱导、药物诱导、手术物理刺激等方式，尽可能模拟临床疾病的发生、发展过程。如通过高脂、高胆固醇饮食诱导来模拟人动脉粥样硬化疾病的形成过程，通过阻塞冠状动脉来模拟临床心肌梗死疾病，通过导丝、球囊损伤动脉内膜来模拟临床中经皮冠状动脉介入治疗（percutaneous coronary intervention，PCI）时引起的血管再缩窄疾病等。

  本篇主要介绍手术造模的方式。由于小鼠体型小、心率快，其心脏和血管手术操作难度较大，需要术者熟悉小鼠的解剖、显微器械及各类检测评价设备的使用，并具备专业的小动物显微手术操作技巧。

二、小鼠心血管手术操作要点

（一）麻醉
进行心脏手术及心功能检测时，控制好麻醉深度可让手术和检测结果更加稳定。如在

---

① 共同作者：刘彭轩。

进行心肌梗死手术时，可以稍加深麻醉，适当降低小鼠心率以便于手术操作；在进行心功能检测，如超声检测心脏收缩功能时，应控制麻醉深度使小鼠心率更接近清醒状态下的心率，以获得稳定可靠的数据；而在进行超声检测舒张功能时，则需要适当降低小鼠心率，以获得稳定可靠的数据。

（二）手术操作

1. 心脏手术操作

（1）手术定位：小鼠心脏的体表投影位于第 2 ～ 第 5 肋，在进行手术操作时可以此为依据确定开胸的部位；如进行主动脉弓手术操作时，可从第 2、第 3 肋间开胸，或者通过胸骨上窝入路采取不开胸的方式暴露主动脉弓；在进行心肌梗死 / 缺血操作时，可从第 3、第 4 肋间开胸暴露心耳至心脏中部的区域，进行冠状动脉结扎手术；从第 4、第 5 肋间开胸可暴露心脏中部至心尖的区域，方便进行心肌内注射等操作。

（2）手术器械：小鼠心脏手术的常用器械包括眼科剪、眼科镊、显微镊、打结镊、撑开器、持针器等，其中撑开器推荐选用最大撑开距离为 1 ～ 1.5 cm，持针器推荐使用笔式持针器，进行小鼠操作的手术器械尺寸要合适，推荐使用长度为 10 ～ 15 cm 的器械，以方便精细操作。

（3）操作要点：

① 开胸时注意避开胸廓内动静脉，以防止大出血。

② 开胸时需要呼吸机辅助通气，呼吸机参数设置要合理，避免肺部损伤或通气不足；手术完成后可进行胸腔抽负压（1 mL 左右），需要等待小鼠恢复自主呼吸才能撤离呼吸机。

③ 手术过程中注意对肺的保护，避免损伤肺组织。

④ 避免长时间人为改变心脏体位，以免引起低血压。

⑤ 小鼠心跳较快，在进行冠状动脉结扎或心肌注射等操作时可使用器械稍固定操作部位的心肌组织，以降低操作部位心肌的运动，便于操作。

⑥ 长时间暴露心脏操作时注意保持心脏湿润，如进行心脏移植手术时，可使用薄棉包裹心脏以保持湿润。

⑦ 心脏采样时可先将心脏放入 10% 氯化钾溶液中，使心脏停止在舒张期，便于统一后期病理图片。

2. 血管手术操作

（1）血管的分离：分离动脉与静脉时可使镊子平行于血管走行，在动静脉连接处反复张合以分离动静脉血管壁，也可采用注射器向连接动静脉的筋膜中注入生理盐水或耦合剂，使用液体分离的方式进行分离。

（2）穿线：在进行血管穿线时可采用镊子夹持缝合线，或者使用自制的穿线器操作。当需要尽可能减少手术损伤时，可以用缝合针将缝合线从血管下方穿过，无须分离血管。

（3）血流的阻断：相关操作可参见《Perry 小鼠实验手术操作》"第九篇　血管手术：截流止血"。对于无须保持血流的血管阻断，可采用丝线结扎、电凝、止血钳夹闭、垫片撑开（参见《Perry 小鼠实验手术操作》"第 50 章　垫片断血"）等方式来阻断血流；对于需短期阻断的细小动脉，可采用血管痉挛法暂时阻断血流（参见《Perry 小鼠实验给药技术》"第 51 章　股静脉皮支注射"），也可使用压迫法短期阻断动脉或静脉血流；对于需较长时间阻断血流的动脉与静脉，可采用动脉夹或静脉夹夹闭血管，或使用丝线提拉、结扎血管来达到阻断血流的目的。

（4）血管的切开：动脉横向切口可采用显微剪垂直于动脉，横向剪开动脉管壁直径的 1/3 ～ 1/2，由于血管自身的张力，将在动脉侧壁上形成一个椭圆形的开口，方便后续操作；如开口过大，血管回缩过度会导致难以辨认血管切口。45º 剪开血管，可获得更大的切开口径。对于动脉的纵向切口，可先使用缝合针平行于血管挑起管壁，使用显微剪剪除一小段血管壁组织后再沿着血管壁开口纵向剪开血管；也可使用注射器针头在动脉上穿孔后，再使用显微剪纵向剪开动脉。静脉管壁较薄，可使用镊子轻轻提起管壁后，再用显微剪剪开静脉；也可以将注射器针头刺入静脉预定长度，用尖刀的刀尖刺穿血管前壁，抵达针孔内，然后将注射器针头与尖刀同步拔出血管，即可精准纵向划开静脉前壁，而不伤及血管深面组织。（参见《Perry 小鼠实验手术操作》"第 27 章　划开"。）

（5）血管的缝合：小鼠的动脉较细，对于血管的端端吻合，推荐使用间断缝合的方式，如在进行颈部异位心脏移植手术时，可采用间断缝合的方式来对心脏的主动脉与颈总动脉进行端端吻合。动脉的端侧吻合可以采用连续缝合或间断缝合的方式。对于静脉的端端吻合，常采用套管法或连续吻合的方式进行，如进行肝移植时采用套管法吻合肝下后腔静脉，进行小鼠颈部静脉 – 动脉移植时采用套管法进行吻合等。静脉的端侧吻合可采用连续缝合的方式进行。血管缝合时应注意保持血管的内皮对内皮，并注意保持血管管腔的干净，缝合完成后可使用放血法或注入生理盐水的方法排除血管内空气。

三、常用检测评价设备与检测评价方法

1. 心脏功能的评估

评估小鼠心脏功能常用的设备有超高分辨率超声影像系统、压力容积测试仪、多导生理记录仪、心电图仪等，用于观察心脏结构、运动，以及评估心脏的收缩、舒张功能等。

在进行心脏功能评估时，应严格控制小鼠的麻醉深度，不同麻醉深度下测量的心功能

差异较大。严格控制小鼠体温，体温异常会直接影响心率和心脏功能。

2. 对于血管功能的评估

评估血管形态与功能的常用设备有超高分辨率超声影像系统（可评估血管结构、血流、流速、血管顺应性等）、激光多普勒血流仪（用于评估局部组织微循环血流等）、离体微血管灌流系统（用于评估血管张力等指标）、活体血流影像检测仪器（高倍显微镜观察血管窗，直视血细胞运动、血流状况和血栓形成 – 消散过程）等。

3. 与心血管疾病模型相关的生化检测指标

在进行心血管相关疾病模型的制作与研究时，血生化指标也是重要的评价方式，主要包括：

血脂类指标：如总胆固醇（TC）、低密度脂蛋白胆固醇（LDL-C）、高密度脂蛋白胆固醇（HDL-C）、甘油三酯（TG）等。

心脏相关标志物：肌钙蛋白 T（TnT）、肌钙蛋白 I（TnI）、肌酸激酶同工酶 -MB（CK-MB）、脑钠肽（BNP）、N 端脑钠肽前体（NT-proBNP）

其他还可根据研究需要关注凝血功能指标、炎症与氧化应激指标、血糖与糖化血红蛋白指标等，以对模型进行综合评价。

第 10 章

急性心肌梗死：小开胸①

陈涛

一、模型应用

急性心肌梗死（acute myocardial infarction，AMI）是冠状动脉急性、持续性缺血、缺氧所引起的心肌坏死，常可危及生命。其诱因主要有过劳、暴饮暴食、寒冷刺激、激动、便秘等，严重危害人类健康。

在研究解决急性心肌梗死疾病过程中离不开动物实验，需要各种合适的动物模型。以小鼠作为实验动物，不能采用前述的过劳等诱因来建立急性心肌梗死模型，因此，目前采用的多是冠状动脉前降支结扎的方法。该方法能够在短时间内出现急性心肌梗死的相关症状并达到评价标准，真实模拟了人类急性心肌梗死状况，从而有助于相关疾病的研究。

传统的造模方法是麻醉小鼠→接呼吸机→开胸→行冠状动脉左前降支结扎。近年开发的简便的胸前小切口（即小开胸）方法，无须接呼吸机，快速将心脏从胸前小切口挤出，保持胸腔气压封闭状态，完成冠状动脉左前降支结扎。由于不用复杂设备，小鼠损伤小，手术时间短，所以该方法普及很快。本章介绍这种快捷的小开胸方法。

二、解剖学基础

详细的小鼠心脏解剖参见《Perry 实验小鼠实用解剖》，小鼠心脏及冠状动脉左前降支的位置如图 10.1、图 10.2 所示。

---

① 共同作者：刘金鹏、王成稷、曹智勇、刘彭轩。

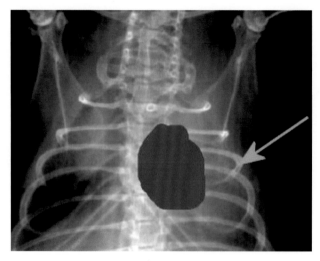

图 10.1　小鼠心脏与肋骨相对位置。箭头示第 3 肋骨

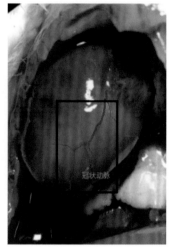

图 10.2　冠状动脉标识。框内示左前降支

三、器械材料

（1）设备：小动物超声仪，心电图机，吸入麻醉系统。

（2）器械：持针器，眼科镊，眼科剪，眼科弯钳，蚊式钳，显微剪。

（3）材料：2-0 丝线，6-0 带线缝合针，异氟烷，生理盐水，医用酒精，石蜡油。

四、手术流程

（1）小鼠常规吸入麻醉。

（2）胸部备皮，范围：前至锁骨，后至剑突；左、右至腋中线。

（3）用持针器夹好 6-0 缝合线备用。

（4）取仰卧位，常规胸部皮肤手术消毒。

（5）从剑突向左将皮肤剪开约 1 cm，用 2-0 丝线预置荷包缝合线（图 10.3）。

（6）左手持止血钳提起胸大肌，右手持蚊式钳分离胸大肌，露出胸小肌并将其顺势提起，左手换镊子分离胸小肌，露出第 3、4 肋间。

图 10.3　预置荷包缝合线

（7）左手食指、中指及大拇指轻按小鼠胸部，固定心脏前、右方向，右手持蚊式钳在第4肋间穿透肋间肌、胸膜和心包膜，将蚊式钳轻微打开，撑破心包膜。

（8）左手3指轻轻按压胸部，推挤心脏前方和右侧，使心尖上翘，挤向左后方，从胸壁切口平稳地弹出胸外（图10.4）。

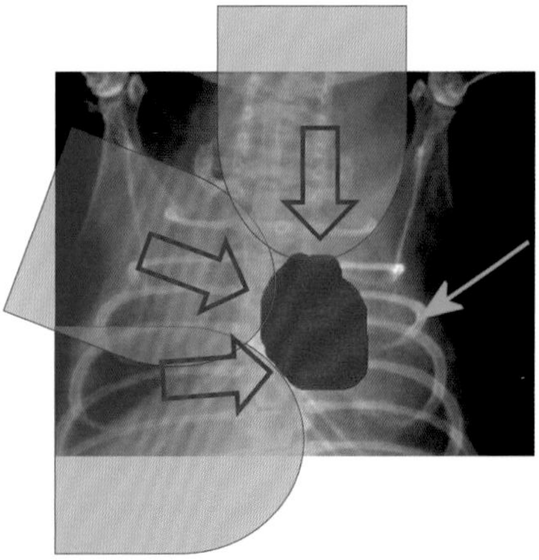

（9）结扎冠状动脉：心脏弹出胸腔的瞬间，左手手指和拇指离开胸壁，直接夹持固定心脏（图10.5）。

（10）结扎位置在距前降支起始处2～3 mm（左心耳下缘与心尖连线的上 1/3 处），进针深度约0.5 mm，宽度约1 mm。

图 10.4　3 根手指的位置及按压方向。上示食指，中示中指，下示拇指。蓝色箭头示挤压方向。同时向下轻按。绿色箭头示第 3 肋骨。中指和食指下按，使心尖上翘至第 3、4 肋间切口部位

（11）右手用 6-0 缝合线结扎前降支，同时左手保持轻压胸部，防止心脏缩回胸腔。结扎完肉眼可见左室前壁颜色变浅（图10.6）。

（12）迅速将心脏回位，并在闭合胸腔前直接挤压胸壁，使胸腔内的空气排出，立即收紧荷包缝合线。打结结扎后剪除线头，常规消毒。关闭胸腔。

（13）将小鼠放置保温盒内复苏。

图 10.5　左手 2 指固定心脏

图 10.6　小鼠心脏左前降支结扎后左心室壁缺血，颜色变浅

五、模型评估

（1）小鼠心电图：心电图 ST 段抬高（图10.7）。

（2）小鼠心脏彩超：心室壁变薄，左心室收缩能力减弱，射血分数降至 50% 以下（图10.8）。

（3）病理切片：取心脏切片染色，显示左心室壁变薄（图10.9）。

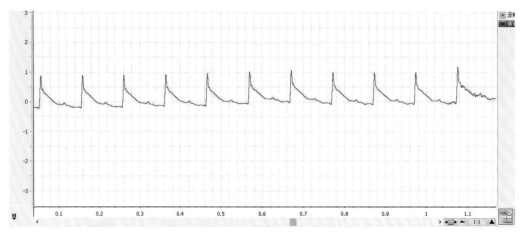

图 10.7　小鼠术后心电图，显示 ST 段抬高（曹智勇供图）

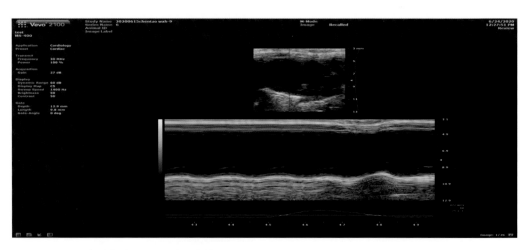

图 10.8　小鼠心脏超声。图示射血分数为 36%

图 10.9　术后小鼠心脏横截面顺序大体照。图中红圈示左前降支的结扎线

六、讨论

（1）该模型需要将胸腔打开，手术应避免发生气胸。因为没有呼吸机辅助，过长的手术时间容易导致小鼠气胸死亡，因此，手术要迅速；手术结束心脏回位后要挤压胸壁，进行胸腔排气。

（2）由于手术对时间有要求，所以必须熟悉左前降支的位置。结扎大体位置在左心耳下缘与心尖连线的上 1/3 处（图 10.10）。

（3）结扎时要控制进针深度，避免扎破心室壁导致小鼠死亡。

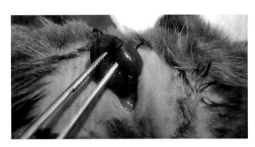

图 10.10　小鼠心脏结扎位置

七、参考文献

GAO E, LEI Y H, SHANG X, et al. A novel and efficient model of coronary artery ligation and myocardial infarction in the mouse [J]. Circulation research, 2010, 107(12): 1445-1453.

第 11 章
急性心肌梗死：大开胸①

肖双双

一、模型应用

急性心肌梗死是冠状动脉急性、持续性缺血、缺氧所引起的心肌坏死，伴有血清心肌酶活性增高及特征性的心电图变化异常，可并发心律失常、休克或心力衰竭而致猝死。心肌梗死后期造成的损伤不可逆，且尚未有良好的逆转治疗措施。

采用左冠状动脉结扎术可以模拟临床心肌梗死的症状、体征。人类急性心肌梗死发病机制的研究、各类新药的临床前研究及新治疗靶点的开发等，均可采用小鼠心肌梗死模型。

小鼠体型小，心脏小，冠状动脉走向常有个体差异，这些都是小鼠心肌梗死模型制备的难点。大开胸是相对小开胸而言的。目前较常见的造模方法为心脏挤出法（小开胸），其操作相对简单，制备时间短，所需设备少，小鼠存活率高，但术者须大量练习，达到非常熟练的程度才能保证造模成功率及稳定性。此法用成本较低的野生型小鼠造模可行，但用成本较高的实验动物如转基因小鼠等进行实验，想获得高成功率，成本就偏高了。

本模型特点：采用开胸法，需要气管插管并连接呼吸机，在显微镜下打开胸腔找到冠状动脉并结扎。因开胸有足够的时间观察梗死区的心肌变化，故成功率可达 90% 以上。

二、解剖学基础

小鼠心脏位于胸腔内，偏左贴腹面胸壁。由胸膜组成的心包膜包裹。心脏长轴为右前

---

① 共同作者：刘彭轩。

向左后（图 11.1，图 11.2）。

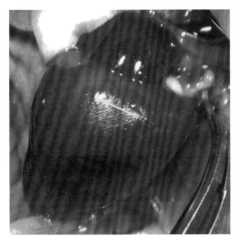 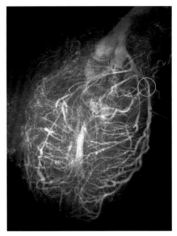

图 11.1　小鼠冠状动脉左前降支解剖。箭头示左前降支　　图 11.2　小鼠心脏动脉显微造影。箭头示左前降支，圈示结扎部位

三、器械材料

（1）设备：小动物呼吸机，生物信号采集处理系统，体视显微镜，卤素冷光源，保温垫，小动物超声仪。

（2）器械材料：气管插管工具，手术剪，皮肤镊，显微镊，持针器，拉钩，5-0 缝合线，7-0 带线缝合针（丝线）。

四、手术流程

（1）小鼠常规麻醉，胸前区剃毛。

（2）固定四肢。

（3）连接生物信号采集处理系统。经口腔气管插管连接呼吸机。

（4）常规消毒胸部术区皮肤，于第 3、4 肋间，按皮肤、胸大肌、胸小肌、肋间肌逐层开胸（图 11.3）。

（5）暴露心脏，剥开心包膜。

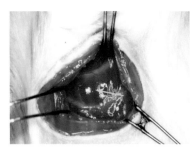 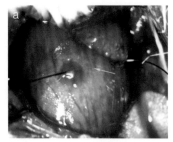 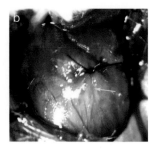

图 11.3　小鼠开胸位置，如箭头所示

图 11.4　小鼠冠状动脉左前降支结扎。a. 结扎前，缝合线从血管下面缝过，箭头示左前降支血管部位；b. 小鼠冠状动脉左前降支结扎后。箭头示缺血处心肌变色部位

（6）在心耳下 1 ~ 2 mm 及室间隔偏左心室 1 ~ 2 mm，观察小鼠冠状动脉。冠状动脉为心肌下隐约的亮粉色血管，需与浅表血管区分。

（7）用 7-0 带针缝合线结扎左前降支，结扎后可见后部心肌颜色变浅，如图 11.4b 箭头所示。

（8）观察心电图 ST 段抬高（图 11.5），进一步印证结扎成功。

a   b

图 11.5　小鼠心电图。a. 正常小鼠心电图；b. 小鼠冠状动脉左前降支梗死后心电图

（9）止血，5-0 带针缝合线缝合胸壁。

（10）负压抽吸胸腔空气。缝合皮肤切口，常规术区消毒。

（11）继续采用呼吸机辅助呼吸，并将小鼠置于保温垫上保温，每隔一段时间测试其是否能自主呼吸，至能自主呼吸后撤掉呼吸机，并继续置于保温垫上保温。

（12）待小鼠苏醒后返笼。

五、模型评估

（1）术前、术后心电图检测（模型成功小鼠 ST 段抬高）（图 11.5）。

（2）心脏大体观察（图 11.6，图 11.7）。

（3）心脏 Masson 染色（图 11.8）。

（4）心脏 TTC 染色（图 11.9，图 11.10）。

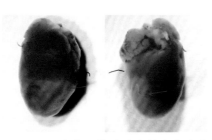

图 11.6 小鼠冠状动脉左前降支动脉梗死后 24 h 解剖。梗死区明显变白，如箭头所示

图 11.7 小鼠冠状动脉左前降支梗死 8 周后解剖。非梗死区代偿增大，梗死区仅剩包膜。左边标尺刻度单位为毫米

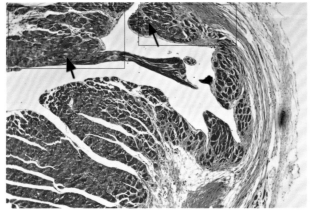

图 11.8 小鼠术后 8 周心脏病理切片，Masson 染色。可见局部心肌纤维断裂、排列紊乱（黑框），间质增宽，部分心肌细胞肿胀、变性、坏死（黑色箭头所示），局部可见纤维结缔组织增生

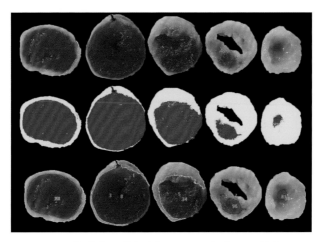

图 11.9 冠状动脉左前降支梗死 24 h 心脏 TTC 染色

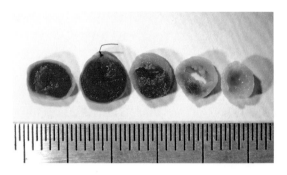

图 11.10　冠状动脉左前降支梗死 24h 心脏 TTC 染色。红色为活组织，白色为梗死组织

（5）心脏超声检查评价左心室功能（图 11.11）。

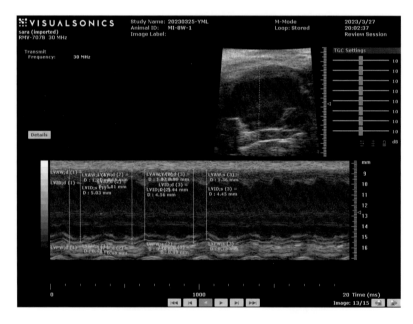

图 11.11　小鼠术后 8 周超声检查评价左心室功能

六、讨论

（1）气管插管：气管插管不可太深，太深容易刺破气管及心包膜，造成小鼠苏醒后气胸死亡；亦可能进入支气管，使一侧肺失去功能。

（2）需找到粉色动脉及其分支后，方可结扎。

（3）结扎冠状动脉时，周围需附带适量心肌组织，避免动脉被结扎线直接勒断。

（4）术后需将小鼠置于保温垫上且继续连接呼吸机，直至确认其恢复自主呼吸后方可去除呼吸机辅助。

第 12 章

动脉粥样硬化：结扎①

刘仁发

一、模型应用

动脉粥样硬化（atherosclerosis，As）及其并发症是人类健康的头号杀手，研究动脉粥样硬化的发病机制并开发新的治疗技术具有重要临床意义。动脉粥样硬化主要高发于血管的弯曲和分叉部位，这是因为血流在这些部位容易形成湍流（disturbed flow, d-flow），从而作用于血管内皮细胞，引起血管内皮细胞炎症反应，高表达 VCAM1、ICAM1 等炎症因子，招募单核细胞，诱导动脉粥样硬化斑块的形成。目前常用的动脉粥样硬化模型主要基于 ApoE 或 LDLR 基因敲除鼠，利用血管的自然弯曲和分叉部位（如主动脉弓）或者通过手术方式制造血流异常区域（如在颈动脉放置套管），高脂饲料喂养 2～3 个月后形成动脉粥样硬化斑块，但如此造模周期较长，并不利于动脉粥样硬化的研究。

颈动脉部分结扎动脉粥样硬化模型是一种急性动脉粥样硬化模型，通过对小鼠左侧颈动脉（left common carotid artery，LCA）上部的四个分叉中的三个进行结扎，仅留甲状腺前动脉，从而在 LCA 中形成大量 d-flow，减缓了局部血流速度。而右侧颈总动脉（right common carotid artery, RCA）不处理，作为对照。手术后，通过高脂饲料喂养，一般 2 周左右可以在 LCA 形成非常明显的动脉粥样硬化斑块。这种方法形成的斑块位置固定，成模时间短，可以方便地进行动脉粥样硬化形成机制的基因、mRNA、miRNA、蛋白水平的组学研究，也可以用于动脉粥样硬化药物的疗效评价。

二、解剖学基础

小鼠颈总动脉在甲状软骨附近分为颈外动脉（external carotid artery, ECA）、颈内动脉

---

① 共同作者：田松、刘彭轩。

（internal carotid artery, ICA）、颈外动脉向头部走行分为枕动脉（occipital artery, OA）、甲状腺前动脉（superior thyroid artery, STA）。在本模型中将左侧的 ECA、ICA 和 OA 结扎，只保留 STA（图 12.1）。

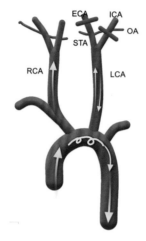

图 12.1　颈动脉部分结扎及血流示意

三、器械材料与实验动物

（1）设备：吸入麻醉系统，手术显微镜。

（2）器械材料：显微剪，显微精细镊（图 12.2），组织胶水，6-0 手术线（剪成长度为 2 cm 的小段，浸泡于无菌生理盐水中备用），Paigen 高脂饲料（含 1.25% 胆固醇,15% 脂肪，0.5% 胆酸）。

（3）实验动物：*ApoE* 或 *LDLR* 基因敲除鼠，6～8 周龄。

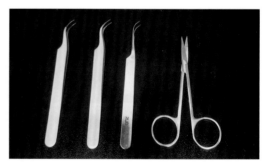

图 12.2　手术所用的部分器械，从左至右为显微精细镊（3 把）和显微剪

四、手术流程

（1）小鼠常规麻醉，颈部备皮（图 12.3）。

（2）仰卧于加热垫上，颈部垫高，用胶带固定四肢。

（3）常规手术消毒。沿小鼠颈中线剪一个 4～6 mm 的开口（图 12.4）。

（4）分离左颌下腺，暴露 LCA（图 12.5），LCA 在紧邻喉管的右侧，可以看到明显的搏动。

（5）顺着 LCA 往前找到 ECA、ICA、OA 和 STA。

（6）用显微精细镊在 ECA 下方穿过，拉出手术线（图 12.6），然后结扎 ECA。

（7）用同样的方法将 ICA 和 OA 用一根手术线一起结扎（图 12.7）。

图 12.3　颈部备皮

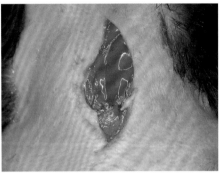
图 12.4　颈部皮肤切开

图 12.5　暴露 LCA 前端的血管分叉

图 12.6　在 ECA 下方拉出手术线

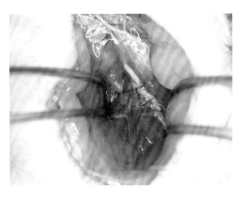
图 12.7　完成结扎后的效果

（8）确认结扎位置正确、血管结扎完全后，关闭手术开口，皮肤切口缝合两针，然后涂抹组织胶水，确认伤口完全闭合。

（9）皮下注射镇痛药（0.1 mg/kg 丁丙诺啡或 5 mg/kg 卡洛芬）。保温复苏。

（10）用 Paigen 高脂饲料喂养 2 ～ 3 周即可在 LCA 形成明显斑块。

五、模型评估

（1）超声成像：左颈总动脉脉冲多普勒超声检测显示，术后左颈总动脉在舒张期出现明显血流反向波形，表明术后左颈总动脉中存在反向血流（图 12.8）。通过对左颈总动脉血流速度测量，发现术后左颈总动脉收缩期最大血流速度及平均血流速度均明显低于术前，表面左颈总动脉在术后的血流阻力变大。同时，通过超声测量左颈总动脉直径，可见术后左颈总动脉管径变大（图 12.9，表 12.1），明显扩张。

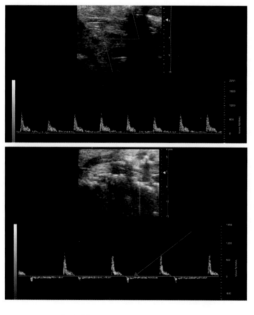 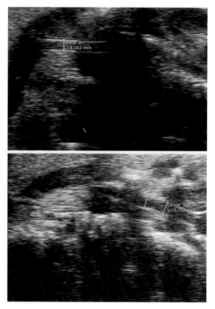

图 12.8　结扎前后 LCA 脉冲多普勒超声图片（红色箭头示出现反向血流）。上图为结扎前，下图为结扎后

图 12.9　结扎前后 LCA 超声检测显示血管直径变化。上图为结扎前，下图为结扎后

表 12.1　左颈总动脉血流速度及血管直径测量数据

	收缩期最大血流速度 / (mm/s)	平均血流速度 /(mm/s)	舒张期左颈总动脉直径 /cm
术前	920.964	289.681	0.563
术后	845.911	202.707	0.715

术后通过彩色多普勒超声成像可以在 RCA 看到明显的血流信号，而 LCA 难以检测到血流信号。注射超声造影剂后，可以看到 RCA 有大量造影剂灌入，而 LCA 中造影剂信号很弱（图 12.10）。

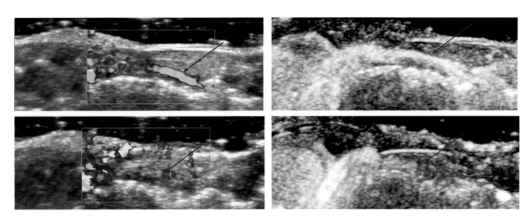

图 12.10 　未结扎的 RCA（上）和结扎后的 LCA（下）的多普勒超声成像（左）和超声造影成像（右）（红色箭头示颈总动脉位置）

（2）离体观察、病理切片：6 ～ 8 周龄的 *ApoE* 基因敲除鼠经过手术后，用高脂饲料喂养 3 周，可以清晰地看到左颈动脉血管 LCA 中形成了明显斑块，而在主动脉弓中，斑块还不明显。将 LCA 做冰冻切片后用油红 O 染色，可以看到血管中的脂肪沉积，CD45 免疫染色可以看到免疫细胞浸润（图 12.11）。

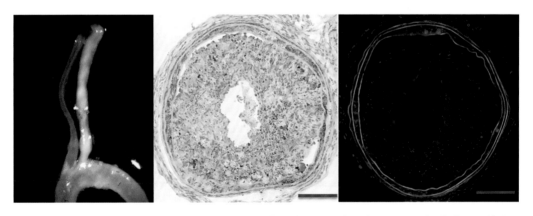

图 12.11 　左图为小鼠血管大体影像，可见 LCA 中形成明显斑块；中图为 LCA 切片油红 O 染色；右图为同片免疫荧光染色，红色为 CD45 抗体，绿色为血管自发荧光，蓝色为细胞核。标尺为 100 μm

六、讨论

（1）手术过程中注意保温。

（2）如果手术过程中镊子不小心戳伤血管，立即用无菌棉签按压止血，然后用蘸有生理盐水的棉签局部清洗血迹，一般不影响手术的正常进行。

（3）因个体差异，个别小鼠无法看到明显的 OA，此时只需将 ICA 和 ECA 结扎，确认只保留了 STA 即可。

七、参考文献

1. LIU R, QU S, XU Y, et al. Spatial control of robust transgene expression in mouse artery endothelium under ultrasound guidance[J]. Signal transduction and targeted therapy, 2022, 7(1): 225.

2. WILLIAMS D, MAHMOUD M, LIU R, et al. Stable flow-induced expression of KLK10 inhibits endothelial inflammation and atherosclerosis[J]. Elife, 2022, 11: e72579.

第 13 章

动脉粥样硬化：套管法^①

陈涛

一、模型应用

　　动脉粥样硬化严重危害人类健康，但其发病原因和机制均未完全明确，以致对其防治还存在许多问题。在研究解决这些问题的过程中离不开动物实验，需要各种合适的动物模型。

　　小鼠动脉粥样硬化模型目前多采用高脂喂养，模型构建时间长，导致实验周期长，而小鼠颈动脉套管后配合高脂喂养，可大大缩短模型构建时间，提高实验效率。

二、解剖学基础

　　小鼠颈动脉解剖可参考《Perry 实验小鼠实用解剖》，左颈总动脉局部解剖血管灌注照如图 13.1 所示。

三、器械材料

　　（1）设备：恒温手术台，小动物超声仪，组织切片机。

　　（2）器械：持针器，显微镊，显微剪，显微弯镊。

　　（3）材料：内径 0.2 mm 硅胶管（裁剪至 1.5 mm长，纵向剖开并浸泡于无菌生理盐水中备用），1 mL 注射器，6-0 丝线，2-0 丝线。

1. 面动脉；2. 颈外动脉；3. 甲状腺前动脉；4. 颈内动脉；5. 颈总动脉

图 13.1　小鼠左颈总动脉局部解剖血管灌注

---

① 共同作者：田松、刘仁发、王成稷、刘彭轩。

四、手术流程

（1）小鼠常规麻醉，使用脱毛膏清除颈部体毛。

（2）将小鼠放置于恒温手术台上。取仰卧位，固定四肢，垫高后颈。

（3）备皮区皮肤常规手术消毒。

（4）安置显微镜。沿小鼠颈中线将皮肤剪开 1 cm，钝性分离右颌下腺，将其向上翻起（图 13.2）。

（5）分离右侧胸骨乳突肌和胸骨舌骨肌，暴露右侧颈总动脉至其远心端（图 13.3）。

（6）分离颈内静脉和迷走神经，游离颈总动脉远心端至少 5 mm（图 13.4）。

（7）将硅胶管从生理盐水中取出，套于颈总动脉远心端，剖线向上（图 13.5）。

（8）用丝线将硅胶管两端结扎固定（图 13.6）。

（9）将所分离的肌肉、腺体复位，缝合皮肤切口。

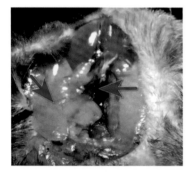  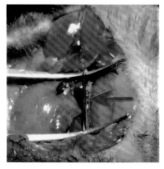

图 13.2 暴露术区。蓝色箭头示外翻的颌下腺；红色箭头示颈总动脉　　图 13.3 暴露颈总动脉，如箭头所示　　图 13.4 将颈总动脉游离，长约 5 mm，如箭头所示

（10）小鼠保温苏醒，返笼。

（11）高脂饲料喂养 4 周，检测颈总动脉斑块形成状况。

图 13.5 硅胶管套在颈总动脉上（示意图）　　图 13.6 结扎固定硅胶管于颈总动脉上（示意图）

五、模型评估

（1）4 周做颈总动脉取材，行病理切片染色分析，如对血管壁厚度、斑块形成、内皮细胞损伤、血栓形成等进行定性和定量分析。常用的染色方法包括 H-E 染色、Elastica van Gieson 染色、油红 O 染色等。

（2）免疫组织化学分析：使用特定的抗体标记分析颈总动脉组织中的炎症标志物、血管平滑肌细胞标记物和其他相关分子指标。通过分析这些标记物的表达水平和分布情况来评估动脉粥样硬化病变的程度和血管壁的改变。

（3）斑块面积计算：大体解剖图（显微镜下将颈总动脉纵向剖开，取血管内面拍照）。

（4）血管功能评估：采用多普勒超声检测、血流测量等评估颈总动脉的血流动力学参数，包括血流速度、血流阻力、血管扩张功能等。

六、讨论

（1）进行颈总动脉分离时，一定要用显微镊钝性分离，一定要将伴行的迷走神经和颈内静脉与颈总动脉分离，不能与颈总动脉一同结扎。

（2）手术部位适时滴生理盐水，保持血管和局部组织湿润。

（3）手术完成后将小鼠保温直至其完全苏醒。

（4）本模型的成模原理是造成颈总动脉远心端缩窄，导致局部血流变化，引起血管内皮损伤，配合高血脂，产生动脉粥样硬化。硅胶管的内径和长度直接影响血流变化的程度。可以根据研究的具体情况，调整硅胶管。

（5）硅胶管结扎的松紧程度以管子切口完全闭合，同时保持内径 0.2 mm 为原则。过松、过紧都会改变硅胶管的内径，造成人为误差。

（6）颈总动脉无须暴露太长，从远心端开始，5 mm 长足够手术操作即可。暴露长度短，有利于阻止硅胶管顺着血管滑动。

（7）硅胶管套上动脉后，旋转使其切口向上，以免动脉下方有其他组织夹在切口中。

（8）标本采集时，需要采集完整的颈总动脉，而不仅是手术暴露区的血管。

（9）标本剖开拍照时，需要在最短时间内完成，以保持标本新鲜。随时滴加生理盐水，避免标本干燥。

（10）小鼠备皮选用脱毛膏，可以保持较长时间的脱毛状态，有利于术后超声等影像检测。

第 14 章

心衰：主动脉弓缩窄^①

尚海豹

一、模型应用

小鼠主动脉弓缩窄心衰模型是使用手术的方法将小鼠主动脉弓人为缩窄，引起心脏压力后负荷增加，进而导致左心室肥厚，最终形成心衰。

模型特点：主动脉弓缩窄致左心室肌肥厚符合人类左心室肌肥厚的病理生理过程，是一种理想的研究心脏肥厚和心力衰竭的动物模型。该模型克服了升主动脉缩窄动物易发生急性左心衰、死亡率高及腹主动脉缩窄致动物左心室肥厚、造模时间长的缺点。

本章介绍一种从胸骨上窝进入、不用呼吸机、不用剪断肋骨的手术方法，此方法避免了因剪断肋骨及损伤肋间动脉导致的小鼠出血过多死亡。不同于流行的仰卧位术式，作者设计了立位术式，避免摘除胸腺。

二、解剖学基础

主动脉弓是升主动脉的延续，位于胸骨柄后方的前纵隔内，贴近胸骨内面。主动脉弓有三大分支，从右至左分别是头臂干、左颈总动脉和左锁骨下动脉（图 14.1）。主动脉弓缩窄区域为头臂干与左颈总动脉之间（图 14.2）。

---

① 共同作者：田松、刘金鹏、肖双双、刘彭轩；协助：郑雯。

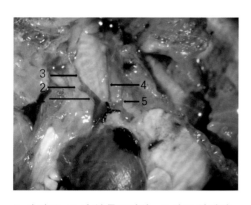 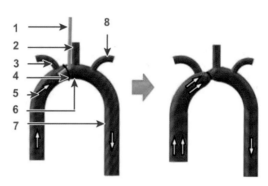

1. 头臂干；2. 右锁骨下动脉；3. 右颈总动脉；
4. 左颈总动脉；5. 左锁骨下动脉

图 14.1　小鼠主动脉蓝色染料灌注解剖

1. 垫针；2. 左颈总动脉；3. 头臂干；4. 结扎线；5. 升主动脉；6. 主动脉弓；7. 降主动脉；8. 左锁骨下动脉

图 14.2　小鼠主动脉弓缩窄手术示意

三、器械材料与实验动物

（1）设备：云台手术床（图 14.3），尺寸为 130 mm × 170 mm，可 360° 旋转，近 90° 角度调整，在手术过程中可随意调节动物体位。体视显微镜。

（2）器械：如图 14.4 所示。其中垫针和自制穿线针的制作方法附于本章末。

（3）实验动物：C57/BL6 小鼠，8 ～ 10 周，体重 23 ± 2 g，性别不限。

图 14.3　云台手术床

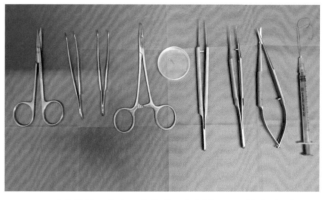

图 14.4　手术器械。由左至右依次为解剖剪、眼科弯镊（2 把）、持针器、27 G 垫针、显微直镊、显微弯镊、显微剪、自制穿线针

四、手术流程

（1）小鼠常规注射麻醉，前胸及颈部备皮（图14.5）。

（2）将小鼠仰卧于云台手术床上，将头部、前肢和尾用胶带固定，小鼠头向术者，颈部备皮区常规消毒（图14.6）。

（3）沿颈中线向后至胸骨做约1.5 cm的皮肤切口，分离胸骨舌骨肌并用拉钩向两侧拉开，暴露气管（图14.7）。

 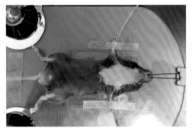 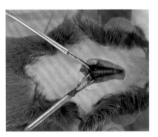

图 14.5　手术备皮区域　　图 14.6　小鼠固定于手术台上　　图 14.7　暴露气管

（4）调整云台手术床平面与桌面呈约80°，使小鼠头向上、尾向下（图14.8）。

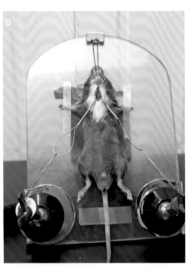 

图 14.8　调整云台手术床。a. 正位照，显示拉钩位置；b. 侧位照，显示手术台倾斜角度

（5）调整显微镜，使光源、拉钩配合至最佳，以清楚看到胸腺为宜（图14.9）。

（6）取显微镊分离胸腺，暴露主动脉弓（图14.10），将主动脉弓周围脂肪分离干净。

（7）用自制穿线针将6-0丝线的一端从主动脉弓后方穿过，并打一个松结备用（图14.11）。

（8）把垫针弯折短端放置于松结内，紧贴于主动脉弓上方（图 14.12）。

（9）扎紧此结，将垫针与主动脉扎紧，并继续打两个结后，撤出垫针（图 14.13）。

（10）调整手术床至与桌面水平，撤除拉钩，缝合皮肤切口，常规消毒手术切口。

（11）将小鼠放于 37 ℃ 保温垫上，待其苏醒后放回饲养笼内。

 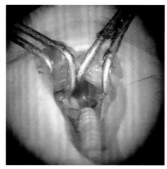 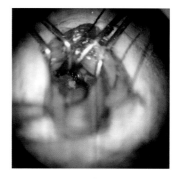

图 14.9　镜下可见胸腺　　　　图 14.10　暴露主动脉弓　　　　图 14.11　主动脉弓预置结扎线

 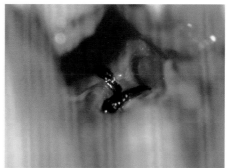

图 14.12　垫针安置位置　　　　图 14.13　撤出垫针

五、模型评估

（1）大体解剖评估：可见术后 9 周小鼠心脏明显增大（图 14.14）。

（2）心动超声影像评估：

① 术后主动脉弓缩窄部位变化：主动脉弓超声显示术后主动脉弓明显缩窄，升主动脉明显扩张（图 14.15）。

② 术后主动脉弓及左、右颈总动脉血

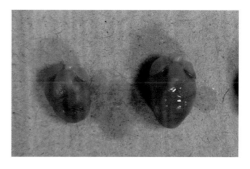

图 14.14　手术前后心脏外形比较。左为正常小鼠心脏；右为术后 9 周小鼠心脏，可见心脏明显增大

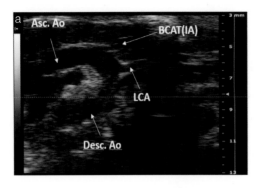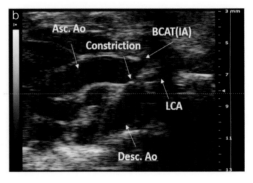

Asc.AO，升主动脉；BCAT，头臂干；LCA，左颈总动脉；Desc.Ao，降主动脉
图 14.15　手术前后血管超声影像。a. 术前；b. 术后 1 天

流变化：主动脉弓缩窄处血流在术后急剧升高（图 14.16），从术前约 400 mm/s，升高至术后 2800 ～ 4000 mm/s，主动脉缩窄处的血流速度可在一定程度上预测模型的稳定性。

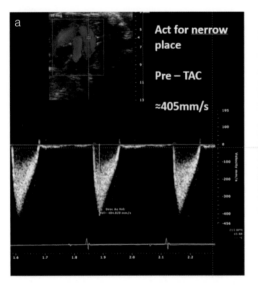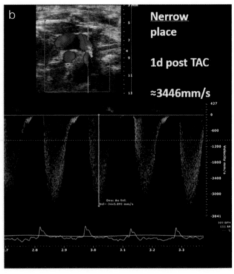

图 14.16　手术前后血流超声影像。a. 术前；b. 术后 1 天

通过左、右颈总动脉血流多普勒超声检测显示，术前两侧颈总动脉血流速度相近，术后右侧颈总动脉血流速度明显升高，左侧颈总动脉血流速度明显降低（图 14.17）。

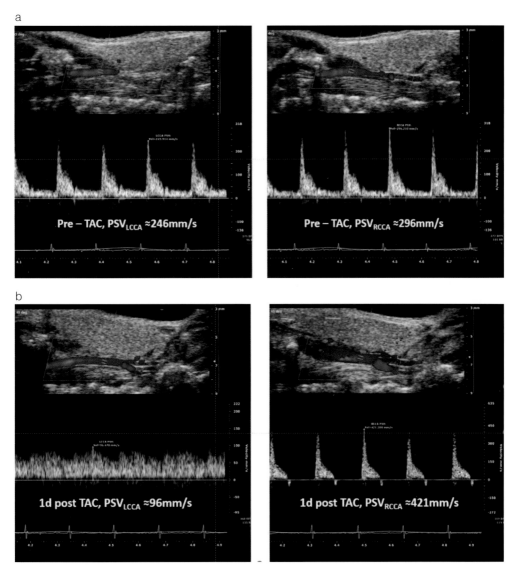

图 14.17　手术前后左、右颈总动脉血流多普勒超声影像。左图为左颈总动脉；右图为右颈总动脉。a. 术前；b. 术后一天

③　心室变化：M 型超声图像显示，术前正常厚度的小鼠左心室前间隔及后壁，EF 及 FS 值正常，提示收缩功能正常；术后小鼠左心室前间隔及后壁增厚，EF 及 FS 值下降，提示收缩功能受损（图 14.18，图 14.19）。

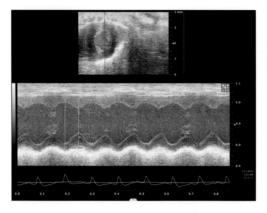 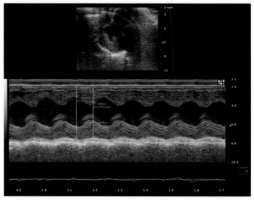

图 14.18　术后 4 周 M 型超声影像，可见左心室前间隔及后壁显著增厚，EF 及 FS 值略下降，提示收缩功能受损

图 14.19　术后 8 周 M 型超声影像，可见左心室前间隔及后壁显著增厚，心室腔明显扩张，心内膜曲线区域平滑，提示收缩功能显著降低

④ 超声数据统计图：由图中可以看出术后小鼠左心室内径增大，后壁增厚，射血分数降低（图 14.20）。

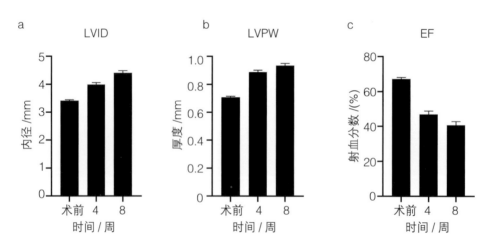

图 14.20　手术前后超声数据统计。a. 左心室内径逐渐增大；b. 左心室后壁厚度逐渐增厚；c. 射血分数逐渐降低并最终发生心衰

（3）组织病理学评估：H-E 染色结果显示术后 9 周心肌细胞发生明显变化，部分细胞变大、细胞核消失或细胞呈空泡样变（图 14.21，图 14.22）。

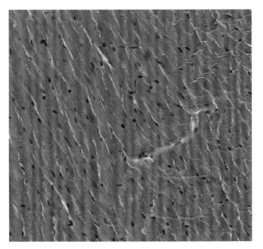

图 14.21　正常小鼠心肌细胞 H–E 染色，显示心肌排列整齐、细胞质丰富均匀、间质正常

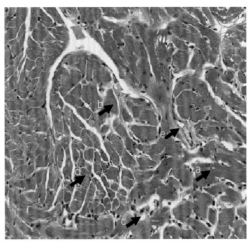

a. 细胞横截面积显著增大；b. 部分心肌细胞核丢失；c. 心肌细胞呈空泡样变；d. 梗死区可见心肌细胞紊乱；e. 心肌细胞消失，代之以纤维瘢痕组织

图 14.22　术后 9 周小鼠心肌细胞发生明显变化

六、讨论

（1）云台手术床操作细节及注意事项：本手术需要将小鼠仰卧放置于云台手术床上，手术床平面与桌面呈约 80°，此角度在体视显微镜下可清晰地观察后续的每一步操作：分离胸腺及主动脉弓血管、穿线、放入垫针、打结、撤出垫针，视野清晰可降低手术过程中出现的意外。

常规打结，将线扎紧后撤出垫针，可清楚看到主动脉弓缩窄程度。

（2）缝合线的使用：打结可使用 7-0 单股丝线或 6-0 多股编织线，第一个结推荐使用外科结，避免因血管搏动造成线结松动，使缩窄程度不均一。

（3）自制穿线针操作细节及注意事项：因操作位置较深，常规显微镊很难将 6-0 丝线穿过主动脉弓，特用规格为 0.5 mm×38 mm 的 25 G 针头制作穿线针，可方便将 6-0 丝线穿过主动脉弓。

（4）垫针的选择：如果没有专业金属棒，自制垫针快捷方便、简单可靠。小鼠体重与血管直径有较大关系，选择垫针时应与小鼠体重匹配，以使缩窄程度均一，有利于提高模型稳定性。23 ～ 25g 小鼠推荐使用 27 G 垫针，25 ～ 27 g 小鼠推荐使用 26 G 垫针。

（5）本方法与常规开胸进行主动脉弓缩窄方法的区别：常规方法需要剪断肋骨并通过开胸暴露胸主动脉，开胸后需使用呼吸机进行手术操作；本操作方法从胸骨上窝进入，不

用剪断肋骨暴露胸腔，因此不需使用呼吸机。而且通过"俯瞰式"的手术通路，可以大大减少术中出血概率，对小鼠的损伤小，有效避免了因剪断肋骨等手术操作损伤肋间动脉导致出血过多而引起的死亡。

（6）本实验采用云台手术床，为避免吸入麻醉面罩妨碍手术操作，一般采用注射麻醉。

七、参考文献

1. 李军，尚海豹，刘庆春，等 . 微创手术致主动脉弓狭窄在小鼠心力衰竭模型制作中的应用 [J]. 山东医药，2014，54（12）：5-7+2.

2. 白慧称，姜俊兵，尚海豹，等 . 主动脉弓狭窄小鼠心脏的病理形态学观察 [J]. 中国兽医学报，2016，36（7）：1168-1172.

附 1 穿线针的制作

用 25 G 针头制作穿线针（图 14.23 ）。

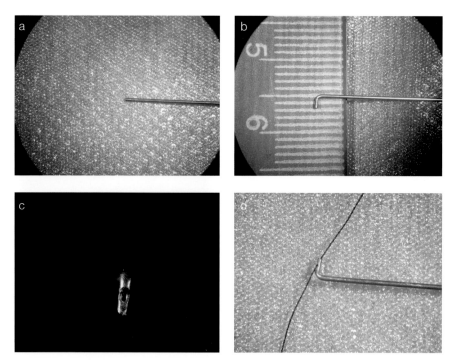

图 14.23 穿线针的制作。a. 将针尖锉断并打磨光滑；b. 在离针尖 2 mm 处将针杆弯曲 90°；c. 在中间位置锉一个线孔，并将线孔打磨光滑；d. 将 6-0 丝线穿入孔中备用

附 2　垫针制作

用 27 G 针头（外径 0.41 mm）制作垫针（图 14.24）。

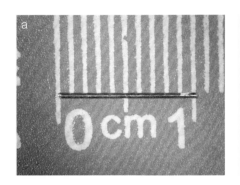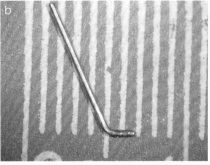

图 14.24　垫针的制作。a. 截取 1 cm 针杆；b. 在 距一端 2 mm 处将针杆弯曲 60°

第 15 章

心衰：腹主动脉缩窄^①

刘金鹏

一、模型应用

小鼠是模拟人类疾病模型最常用的实验动物，临床上用于建立小鼠心衰模型的方法多样，主要有药物诱导和手术两种方式。药物诱导建立模型的成功率不高，耗费时间较长；通过手术建立的模型有压力超负荷心衰模型、容量超负荷心衰模型和心肌梗死后心衰模型等。主动脉弓缩窄术是压力超负荷诱导左心室肥大及心力衰竭最常用的手术方法，但是此方法需要开胸，手术创伤很大，死亡率很高，导致模型建立难度大且不稳定。因此采用另一种压力超负荷心衰模型的手术方法——腹主动脉缩窄，具有操作简单、死亡率低、成模效果稳定的特点，但是耗时略长。

二、解剖学基础

有关腹主动脉解剖结构参见《Perry 实验小鼠实用解剖》，腹主动脉染料灌注照如图 15.1 所示。

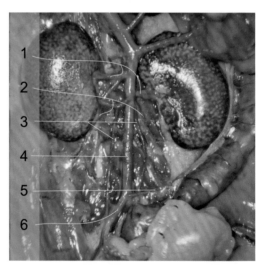

1. 肾动脉；2. 髂腰动脉；3. 生殖动脉；4. 腹主动脉；5. 肠系膜后动脉；6. 右髂总动脉

图 15.1　腹主动脉染料灌注

---

① 共同作者：王成稷、刘彭轩。

三、器械材料

眼科剪，眼科镊，显微打结镊，开睑器，缩窄棒（直径 0.25 mm），温生理盐水浸湿的无菌纱布孔巾。

四、手术流程

（1）小鼠常规麻醉，腹部备皮。取仰卧位，固定四肢，腹部备皮区常规消毒。

（2）距离剑突后 1.2 cm 处，沿腹中线向后做 1.2 cm 的皮肤切口和腹壁切口（图 15.2）（参见《Perry 小鼠实验手术操作》"第 17 章 开腹"）。

（3）安装开睑器。

（4）腹部盖纱布孔巾，将肠管向右移至纱布上，再用纱布覆盖。用棉签暴露左肾动静脉（图 15.3）。

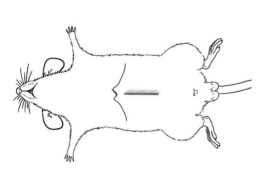

图 15.2 小鼠腹部术式切口位置示意

图 15.3 覆盖纱布孔巾，开睑器撑开腹腔切口，用棉签暴露左肾动静脉

（5）在左、右肾动脉之间钝性分离腹主动脉右侧的结缔组织，游离腹主动脉。用眼科镊向右侧牵拉后腔静脉，后腔静脉与腹主动脉之间出现空隙（图 15.4）。

（6）用打结镊在空隙间反复开合，钝性分离后腔静脉与腹主动脉（图 15.5）。

（7）在分离的动静脉间隙处，将 8-0 缝合线从腹主动脉下方穿过（图 15.6）。

（8）把缩窄棒置于腹主动脉上，用缝合线将其与腹主动脉一起结扎（图 15.7）。

（9）此时可见左肾颜色改变，与右肾形成明显对比（图 15.8）。

（10）拔出缩窄棒，血流从缩窄处流过（图 15.9）。

（11）肠组织复位，逐层缝合手术切口。

（12）常规消毒手术皮肤切口。小鼠保温苏醒。

（13）术后 4 周以上会形成稳定的心衰模型。

图 15.4 建立后腔静脉与腹动脉之间的空隙。白色箭头示腹主动脉；蓝色箭头示后腔静脉；红色箭头示镊子牵拉方向

图 15.5 后腔静脉与腹主动脉分离。箭头示动静脉之间的空隙

图 15.6 从腹主动脉下方穿过缝合线

图 15.7 将缩窄棒与腹主动脉结扎在一起

图 15.8 结扎后左肾色泽变得晦暗，与正常的右肾形成鲜明的对照

图 15.9 拔出缩窄棒，血流通过缩窄处。白色箭头示腹主动脉结扎线；蓝色箭头示腹主动脉明显变细

五、模型评估

（1）术毕即见左肾颜色变化，腹主动脉在结扎点后明显细弱。

（2）组织病理学评估：心脏甲苯胺蓝染色观察肥大细胞的数量。更多详情参见"第 14 章　心衰：主动脉弓缩窄"。

（3）心动超声影像评估：参见"第 14 章　心衰：主动脉弓缩窄"。

六、讨论

（1）小鼠后半身缺血没有明显的临床表现。

（2）移开肠管和肠管复位时注意不要造成肠管和肠系膜的机械损伤，用湿棉签比用镊子操作更安全。

（3）牵拉后腔静脉时注意不要造成静脉撕裂。

（4）钝性分离后腔静脉和腹主动脉时注意不要刺破后腔静脉。

（5）向右侧移开肠管前，需注意将温湿纱布铺在小鼠的右侧，将肠管移至纱布上，再用温湿纱布覆盖在肠管上。

（6）缩窄棒可以用一段 31 G 针头代替，需要两端做光滑处理。

第 16 章
动脉血管再缩窄[①]

田松

一、模型应用

冠心病的治疗方法主要包括药物治疗、经皮冠状动脉介入治疗（percutaneous coronary intervention，PCI）和冠状动脉旁路移植治疗。目前，经皮冠状动脉介入手术和冠状动脉旁路移植手术统称为冠状动脉血管重建术（coronary revascularization），已成为冠心病标准化治疗的重要手段。血管再缩窄（vascular restenosis,VR）是指缩窄的血管经成功的血管重建术开放后又恢复到原来的缩窄状态，严重影响术后治疗效果。血管再缩窄的本质是血管损伤后由多种细胞因子和生长因子介导的一种局部修复反应，PCI 后血管的再缩窄机制主要包括血管弹性回缩、血栓形成、炎症反应、内膜增生及血管重构等。

目前建立血管再缩窄动物模型的方法主要包括导丝损伤法、球囊扩张损伤法、球囊拖拉损伤法、套管（cuff）损伤法、静脉动脉移植法等，在小鼠上应用较广泛的是导丝损伤法，损伤部位常使用颈总动脉和股动脉。本章介绍小鼠颈总动脉导丝损伤再缩窄模型。

二、解剖学基础

颈总动脉是颈部的动脉干，成对，右侧起自头臂干，左侧起自主动脉弓，沿食管、气管的外侧上行，至甲状软骨的上缘分为颈内动脉与颈外动脉。解剖时可在胸骨乳突肌、二腹肌后腱和胸骨舌骨肌围成的三角区内找到颈总动脉及颈动脉分叉（图 16.1）。

分离颈总动脉的方法：沿颈部正中切口，即可见左、右颌下腺，沿左、右颌下腺分界

---

① 共同作者：刘彭轩。

98

将其向两侧分离，即可见到胸骨乳突肌、二腹
肌后腱和胸骨舌骨肌围成的三角区，在三角区
内即可见颈总动脉与颈内、颈外动脉。

　　与小鼠颈动脉再缩窄模型相关的血管有颈
总动脉、颈外动脉、颈内动脉、甲状腺前动脉、
枕动脉（图 16.2，图 16.3）。颈外动脉起至颈总
动脉，位于颈内动脉内侧，先后分出枕动脉与
甲状腺前动脉等，颈内动脉经颈动脉管进入颅
腔。

1. 二腹肌后腱；2. 颈内静脉；3. 颈总动脉；
4. 胸骨舌骨肌；5. 胸骨乳突肌
图 16.1　小鼠颈部左侧腹面肌肉局部解剖

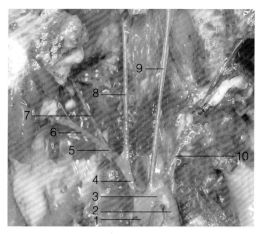

1. 升主动脉；2. 降主动脉；3. 主动脉弓；4. 头臂
干；5. 右锁骨下动脉；6. 腋动脉；7. 颈动脉干；
8. 右颈总动脉；9. 左颈总动脉；10. 左锁骨下动脉
图 16.2　颈部动脉解剖

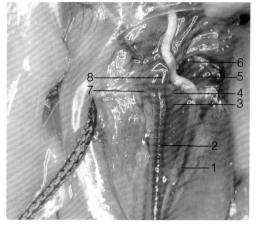

1. 颈内静脉；2. 左颈总动脉；3. 左颈内动脉；
4. 枕动脉；5. 翼腭动脉；6. 颅内动脉；7. 甲状腺
前动脉；8. 左颈外动脉
图 16.3　左颈总动脉解剖

三、器械材料

　　手术显微镜，直径 0.015 英寸（约 0.04 cm）的导丝，血管夹 2 个（弯曲角度 45° 和
90° 各 1 个），显微血管剪及其他常规手术器械（图 16.4），8-0 缝合线，3% 戊巴比妥钠等。

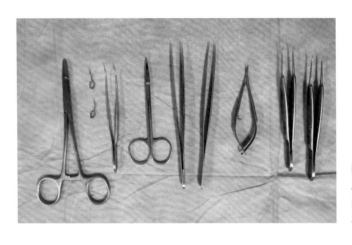

图 16.4 部分常规手术器械。从左至右依次为持针器、血管夹、弯镊、眼科剪、打结镊(2把)、显微剪、显微尖镊(2把)

四、手术流程

（1）选取体重 24～26 g 的小鼠，常规腹腔注射麻醉。待麻醉满意后，用脱毛膏对颈部脱毛。

（2）取仰卧位，将四肢和头部（头部向右侧旋转）用胶带固定在手术板上，常规术区消毒。

（3）小鼠尾向术者。颈部正中（由于固定时头部向右侧旋转，实际切口时略斜向左侧）纵向切口约 1 cm（图 16.5）。

（4）分离左颈总动脉，在胸骨乳突肌、二腹肌后腱和胸骨舌骨肌围成的三角区内分离颈内、颈外动脉。

（5）在距离颈内、颈外动脉分叉处尽可能远的位置用 8-0 缝合线结扎颈外动脉与甲状腺前动脉。

（6）在颈外动脉近心端预置一根 8-0 缝合线。

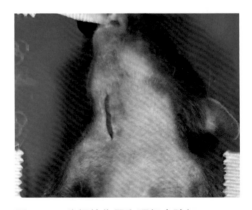

图 16.5 头摆放位置和颈部皮肤切口

（7）用 45° 血管夹暂时阻断颈内动脉与枕动脉血流。除放置动脉夹的部位需进行分离外，颈总动脉其余部分无须进行分离操作。

（8）用 90° 血管夹在颈总动脉近心端暂时阻断血流。

（9）将手术台旋转 180°，使小鼠头部朝向术者。

（10）提起颈外动脉远心端结扎线，用显微剪在颈外动脉结扎线与颈总动脉分叉处之间横向剪一个小口（切口为颈总动脉直径的 1/2 ～ 2/3，由于血管自身的张力，将形成一个椭圆开口，方便导丝进入）（图 16.6）。

（11）经此血管切口插入导丝直至颈总动脉近心端动脉夹处（插入过程中，导丝边旋转边进入，旋转的方式可采用顺时针与逆时针旋转交替进行，旋转和进入的过程应缓慢且轻柔，使用大拇指与食指轻轻捏住导丝较硬的一端，捻动导丝旋转）（图 16.7），保持导丝不动 30 s，以使导丝与血管内皮充分接触，随后将导丝缓慢地边旋转边退回至颈总

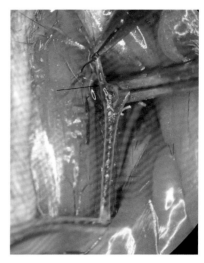

图 16.6　颈外动脉切口，如箭头所示

脉分叉处，导丝进入和退出的过程大约各用时 5 s，重复这一过程共 5 次（1 进 1 出记为 1 次），然后缓慢退出导丝。

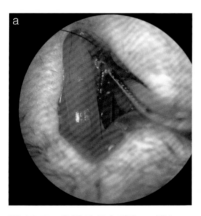
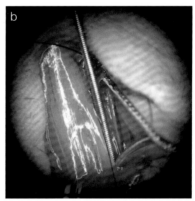

图 16.7　将导丝从血管切口插入。a. 阻断颈总动脉血流；b. 导丝插入颈总动脉

（12）使用显微镊从颈总动脉近心端至远心端稍挤压血管，排净颈总动脉内空气。

（13）使用颈外动脉预留的缝合线在靠近其近心端处结扎颈外动脉。

（14）先撤除颈内动脉血管夹，观察血液回流正常。

（15）再缓慢撤除颈总动脉血管夹。观察颈总动脉血流，确认是否有急性血栓形成，血管有无破口、渗血及膨大。

（16）剪断多余线头，清理术野，缝合颈部切口。

图 16.8 为手术主要过程示意。

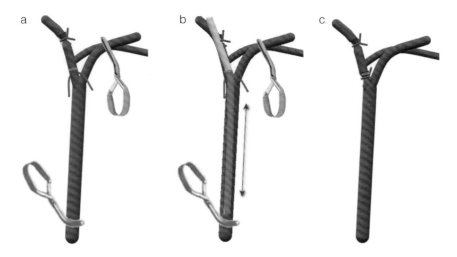

图 16.8　手术主要过程示意。a. 导丝插入前,血管结扎阻断血流,颈外动脉做切口;
b. 导丝插入反复旋转进退,损伤血管内皮; c. 导丝退出,结扎血管切口,恢复颈
总动脉和颈内动脉血流

（17）待小鼠清醒后,置于饲养室饲养,定期观察其状态及死亡情况并做好记录。

（18）假手术组除了不进行导丝插入和反复旋转进退操作以外,其他操作均相同。

五、模型评估

（1）损伤血管段伊文思蓝染色观察:术后麻醉小鼠,颈外静脉给予 2% 伊文思蓝染液
0.2 mL,5 min 后处死小鼠,使用 PBS 缓冲液常规灌流,清除血液,取下两侧颈总动脉,
纵向剖开血管拍照。结果显示,与右侧未损伤颈总动脉相比,左侧颈总动脉损伤血管段明
显蓝染。损伤术后 1 天的血管仍可见蓝染（图 16.9）。

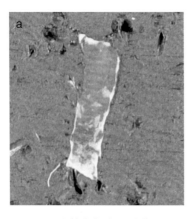
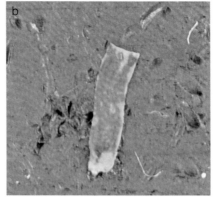

图 16.9　血管段伊文思蓝染色。a. 正常血管; b. 损伤后 1 天的血管

（2）动脉病理学检查：术后 7、14、28 天取颈总动脉做连续切片，H-E 染色和弹力纤维膜染色，可见血管新生内膜明显增生（图 16.10）。

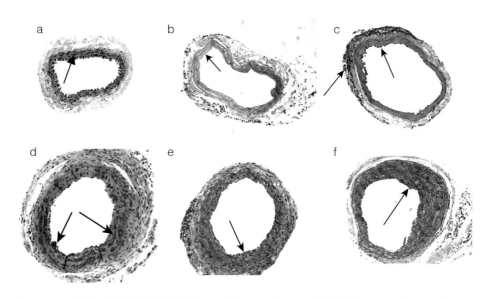

图 16.10　颈总动脉损伤不同时间点 H-E 染色结果。a. 假手术组；b. 手术组 1 天；c. 手术组 3 天；d. 手术组 7 天；e. 手术组 14 天；f. 手术组 28 天

假手术组未观察到病理变化。手术组损伤 1 天后，可观察到外膜有炎症细胞浸润，中膜有部分区域细胞核消失，无内膜；3 天可观察到外膜有炎症细胞浸润，中膜有部分区域细胞核消失，无内膜；7 天可见中膜平滑肌细胞增厚，内弹力板内有新生内膜，由 1～3 层细胞组成，细胞核较圆；14 天结果显示，中膜平滑肌细胞增厚，可看到明显的新生内膜，细胞核为梭形；28 天后，中膜平滑肌细胞增厚，新生内膜比 14 天更厚，细胞核为梭形。

（3）在光学显微镜下观察病理切片动脉壁的增生情况（图 16.11）：正常颈动脉内膜仅见单层内皮细胞，手术组造成动脉内皮剥脱，中膜近腔面部分细胞坏死。随时间推移，损伤动脉壁内细胞数量增多、胞外基质累积增加，从而造成动脉壁逐渐增厚。术后 14 天，中膜增厚达高峰，之后逐渐退缩，术后 56 天已接近正常。新生内膜于术后 4～9 天开始形成，随时间延长逐渐增厚，术后 14～28 天内膜面积达峰值，此后内膜有缩小趋势，但差异不显著。

（4）动脉内皮缺失区细胞增殖测定：细胞增殖测定采用计算机图像分析系统进行，测定内膜及中膜细胞总数及相应区域 PCNA 染色阳性细胞数，计算内膜、中膜增殖细胞阳性率，即为该区域细胞增殖指数（PCNA Index）。

损伤后 14 天 PCNA 免疫组织化学染色，阳性结果表明细胞处于增殖中（图 16.12）。

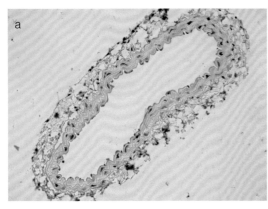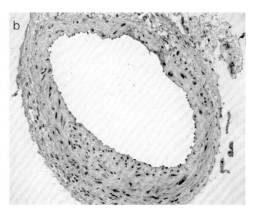

图 16.11 损伤动脉壁的变化。a. 正常血管；b. 损伤后血管

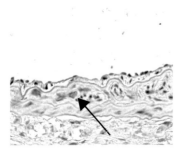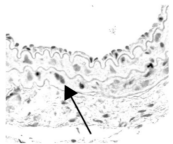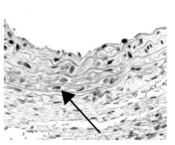

图 16.12 PCNA 免疫组织化学染色，箭头示阳性细胞核

（5）检测指标如表 16.1 所示。

（6）血管内膜增生（图 16.13）检测按以下公式计算：

使用 Image Pro Plus 画图软件计算外弹力板内面积、内弹力板内面积、管腔面积，按下列公式计算中膜面积（M）、内膜面积（I）及 I/M。

中膜面积 = 外弹力板内面积 − 内弹力板内面积

内膜面积 = 内弹力板内面积 − 管腔面积

表 16.1 血管内膜检测的主要指标

检测指标	意义
ERK1/2，JNK, p38–MAPK、AKT、JAK	血管损伤后可能发生改变的激酶
c–jun, STAT–1,3,5,6	血管损伤后，可能发生改变的与抗凋亡、增殖相关的转录因子
NF–κB – RelA, p65	
Myocardin, KLF4, Elk–1	与血管平滑肌细胞（VSMC）标记基因转录相关的转录因子或共转录因子；其中 Myocardin 表达量及与 SRF 结合的程度、KLF4 表达水平、Elk-1 磷酸化水平与 VSMC 标记基因的转录水平密切相关
Rac–1, Cdc42, RhoA, PAK	启动骨架蛋白多聚化与伪足形成的信号分子
ARF2/3, profilin, cifilin	细胞骨架多聚化启动和组装的关键蛋白

（续表）

p21Cip1，p27Kip1, Cyclin D1, pRb	调控细胞增殖的关键分子，血管损伤后，p21Cip1，p27Kip1 表达下降，而 CycinD1 表达上升，pRb 磷酸化水平升高，促进 SMC 增殖
H-E 染色，EVG 染色	显示血管组织结构，通过病理图像的分析，评价内膜、中膜面积及其比值
PCNA，Ki-67	增殖细胞标记分子，计数内、中膜阳性细胞个数，反映增殖水平
CD31，vWF	内皮细胞标记分子，前者为膜表达分子，后者为胞浆表达分子
CD45	总白细胞标记分子，粒细胞、单核细胞、T 细胞均表达此分子
7/4	中性粒细胞标记分子
mac-1 ,2,3 MOMA-2	单核 / 巨噬细胞标记分子
SMA, SM-MHC, SM22 α , Calponin,desmin, smoothelin	VSMC 去分化阴性标记分子
NM-B MHC, SMemb	VSMC 去分化阳性标记分子

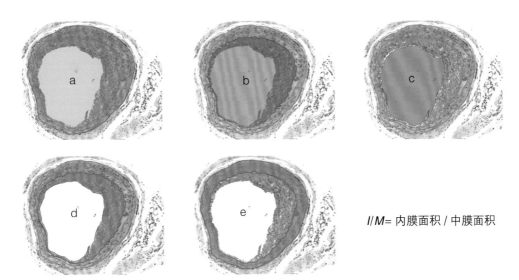

a. 外弹力板内面积；b. 内弹力板内面积；c. 管腔面积；d. 内膜面积；e. 中膜面积

图 16.13 血管内膜增生的检测

$I/M=$ 内膜面积 / 中膜面积

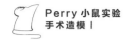
六、讨论

1. 操作中的关键技术

（1）固定小鼠时，将其头部与身体纵轴平行舒展开，前肢与身体纵轴垂直、后肢自然舒展固定，有利于暴露颈总动脉，便于手术操作。

（2）皮肤切口不宜过大，切口过大会使颌下腺脱离皮肤束缚而影响术野及导丝的进出操作。在皮肤正中做约 1 cm 的切口，从左、右颌下腺中间开始分离，可以使颌下腺被皮肤包裹住，形成较好的视野，对小鼠的创伤也小。

（3）导丝进出血管时尽量保持血管、导丝处于水平状态，这样可以使导丝与血管各面接触更加均匀，损伤程度会更均一。

（4）导丝进出时动作轻柔，做到导丝旋转而血管不动。如血管随导丝一起旋转和大幅位移，容易造成术后急性栓塞而使模型失败。

（5）导丝进入血管与导丝退出血管这两个操作最容易引起血管损伤过重而使模型失败。导丝进入前使用显微血管剪在颈外动脉侧壁剪开一个动脉直径 1/2 ～ 2/3 的切口，随后左手使用显微镊提起切口上缘（或使用自制略弯曲的 1 mL 注射器针头），右手拇指与食指轻握导丝（较硬的一端）插入颈外动脉，随后轻轻放下导丝，调整导丝角度与颈总动脉平行后再进入颈总动脉。突然用力进入颈总动脉，或进入时导丝与颈总动脉夹角过大，都容易使血管弹力层断裂，引起术后血管膨大及急性血栓。导丝退出血管时亦如此，动作应轻柔。

（6）导丝损伤血管的原理：通过导丝的螺纹与血管内皮的接触和旋转摩擦，使部分血管内皮脱落，暴露部分血管内皮下层，引起局部凝血反应。内皮下层暴露后血管性血友病因子（vWF）与血小板及胶原纤维结合形成局部血栓，并招募炎症因子。而小鼠自身的纤溶反应会与局部血栓形成达到动态平衡，使得虽有局部血栓形成，但并不会形成整体血栓完全阻塞血流。由于导丝在进出过程中始终磨损颈总动脉远心端，因此颈总动脉远心端的损伤会更加明显，内膜增生与再缩窄也多发生在颈总动脉远心端。

2. 容易发生的错误以及预防和挽救措施

（1）术后损伤过重引起急性血栓的常见原因及避免措施：

导丝进出时动作幅度过大，旋转时使血管发生较大幅度位移，使血管弹力层断裂、血管破裂或者术后渗血、血管膨大、栓塞。

术中旋转导丝时发现导丝旋转阻力过大，突然用力易使损伤过重，这常常是因为术中组织水分蒸发使导丝与切口周围组织发生粘连所致，术中可使用生理盐水保持切口湿润。

小鼠体重过低，颈总动脉直径偏细，易使血管对导丝的束缚过紧造成术后栓塞率升高。故实验用小鼠有体重下限要求。

（2）术后损伤过轻的原因及措施：

小鼠体重过重，超过 30 g 以上，血管直径偏大，导丝进出时不易引起血管损伤。故实验用小鼠有体重上限要求。

分离暴露颈总动脉长度太短，使导丝进入太少，不易引起血管损伤。

3. 其他可行性操作

（1）在手术流程步骤 12 中，如果没有把握将气泡完全排出颈总动脉，可以控制放开颈总动脉结扎线，让少量血液流出动脉切口，冲出气泡。此操作危险，务必小心。

（2）若想日后采集标本方便，术毕缝合皮肤伤口前，可以在颈外动脉两处结扎线之间剪断颈外动脉。

七、参考文献

1. ZHANG S M, ZHU L H, LI Z Z, et al. Interferon regulatory factor 3 protects against adverse neo-intima formation[J]. Cardiovascular research, 2014, 102(3): 469-479.

2. CHENG W L, SHE Z G, QIN J J, et al. Interferon regulatory factor 4 inhibits neointima formation by engaging Krüppel-like factor 4 signaling[J]. Circulation, 2017, 136(15): 1412-1433.

3. ZHU L H, HUANG L, ZHANG X, et al. Mindin regulates vascular smooth muscle cell phenotype and prevents neointima formation[J]. Clinical science, 2015, 129(2): 129-145.

4. ZHANG S M, ZHU L H, CHEN H Z, et al. Interferon regulatory factor 9 is critical for neointima formation following vascular injury[J]. Nature communications, 2014, 5(1): 5160.

5. HUANG L, ZHANG S M, ZHANG P, et al. Interferon regulatory factor 7 protects against vascular smooth muscle cell proliferation and neointima formation[J]. Journal of the American Heart Association, 2014, 3(5): e001309.

第 17 章
主动脉瘤

丁玉超

一、模型应用

主动脉瘤多发于老年男性，为致死率排名第 10 位的疾病，因此，研发主动脉瘤动物模型有助于研究该病的发病机制和治疗方法。

小鼠主动脉瘤模型分为三种类型：基因型、化学诱导型和物理损伤型。本章将介绍两种化学诱导小鼠主动脉瘤模型——猪胰腺弹性蛋白酶（elastase from porcine pancreas，PPE）诱导模型和血管紧张素 II（angiotensin II，Ang II）诱导模型的建立方法及应用。

PPE 损伤主动脉可在短时间内构建小鼠腹主动脉瘤模型，并且成模率达到 95% 以上。传统方法是将 PPE 溶液通过主动脉灌注方式（弹性蛋白酶腔内灌注法）进行诱导，操作难度大，易发生主动脉大出血，导致实验动物死亡。本章介绍的方法在原方法的基础上进行了改进，将 PPE 溶液通过吸水面膜纸长时间覆盖在腹主动脉上，引起主动脉损伤，造模效果明显提高。

Ang II 诱导模型（皮下血管紧张素注入法）无须实施外科手术，减少了小鼠的创伤，可操作性强，并且小鼠会因主动脉瘤的破裂而发生死亡，符合临床病程特征。Ang II 诱导的主动脉夹层动脉瘤发生位置与人类该病的发病位置相似，宜用此模型研究人类主动脉夹层动脉瘤的病理机制，进行可疑致病基因的筛选和治疗研究。

---

① 共同作者：刘彭轩；协助者：Balla József、姜宝红、张美侠、张娴静、翟紫怡。

二、解剖学基础

主动脉是体循环动脉系统的起始主干，它发自左心室，向下直到荐椎区。分为胸主动脉和腹主动脉。其中，胸主动脉又分为升主动脉、主动脉弓和降主动脉；腹主动脉分为三段：肾前、肾间和肾后腹主动脉（图 17.1）。

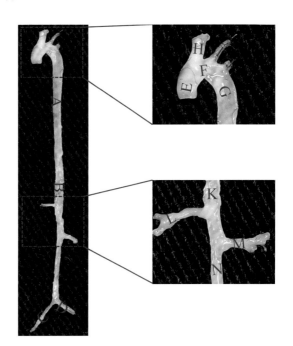

A. 胸主动脉；B. 腹主动脉；C. 右髂总动脉；D. 左髂总动脉；E. 升主动脉；F. 主动脉弓；G. 降主动脉；H. 头臂干；I. 左颈动脉；J. 左锁骨下动脉；K. 肾前腹主动脉；L. 右肾动脉；M. 左肾动脉；N. 肾后腹主动脉

图 17.1　小鼠的离体主动脉解剖

三、器械材料与实验动物

（1）器械：手术剪和手术镊。

（2）材料：青霉素 - 链霉素溶液，猪胰腺弹性蛋白酶（用于 PPE 诱导模型），Ang Ⅱ（用于 Ang Ⅱ 诱导模型），碘伏，生理盐水，纱布，棉花，棉签，吸水性压缩面膜纸，带线缝合针，药物缓释泵（用于 Ang Ⅱ 诱导模型，ALZET Osmotic Pump-model 2004）。

（3）实验动物：C57BL/6 野生型小鼠（用于 PPE 诱导模型），*ApoE* 或 *LDLR* 基因敲除鼠（用于 Ang Ⅱ 诱导模型）。

四、手术流程

（一）PPE 诱导模型

（1）小鼠常规麻醉，腹部备皮。

（2）仰卧固定于 30 ～ 32 ℃加热板上。备皮区常规手术消毒。

（3）沿腹正中线开腹 1.5 cm（参见《Perry 小鼠实验手术操作》"第 17 章　开腹"）。

（4）暴露腹腔，腹腔内两侧分别使用含 4% 青霉素 – 链霉素的生理盐水浸泡过的医用纱布包裹肠管，并分别推向左、右斜前方（图 17.2）。

（5）分离后腔静脉和结缔组织，暴露肾后腹主动脉 0.5 cm（图 17.3）。

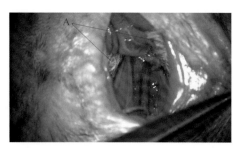 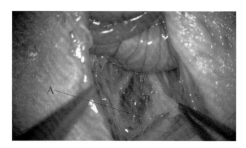

A. 含有 4% 青霉素 – 链霉素的生理盐水浸
泡过的纱布
图 17.2　暴露腹腔

A. 肾后腹主动脉；B. 显示暴露长度为 0.5 cm
图 17.3　暴露腹主动脉

（6）将准备好的面膜纸（3 mm×3 mm）浸泡在 PPE 溶液中，待面膜纸充分浸透后覆盖在暴露的腹主动脉上，再吸取 PPE 溶液 2.5 μL 滴到面膜纸上，维持 50 min（图 17.4）。

（7）在切口上方放置润湿纱布，以防止水分过度蒸发（图 17.5）。

（8）PPE 诱导结束后，取出主动脉上的面膜纸，用含 4% 青霉素 – 链霉素溶液的生理盐水冲洗该部位。

（9）用拭子吸出冲洗液后，取出纱布，缝合腹壁和皮肤（图 17.6）。常规消毒。

（10）在小鼠保温苏醒后，将其放入饲养笼，自由进食和饮水。

（11）2 周后小鼠安乐死，采集主动脉进行评估。

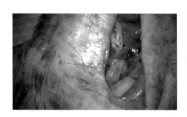 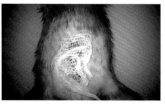 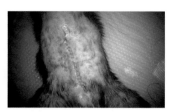

图 17.4　覆盖面膜纸　　　图 17.5　覆盖润湿纱布　　　图 17.6　切口缝合

（二）Ang Ⅱ 诱导模型

1. Ang Ⅱ 溶液的配制与药物缓释泵的预处理

（1）称取所用小鼠的体重，将最大小鼠体重填入表 17.1，并将各小鼠体重填入表 17.2。完成步骤 1 ～ 6 数据的填写后，分别计算步骤 7 ～ 10 的数据。

表 17.1　Ang Ⅱ 溶液的配制

步骤	实验参数	参数值	单位
1	所需剂量	1000[a]	ng/（kg·min）
2	实验小鼠的最大体重	34.4[b]	g
3	预估输注期间体重增加	2[c]	g
4	药物缓释泵速率	0.23[d]	μL/h
5	药物缓释泵容积（实际容积）	237[e]	μL
6	药物缓释泵容积（计算容积）	300[f]	μL
7	小鼠每小时所需 Ang Ⅱ 的量	2124[g]	ng/h
8	所需浓度	9234.78[h]	ng/μL
9	Ang Ⅱ 的量	8.31[i]	mg
10	溶解所需生理盐水的量	900[j]	μL

注：a. 药物缓释泵进行 28 天输注，以 Ang Ⅱ 剂量 1000 ng/（kg·min）为例计算；b. 小鼠中体重最大者的数据；c. 小鼠在输注 28 天过程中，一般体重增加 2 g；d. 一般使用药物缓释泵说明书中的 "平均泵送率"；e. 药物缓释泵说明书记载的数据；f. 根据经验确定的容积计算值；g. 每小时所需 Ang Ⅱ 量 =（实验小鼠的最大体重 + 输注期间增加体重 /2）× 60 min × 1 ng/（g·min）；h. 所需浓度 = 每小时所需 Ang Ⅱ 量 / 药物缓释泵速率；i. Ang Ⅱ 的量 = 所需浓度 × 药物缓释泵计算容积 × 3，以 3 只小鼠计算；j. 溶解所需生理盐水的量 = 药物缓释泵计算容积 × 3，以 3 只小鼠计算。

（2）将各小鼠体重数据填入表 17.2 中，计算所需 Ang Ⅱ 溶液和生理盐水的体积。

表 17.2　Ang Ⅱ 溶液的稀释与填充

体重 /g	稀释系数	体积 /μL		药物缓释泵质量 /g		填充率 /（%）（必须大于 95%）
		Ang Ⅱ	生理盐水	填充前	填充后	
34.4	1.0	300.0	0.0	1.1420	1.3677	95
20.6	0.6	179.7	120.3	1.1408	1.3748	99
28.5	0.8	248.5	51.5	1.1277	1.3537	95

注：稀释系数 = 任一小鼠体重 / 小鼠体重最大值；
Ang Ⅱ 溶液体积 =（小鼠体重 × 药物缓释泵计算容积）/ 小鼠体重最大值；
生理盐水体积 = 药物缓释泵计算容积 - Ang Ⅱ 溶液体积；
填充率 =（填充后质量 - 填充前质量）×（1000/ 药物缓释泵实际容积）× 100。

（3）在每只小鼠注射 Ang Ⅱ 溶液前后分别称取药物缓释泵的质量，计算填充率（填充率必须大于 95%）。

（4）填充后的药物缓释泵需在 37 ℃恒温生理盐水中浸泡 24 h 后使用。

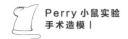

2. 操作程序

（1）小鼠常规吸入麻醉，后颈部备皮。

（2）在耳后前肩胛骨处做 1 cm 的皮肤横切口，用止血钳在皮下向尾方向为药物缓释泵创建一个浅筋膜口袋（图 17.7）。

（3）将灌充 Ang Ⅱ 溶液的缓释泵插入切口，缓释泵前端向鼠尾方向，完全推入口袋（图 17.8）。

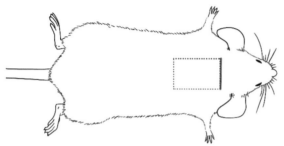

图 17.7　颈部手术开口示意。红线为皮肤切口，虚线框为皮下分离区域，形成浅筋膜口袋

图 17.8　插入药物缓释泵

（4）插入缓释泵后，捏住切口两侧的皮肤并拉直边缘，缝合皮肤。

（5）常规手术切口消毒。

（6）小鼠保温苏醒后，放入饲养笼，自由进食和饮水。

（7）Ang Ⅱ 诱导 4 周，小鼠安乐死并采集主动脉标本。

（三）标本采集

（1）将小鼠采用二氧化碳安乐死。新鲜小鼠尸体仰卧，四肢固定。开胸剖腹，摘除肺，清除所有腹腔内器官（图 17.9）。充分暴露主动脉全长，并使用注射器将生理盐水从左心室注入，清理主动脉中残留的血液。

（2）使用弯剪从心脏开始顺着脊柱将主动脉与躯干分离，剪到左、右髂总动脉后停止（图 17.10）。

（3）将剪下的连有心脏和肾的主动脉（图17.11）浸泡在冷生理盐水中，在显微镜下将主动脉周围的结缔组织剔除，彻底分离主动脉。

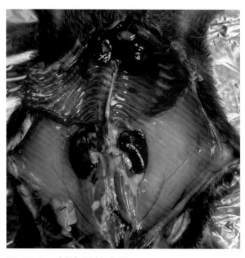

图 17.9　剖腹后的小鼠

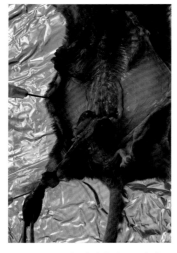 

图 17.10　主动脉与躯干分离　　图 17.11　待分离的主动脉

五、模型评估

1. 形态学评估

小鼠腹主动脉出现局部膨胀和扩大（图 17.12），其横径比正常横径增大 50%（$P<0.001$）（图 17.13），表示造模成功。

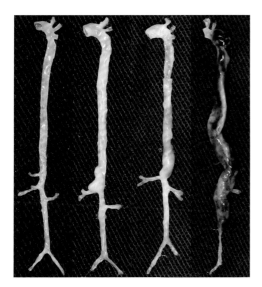

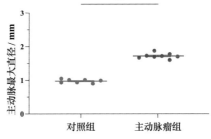

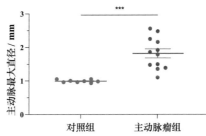

图 17.12　主动脉。从左至右依次为健康的主动脉、主动脉局部扩张和患有局部腹主动脉瘤的主动脉、夹层主动脉瘤、因主动脉瘤破裂导致死亡的小鼠的主动脉

图 17.13　主动脉瘤形成前后的主动脉最大直径。上图为 PPE 诱导前后主动脉最大直径。下图为 Ang Ⅱ 诱导前后主动脉最大直径。在主动脉瘤形成前与主动脉瘤形成后，主动脉的最大直径具有显著性差异。***，$P<0.001$

2. 病理学评估

诱导后，H-E 染色组织切片中出现主动脉外膜增厚，大量细胞增殖（多为巨噬细胞和中性粒细胞等）；EVG 染色组织切片中出现弹性蛋白层明显断裂现象，表示造模成功（图 17.14）。

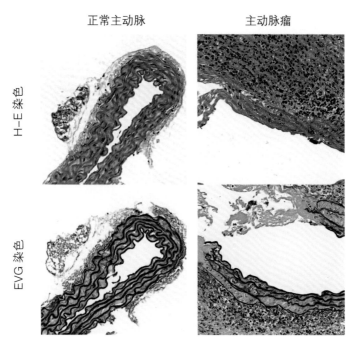

图 17.14　主动脉瘤形成前后的病理学分析。上图为 H–E 染色；下图为 EVG 染色

六、讨论

1. PPE 诱导模型

（1）手术过程约为 50 min，所以麻醉维持时长应不少于 1 h。

（2）麻醉后小鼠应全程置于 30～32 ℃加热板上保温，直至完全苏醒。

（3）用医用纱布包裹肠管，并在切口上方放置润湿纱布以防止水分过度蒸发。肠管移至切口内两侧，使得小鼠腹腔内形成一个"空棚子"，由此面膜纸只接触主动脉不接触纱布，避免了 PPE 被稀释。

（4）暴露主动脉时，可顺着撕开包裹的筋膜，而不必用剪子剪开。无须分离腹主动脉与后腔静脉，主动脉可 270°（面对操作者）充分暴露。

（5）面膜纸约 270° 包裹腹主动脉。首先将面膜纸平铺在暴露的主动脉上，再用镊子将左侧的面膜纸轻轻塞进主动脉与主动脉周围组织的缝隙中。

2. Ang Ⅱ 诱导模型

（1）以止血钳从皮肤切口深入分离浅筋膜，为泵的插入创建一个容纳空间。

（2）缓释泵插入皮下应该有足够的容纳空间以轻松闭合伤口，不会过度拉紧或拉伸皮肤。如果止血钳分离的空间略小，不必重新使用止血钳进行二次分离。用手指捏紧切口皮肤，可以将小部分露在体外的泵体完全挤入浅筋膜。

（3）缝合后应检查皮肤切口，确保缓释泵不会掉出。也可以用金属卡子代替缝合，快速结实，便于拆卸。

（4）Ang Ⅱ 输注过程中随时查看小鼠的状态，一旦出现小鼠死亡现象，立即进行尸检（死亡原因见后续分析）。

3. 经验总结与分析

（1）两种模型诱导方法的成功率：

① 对于 PPE 诱导模型，如果术者经过长期训练与实践、手法非常熟练，并且可以达到手术过程中动静脉大出血发生率为 0，其成功率能达到 95% 以上（成功标准为每只小鼠都含有大小均一的主动脉瘤）。

② 对于 Ang Ⅱ 诱导模型，由于每只小鼠的实验状态不同，主动脉瘤的发生率（成功率）可以达到 65%～80%（组内差异）。

（2）小鼠死亡尸检结果以及经验总结：

① 在 PPE 诱导模型中不会出现因主动脉破裂死亡的现象。死因中大部分是手术操作不当导致小鼠动脉或静脉大出血，也有少部分为手术后小鼠身体恢复不好所致（从术后第二天可看到小鼠明显不喜活动、运动缓慢等病态现象；该情况死亡多为术后前 5 天）。

② 对于 Ang Ⅱ 诱导模型，因其操作简便，所以当所有操作符合规定流程时，不存在手术过程中死亡的现象。而在缓释泵埋入体内 3 天后会开始出现小鼠主动脉破裂死亡，这属于疾病过程中的正常现象。

（3）模型优缺点比较：

经过修改的 PPE 局部应用的诱导模型可以产生 100% 的主动脉瘤。然而，瘤体仅位于肾下主动脉的固定位置，对术者的专业水平要求也很高。Ang Ⅱ 诱导主动脉瘤的发病机制与临床患者的发病机制最相似，如高血压、高血脂等，在 Ang Ⅱ 诱导末期，小鼠会因主动脉瘤破裂而死亡。但是，Ang Ⅱ 诱导的小鼠主动脉瘤有高胆固醇血症或性别依赖性（实验需要 *ApoE* 或 *LDLR* 基因敲除鼠），并且实验成本很高。

（4）PPE 模型中暴露主动脉时，避免损伤筋膜血管的方法：

使用镊子（应为圆头而不是尖头镊子，防止戳伤动脉和静脉）贴着主动脉缓慢撕开剥离周围筋膜组织，而不是带有细小血管的组织。当出现小血管破裂时应立即停止操作，并使用无菌棉棒轻轻按压出血点，直至出血停止并等待 5 ～ 10 min 后继续操作。

（5）在 Ang Ⅱ 模型中，成瘤分布规律以及原因分析：Ang Ⅱ 诱导形成的主动脉瘤通常发生在胸主动脉和肾前腹主动脉处，多在肾动脉分叉处并向血管弯曲和运动方向膨胀，提示 Ang Ⅱ 诱导形成的主动脉瘤可能与血管弯曲处的血液涡流有关。

（6）初学者注意辨别食管与胸主动脉（图 17.15）。

A. 食管；B. 主动脉
图 17.15　食管与主动脉的区分

3

缺血模型

第三篇

第 18 章

缺血模型概论①

刘彭轩

一、缺血模型的定义与条件

1. 定义

造成特定靶器官不同程度缺血的小鼠模型称为缺血模型。

在临床上，发生缺血的主要原因包括组织或器官的血管原发性病变，外伤导致的血管断裂、闭塞，肿瘤压迫，手术时阻断血管血流等。缺血包括组织器官的血液供应降低以至完全阻断，当组织器官的血液供应不能满足其基本活动和新陈代谢的需求时，则会发生组织病变。

小鼠缺血模型的制作即通过各种方式，使小鼠组织器官的血液供应降低或完全阻断，不能满足组织器官新陈代谢的需要，进而造成组织病变，从而模拟临床上的病因及产生类似的病理生理变化。

2. 模型成功的条件

缺血靶器官可以涉及任何有血供的组织器官。根据研究关注方向的不同，缺血模型常包括单纯的缺血过程，以及缺血后的再灌注损伤过程。模型成功的必备条件：

（1）缺血导致特定器官产生设定的病理生理变化。

（2）用于药效实验的缺血模型，在术后或诱导后能够在一定的药效窗口期内保持存活。

二、缺血模型种类

建立缺血模型的方法主要有两种：诱导造模法和手术造模法。本章介绍手术造模法。

---

① 共同作者：田松。

依据手术施加血管所产生的变化，手术造模分为两类。

1. 血管外缩窄

（1）用结扎法或将套管直接作用于特定的动脉上造模，例如，通过缝合线结扎小鼠冠状动脉造成心肌缺血，结扎门静脉、肝动脉造成肝缺血等。

（2）在特殊坚韧包裹区域内提高器官内压，使局部器官组织血管的灌注压降低。例如，眼前房注射，提高眼内压，降低眼内动脉有效灌注压，导致视网膜等眼球内组织器官缺血。

本篇将介绍的血管外缩窄模型涉及眼、肝、肠、肺、肾等器官。

2. 血管内阻塞

通过线栓、血栓、内缩窄（内管）等方式在血管内部造成血流完全阻断或大幅降低通过血管的血流量。

相关模型有脑梗模型（包括大脑中动脉线栓模型和血栓模型）以及第四篇介绍的静脉附线血栓模型等。

三、造模方法的选择

造模方法可以有多种思路、多重选择，在方法的设计和选择上通常遵循以下原则。

1. 器官损伤程度小

对靶器官之外的组织器官损伤越小越好。引起靶器官之外的组织损伤的原因包括手术操作引起的临近组织的损伤、缺血范围过大引起的靶器官之外组织的损伤。在设计手术入路、操作方式和阻断血流的范围上都应尽量减少不必要的损伤。

2. 检测窗口期长

模型检测窗口期越长越好。缺血或缺血再灌注损伤造成的病变程度和病变恢复时间应能满足实验研究的需求，留下药物或其他干预方式的时间窗口期。损伤程度过轻，受损组织可能很快自我恢复到正常水平，来不及进行实验干预。损伤过重，会导致小鼠死亡或者组织发生不可逆改变，使得后续干预措施起不到预期效果。

3. 操作便利性好

造模操作越简便越好。一方面，简便的操作可以缩短造模时间，提高效率；另一方面，简便的操作引起的可变因素相对较小，有利于模型的稳定。例如，第二篇介绍的小鼠心肌梗死模型有多种造模方式：在气管插管条件下，于手术显微镜下行胸腔内冠状动脉结扎；通过胸外挤压，使心脏暴露在体外行冠状动脉结扎；冠状动脉微栓塞等。不同造模方式所需的设备和操作复杂程度不一，应根据实验目的和实验条件选择简便、稳定的造模方式。

4. 经济性佳

模型造价越低越好。

四、对造模者的要求

并不是每一名从事小鼠手术的人员都能够设计和建立小鼠缺血模型，造模者应具备以下条件。

（1）具备坚实的小鼠解剖、生理基础知识。

（2）具备一定的手术技巧。在善于利用各类方式达到手术目的的同时，尽量减少不必要的小鼠损伤。

（3）具有批判性思维，不简单照搬他人的模型，能根据研究要求独立设计和建立模型，他人的模型只做参考。

（4）能根据需要设计、制作或改进特殊的辅助工具，以适用于自己的模型。

（5）具备模型检测评价的理论知识和检测水平，能通过多个维度获取研究所需的数据，以及通过不同维度的数据来评价模型的成功性和稳定性。

（6）具备改进、优化模型的能力。设计和改良一个缺血模型，应该力争术式简便，成功率高，模型的稳定性好。造模者在造模过程中应能不断观察、思考、改进模型。

五、建立缺血模型时的特殊注意事项

（1）缺血会导致小鼠产生一系列生理变化。大面积缺血的小鼠从手术开始，到整个研究窗口期，都应注意保暖，维持其正常体温，避免因低体温致死。

（2）随时细致观察小鼠变化。例如，后肢缺血的小鼠，术后第一天常仅见爪甲出现颜色变化，后脚垫呈褐色，这些颜色变化很可能到第二天就消失了。

（3）麻醉状态下行血流影像学检验。例如，多普勒超声检测和散斑检查时，需要保持小鼠的正常体温，低体温会严重影响血流，导致错误检验结果。

（4）缺血模型维持过程中应保持小鼠体温处于正常水平，以保证模型的稳定性。

（5）应根据研究需要，设计合理的缺血时间。缺血时间的长短与术后各项病理生理变化的严重程度紧密相关，缺血时间过长会引起不可逆损伤，甚至导致小鼠死亡，造成后续给药干预等操作失去观察药效的时机。相反，缺血时间过短，会使损伤过轻，导致模型的病理生理变化与临床有较大差距，恢复进程太快，造成药效研究窗口期过短，同样失去检

测药效的时机。

（6）大多数缺血模型的主要目的是造成特定靶器官缺氧。实现这一目的的血管手术方法有三种：①阻断动脉血流，造成缺血性缺氧；②阻断伴行的动静脉血流，出现缺血和淤血并存，造成混合性缺氧；③阻断静脉血流，造成淤血性缺氧。

有的模型单纯需要达到缺血目的，则不可阻断静脉；有的模型需要实现局部缺氧，则将动静脉同时阻断，简化手术过程（避免分离动静脉），但这类模型不能作为单纯的缺血模型；单纯阻断静脉，也可以造成不同程度的器官缺氧。所以在设计局部缺氧模型时，可以使用前述的三种手术方法，而不必局限于使器官缺血。从临床上也可以看到类似的案例，例如，临床的下肢静脉曲张属于淤血；冠心病属于缺血；某些压迫性疾病会发生动静脉血流同时阻断所致的缺血和淤血。

第 19 章

视网膜缺血再灌注①

刘金鹏

一、模型应用

视网膜缺血再灌注损伤是临床上常见的眼病，主要发生于视网膜中央动脉栓塞、急性闭角性青光眼等视网膜血流中断所引起的缺血性眼病。许多缺血性眼病在血流恢复后，过量的自由基攻击重新获得血供的组织内细胞，其中视网膜损伤尤为严重。

缺血性眼病的诱因分为两类：血管病变阻断血流和血液灌注压下降阻断血流。视网膜中央动静脉阻塞，属于前者；而青光眼属于后者。本章介绍的视网膜缺血再灌注模型是通过增高眼内压以降低血管灌注压来建立的模型，是目前视网膜缺血最常用的造模方法。

短时间内升高眼内压的模型更接近临床急性青光眼的发病机理，尤其适用于青光眼发病机制的研究和药效检测。

二、解剖学基础

眼内压变化导致眼球解剖形态改变（图 19.1）

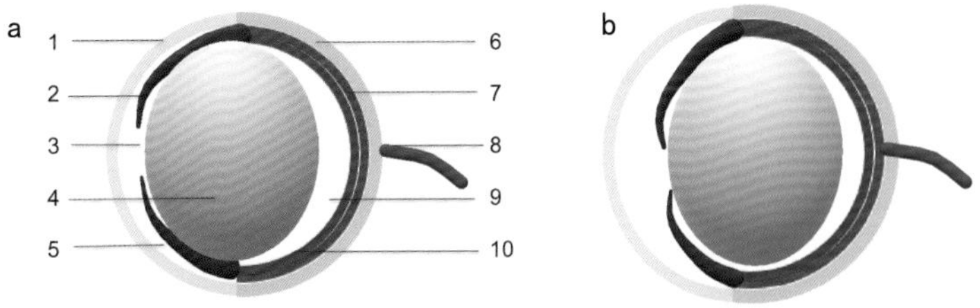

图 19.1　小鼠眼球结构变化示意。a. 正常眼球；b. 前房灌注导致眼内压增高，前房加深

1. 角膜；2. 虹膜；3. 瞳孔；4. 晶状体；5. 前房；6. 巩膜；7. 脉络膜；8. 视神经；9. 玻璃体；10. 视网膜

---

① 共同作者：刘彭轩；协助：李海峰。

小鼠眼球由角膜、虹膜、脉络膜、巩膜和玻璃体组成。角膜和虹膜之间为前房。前房灌注液体，使眼内压增高，晶状体和虹膜被前房高压推挤后移，前房加深。后房眼内压随之升高，导致视网膜和脉络膜血液灌注压下降，造成视网膜和脉络膜缺血。白色小鼠视网膜缺乏黑色素，可以清楚观察到缺血的视网膜和脉络膜颜色变浅。

三、器械材料与实验动物

（1）器械材料：显微齿镊，自制小鼠眼孔巾（图 19.2），31 G 针头，4% 多聚甲醛，固定液，生理盐水，氯霉素滴眼液，红霉素眼膏，小鼠眼灌注系统（图 19.3）。

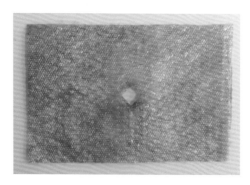

图 19.2　用薄而柔软的纺织品自制的小鼠眼孔巾

图 19.3　小鼠眼灌注系统。31 G 针头连接输液管，生理盐水瓶悬挂位置高于眼球 180 cm

（2）将 31 G 无菌针头连接输液管，输液管连接生理盐水瓶并使输液管内充满生理盐水。关闭输液管开关，将其作为压力装置，挂好待用。

（3）实验动物：白色小鼠。

四、手术流程

（1）小鼠常规腹腔注射麻醉，右侧卧固定。

（2）拉紧小鼠左侧面部皮肤，使左眼球突出眼眶。

（3）将孔巾套在眼球上，使眼球刚好穿过孔巾，在孔巾上只能看见眼球（图 19.4）。用胶带将输液管初步固定在孔巾上。

（4）用显微齿镊夹住角膜缘球结膜做对抗牵引，针头沿着角膜缘刺入眼前房约 1.5 mm。将输液管接近针头的部位固定在孔巾上，以稳定针头在眼前房内的位置。针尖不可触及角膜内皮和虹膜，不可触及瞳孔区域的晶状体前囊膜。

（5）缓慢打开输液管开关，可见虹膜随之缓慢下降（图 19.5），每 30 s 在眼部滴加氯霉素滴眼液保护角膜，使之不干燥，同时起到抗菌作用。

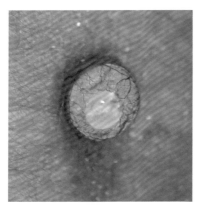

图 19.4　孔巾套住眼球

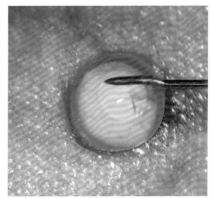

图 19.5　视网膜缺血过程中。可见虹膜下降，前房变深，眼球触感变硬。视网膜颜色由粉红转苍白

（6）维持灌注 1 h，关闭输液管开关。

（7）开始从眼球中缓慢拔出针头，当针尖接近角膜时停止。稍微下压针头，令房水和灌注液微量流出，随即可见虹膜缓慢上升。待到虹膜恢复并接近正常位置，将红霉素眼膏涂在角膜和针孔位置。

（8）迅速拔出针尖。

（9）取下孔巾。小鼠保温苏醒后返笼。

（10）灌注后 24 h 将小鼠二氧化碳安乐死。立即取眼球置于固定液中，2 h 后取出，沿角膜缘后侧切开巩膜 90°，用打结镊剥离玻璃体，然后置于 4% 多聚甲醛内固定至少 6 h，用于后续病理检测。

五、模型评估

（1）病理 H-E 染色观察视网膜某些非特异性变化，如视网膜水肿、出血等（图 19.6，图 19.7）。

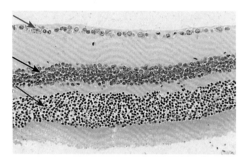
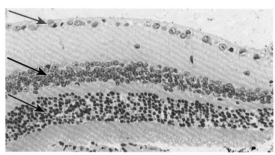

图 19.6　小鼠视网膜正常组织 H-E 染色病理切片。可见组织结构基本正常，节细胞层细胞无明显减少，排列整齐；内核层及外核层细胞相对致密完整，无明显染色异常。红色箭头示节细胞层；黑色箭头示内颗粒层；褐色箭头示外颗粒层

图 19.7　小鼠视网膜缺血再灌注模型组织 H-E 染色病理切片。可见节细胞层细胞数量减少，排列稀疏不规则，部分肿胀；内核层细胞排列不致密，间隙大；外核层细胞数量减少且排列疏松，深染。红色箭头示节细胞层；黑色箭头示内颗粒层；褐色箭头示外颗粒层

（2）灌注过程中观察眼内苍白颜色变化，拍照记录。

六、讨论

（1）选用实验动物时，白色小鼠为首选。缓慢打开输液管开关时可以观察到白色小鼠的眼球由红色逐渐变得暗灰色，泄压时眼球由暗灰色逐渐变为红色，有利于观察缺血与再灌注后眼球的状态。

（2）将针头刺入眼球时不要太用力，以免刺穿眼球。

（3）针头不可反复刺入眼球，以免针孔扩大，房水和生理盐水由针孔流出。

（4）针头刺入眼球的长度约为 1.5 mm。针尖接近中轴线约 0.5 mm。进针不能过浅，以免眼内压迫使针头退出眼外；进针亦不可过深，以免伤及角膜和虹膜。

（5）术后若需要长时间观察视网膜再灌注损伤情况，至少需要连续 3 天用氯霉素滴眼液给小鼠眼球消毒，每日一次即可，避免形成感染性白内障。

（6）压力装置使用前需要检查以保证输液管内充满生理盐水，不可有气泡存在。

（7）安置和去除孔巾的时机：需要在小鼠眼球突出眼眶后安置孔巾，以免难于用孔巾套住眼球，也减少污染机会。

（8）为避免灌注期间针头在前房内的位置发生变动，输液管需要两次固定。第一次固定位置远离针头，其目的是方便运用针头刺入前房，又能避免因输液管弹性导致针头位置变化。在针头进入前房并调整好深度后，第二次固定输液管，固定位置靠近针头。

（9）针头刺入前房是关键技术。从角膜缘进针，针孔向上，针尖指向瞳孔区，并靠近夹持角膜缘的齿镊，水平进入角膜。

（10）针尖必须锋利，否则在强行刺穿角膜时，突然的阻力减小会导致针尖前冲，损伤角膜内皮，造成角膜浑浊。

（11）对比人类，小鼠没有角膜前突，而且虹膜膨隆，造成前房极浅。针头刺入角膜后必须将针头角度调整到虹膜和角膜之间，否则会伤及角膜或虹膜。

（12）灌注前和灌注刚刚开始时，都是调整针头在前房内角度的时机。当虹膜下陷稳定时，将针头调整在虹膜和角膜之间，以避免针尖触及任何眼内组织。

（13）进针时针孔向上，意外刺伤角膜内皮的危险性较针孔向下稍低。

（14）灌注完毕，在拔针前不可断开针头与输液管的连接，否则眼球突然减压，会导致视网膜脱离。必须在拔针过程中，针尖到达角膜内时制造房水和灌注液微量缓慢流出眼球、眼内压逐渐降低的过程。

（15）当房水缓缓流出，虹膜恢复接近正常高度时，在角膜涂抹红霉素眼膏，然后迅速拔出针尖，再取下孔巾，以避免在针孔裸露状态下触动眼球。小鼠的角膜厚度仅约为 0.3 mm。尽管用 31 G 细小针头刺穿角膜，拔针后的针孔仅仅依靠菲薄的角膜自身弹性闭合，轻微的触动仍会导致房水外溢。眼膏有助于封闭针孔，所以要先涂眼膏，后撤针尖。

（16）可以购买商品化的眼球固定液，也可以自行配制眼球固定液（配方为：冰醋酸 1 份，甲醛溶液 2 份，生理盐水 7 份，75% 乙醇 10 份）；还可以用 4% 多聚甲醛固定，即取眼球后，纵向切开角膜缘 0.5 mm，置于 4% 多聚甲醛内固定至少 6 h；或取眼球后，用 1 mL 注射器吸取 4% 多聚甲醛由角膜注入眼内，然后将眼球浸泡在 4% 多聚甲醛中约 2 h，切开巩膜，用打结镊剥离玻璃体，继续用 4% 多聚甲醛固定 6 h 以上。

（17）眼球含水量极大。做石蜡病理切片的固定过程中，如果不开放眼球，势必导致眼球内水分析出，眼球塌陷，视网膜脱离。解决方法是在新鲜的眼球上开窗，再将其浸入固定液中，使固定液进入玻璃体和前房，眼球内外等渗，即可保持眼球的形态。

第 20 章

眼球缺血再灌注^①

刘金鹏

一、模型应用

眼球缺血再灌注损伤是临床上常见的眼病，主要发生于视网膜中央动静脉栓塞、急性闭角型青光眼、糖尿病性视网膜病等视网膜血管阻塞所引起的缺血性眼病。许多缺血性眼病在血流恢复后，视网膜损伤更加严重，视力进一步下降。

小鼠眼球缺血再灌注模型是研究眼球缺血机制、筛选药物的重要途径之一，也是一种视网膜缺血模型。视网膜缺血有 2 种机制：

（1）视网膜外压增高，使视网膜中央动脉压：眼内压比值 ≤ 1，导致视网膜中央动脉血不能有效流通。例如，青光眼。参见"第 19 章 视网膜缺血再灌注"。

（2）眼球血流中断，导致整个眼球缺氧。例如，视网膜血管阻塞。本章介绍的阻断眼球动静脉的眼球缺血再灌注模型制作方法，简单易行，最大优点是对眼球无物理损伤。

二、解剖学基础

眼动脉（图 20.1）在眼眶内分布视网膜中央动脉、睫状后长动脉、睫状后短动脉等血管，向眼球提供血液。有同名静脉伴行。

图 20.1 小鼠眼部解剖。将小鼠左眼眶内部分内容清除后，眼球（黄色箭头所示）被牵拉出眼眶，牵拉方向如蓝色箭头所示。暴露视神经（黑色箭头所示）和眼动静脉（红色箭头所示）

---

① 共同作者：刘彭轩；协助：李海峰。

128

眼动脉走行于眼肌杯内。在一定程度上缩窄眼肌杯，可以阻断眼动脉血流，导致眼球缺血。

三、器械材料

自制孔巾（无菌的薄而柔软的纺织品。图 20.2），眼膏，3-0 缝合线，打结镊，固定液（4% 多聚甲醛）。

图 20.2　自制孔巾

四、手术流程

（1）小鼠常规注射麻醉。侧卧位固定。

（2）向上的眼球和结膜囊涂薄层眼膏。

（3）拉紧面部皮肤，使眼球突出眼眶（图 20.3）。

（4）将孔巾套在眼球上，使眼球刚好穿过孔巾（图 20.4，图 20.5）。

（5）轻提孔巾（图 20.6），将缝合线置于孔巾下方。

（6）用打结镊以活扣轻轻地结扎眼动静脉，放下孔巾，眼球呈暗灰色为宜（图 20.7）。

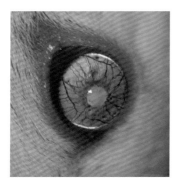
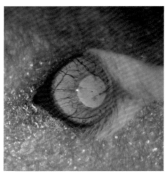

图 20.3　暴露眼球　　　　图 20.4　将孔巾套在眼球上　　　图 20.5　拉紧孔巾固定眼球

（7）待视网膜缺血 1 h 后，轻提起孔巾，解开结扎线，轻轻放回并取下孔巾，恢复血循环再灌注（图 20.8）。

（8）按照实验分组，再灌注 4 h 和 24 h，眼球病理标本采集与处理方法，参见"第 19 章　视网膜缺血再灌注"，讨论中的第（16）、（17）条。

图 20.6　轻提孔巾，使视网膜　　图 20.7　结扎眼动静脉　　图 20.8　解开结扎线
缺血

五、模型评估

病理 H-E 染色观察视网膜形态变化（图 20.9，图 20.10）。

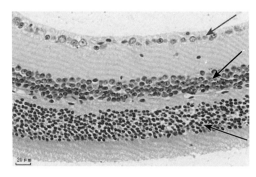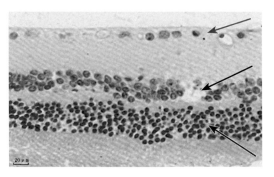

图 20.9　小鼠视网膜正常组织 H-E 染色病理
切片。可见组织结构比较正常，各层细胞完整，
排列整齐，染色清晰无异常。红色箭头示节细
胞层；黑色箭头示内颗粒层；褐色箭头示外颗
粒层

图 20.10　小鼠眼球缺血再灌注损伤模型 H-E 染
色病理切片。可见视神经纤维层收缩变窄，神经
节细胞数量大量减少，核仁皱缩，排列稀疏松散
无规则，部分细胞肿胀或空泡化，内核层细胞部
分缺失空化，外丛状层明显变窄，外核层与内核
层距离很近。红色箭头示节细胞层；黑色箭头示
内颗粒层；褐色箭头示外颗粒层

六、讨论

（1）导致缺血再灌注损伤的原因是血液再灌注后有大量 Ca^{2+} 内流，并生成大量氧自
由基，这也是广泛组织细胞损伤的主要发病机制。

（2）在选择用于视网膜缺血再灌注模型的实验动物时，白色小鼠为首选，因为，在
造模过程中，提起孔巾时会观察到眼球由红色变为暗灰色，眼球施加外部压力可增加眼内
压，造成眼球缺血；放下孔巾时，眼球由暗灰色变为红色，眼球血流恢复。有利于观察缺
血与再灌注后眼球的状态。

（3）为了避免视神经损伤，结扎眼球动静脉时选用 3-0 缝合线，该缝合线较粗，可连

同穹窿结膜、眼外肌、视神经一起结扎（图 20.11），在阻断眼球动静脉血流的同时，避免对视神经造成物理损伤，活扣结扎方便恢复血流。结扎的松紧度以观察到视网膜变色为标准。

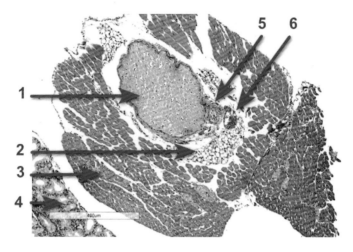

1. 视神经；2. 脂肪；3. 眼外肌；4. 哈氏腺；5. 眼动脉；6. 眼静脉
图 20.11　眼动静脉局部解剖病理图片，H-E 染色。示眼球后结扎平面组织结构。此截面眼外肌被勒紧，直接影响到眼球供血

（4）结扎后，放开孔巾，观察眼球的颜色变化，若眼球恢复红色，则需要重新提起孔巾，结扎线稍紧一些，直至放开孔巾眼球仍然呈暗灰色。

（5）眼球缺血再灌注也可以通过颈内动脉插入线栓，阻塞眼动脉血供应，进行视网膜缺血再灌注，但是这种造模方法不稳定，效果不佳，而且耗时较长，操作相对复杂，最主要的一点是造成脑部缺血性损伤。

（6）眼球缺血再灌注也可以通过分离并阻断眼动脉来实现，但是这种方法破坏性较大，而且小鼠眼动脉手术空间非常狭小，对操作技术要求很高。

（7）手术过程中，因眼球长时间暴露在空气中，会对角膜造成损伤，因此必须保持眼球表面湿润。如果使用传统方法滴加生理盐水，至少每 2 min 在眼表滴加一次。使用眼膏替换生理盐水涂抹于角膜上，可达到一劳永逸的效果，而且眼膏同时涂抹入结膜囊，可以润滑结扎线，减少结扎线摩擦对结膜的损伤。

第 21 章

脑缺血[①]

刘金鹏

第一节　急性脑缺血再灌注模型

一、模型应用

脑缺血性血管疾病的特点是高发病率、高致残率、高死亡率，是严重危害人类健康的疾病之一。寻找疗效明确、作用机制清晰的预防或者治疗脑缺血性梗死的药物是当前研究的前沿课题和热点领域。由于临床研究的各种限制，脑缺血动物模型已成为研究脑血管病损伤机制和防治措施的不可缺少的工具，因此，建立最接近人类脑缺血疾病的理想动物模型具有重要意义。

按照发病进程，脑缺血分为急性和慢性两种类型，均是以脑循环血量减少为特征的中枢神经系统疾病。模拟人类脑缺血性血管疾病的发病过程，建立重复性好、观测指标易于控制的脑缺血动物模型一直是研究热点。

本节根据经典的线栓法加以改良，建立小鼠急性脑缺血再灌注模型，保留颈外动脉，更好地模拟人类脑缺血性损伤导致的疾病。

---

① 共同作者：刘彭轩。

二、解剖学基础

小鼠颈动脉解剖结构如图 21.1 所示。

1. 颈外动脉；2. 颈内动脉；3. 翼腭动脉；4. 颈总动脉

图 21.1　小鼠颈动脉解剖结构

三、器械材料

（1）设备：吸入麻醉系统，手术显微镜，保温手术板，激光散斑仪（图21.2）。

（2）器械材料：打结镊，23 G 针头，眼科剪，眼科镊，动脉夹，栓线（用于 25 ～ 30 g 小鼠），持针器，打结镊，4-0 带线缝合针等。

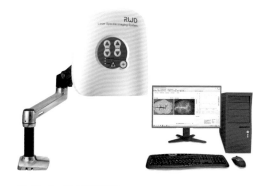

图 21.2　激光散斑仪

四、手术流程

（1）小鼠常规麻醉，颈部备皮，取仰卧位，固定四肢和上门齿。

（2）备皮区常规消毒。

（3）沿着颈部中线将皮肤切开（参见图 8.9）。

（4）钝性分离颌下腺以及胸骨舌骨肌和胸骨乳突肌，暴露颈总动脉。

（5）钝性分离颈总动脉（图 21.3）。

（6）沿着颈总动脉向前分离筋膜，暴露颈内动脉和颈外动脉。

（7）用动脉夹夹闭颈外动脉（图 21.4）。

（8）再用另一只动脉夹夹闭颈总动脉远心端（图 21.5）。

（9）用缝合线在颈总动脉近心端以活扣结扎（图 21.6）。

（10）用缝合线做颈总动脉预置结扎线（图 21.7）。

（11）用 23 G 针头穿刺颈总动脉，位置如图 21.8 中示意图所示。

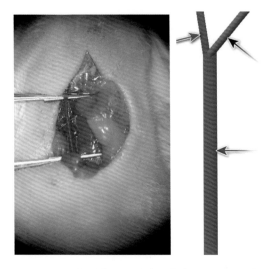

图 21.3　钝性分离颈总动脉。左为手术照，右为示意图（后同）。红色箭头示颈外动脉；黑色箭头示颈内动脉；蓝色箭头示颈总动脉

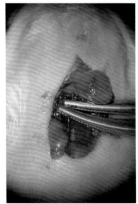
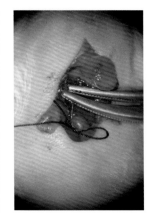

图 21.4　夹闭颈外动脉　　图 21.5　夹闭颈总动脉远心端　　图 21.6　活扣结扎颈总动脉近心端

（12）通过预置结扎线，将栓线插入颈总动脉，系紧预置结扎线，固定栓线于血管内（图 21.9）。

（13）打开夹闭颈总动脉的动脉夹，缓缓插入栓线，待栓线进入颈内动脉 1 cm 左右，推动栓线，有阻力时即停止，开始缺血计时（图 21.10）。

（14）缺血 1 h 后，开始撤除线栓操作。

（15）夹闭颈总动脉近心端。

（16）稍放松预置结扎线。

（17）栓线部分拔出，前端退到颈总动脉内停止。用动脉夹夹闭颈总动脉穿刺孔两

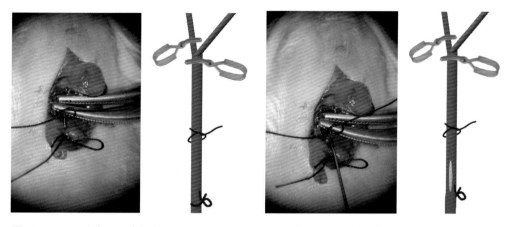

图 21.7　颈总动脉预置结扎线　　　　　图 21.8　穿刺颈总动脉

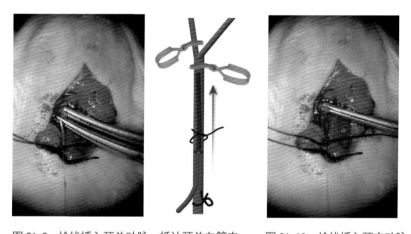

图 21.9　栓线插入颈总动脉，抵达颈总血管夹　　图 21.10　栓线插入颈内动脉

端（图 21.11）。

（18）撤除预置结扎线，完全拔出栓线（图 21.12）。

（19）在颈部皮下剪一块脂肪，将脂肪块在颈总动脉下方摊开，切面向上（图 21.13）。

（20）用脂肪块的切面包裹颈总动脉穿刺孔（图 21.14）。

（21）将缝合线在脂肪块包裹的颈总动脉下方穿过，在脂肪块表面打第一个结，使脂肪块压住颈总动脉的穿刺孔（图 21.15）。

（22）用湿棉签按压住脂肪块，先缓慢打开远心端动脉夹，观察出血情况（图 21.16a、b）。若有出血，轻轻移动脂肪块，使打结处压住穿刺孔，从而达到止血的目的。

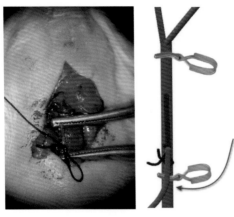

图 21.11　夹闭颈总动脉穿刺孔两端

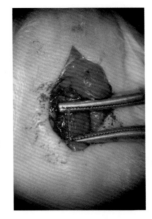

图 21.12　撤除预置结扎线

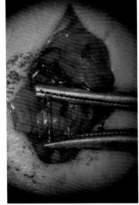

图 21.13　将脂肪块在颈总动脉下方摊开

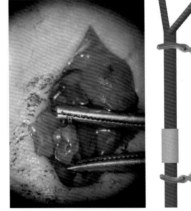

图 21.14　将脂肪块切面包裹颈总动脉穿刺孔

（23）再缓慢打开近心端动脉夹，观察出血情况。若有出血，用动脉夹夹住颈总动脉远心端，然后轻轻拉动缝合线，使脂肪块压住穿刺孔，等待 1 min 后，缓慢打开动脉夹，观察出血情况；若未出血，使用缝合线打第二个结，与第一个结形成死扣固定脂肪块与颈总动脉的穿刺孔（图 21.16c、d）。

（24）逐层缝合手术切口。常规消毒皮肤。

（25）小鼠苏醒后返笼。术后正常饲喂。

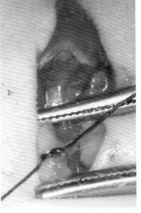

图 21.15　结扎脂肪块

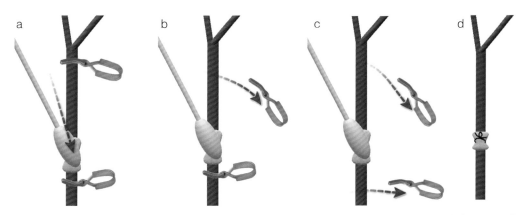

图 21.16　撤除血管夹的过程；a. 湿棉签压迫脂肪块；b. 缓慢打开远心端血管夹；　c. 缓慢打开近心端血管夹；d. 撤除棉签，打结固定脂肪块

五、模型评估

1. 激光散斑仪检测脑部血流情况（图 21.17）

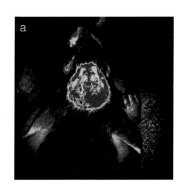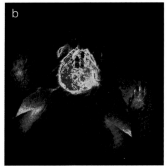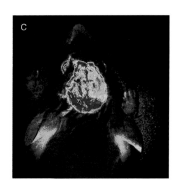

图 21.17　激光散斑仪检测脑部血流。a. 脑缺血前；b. 脑缺血中；c. 缺血再灌注

2. 病理学分析

再灌注 24 h 取脑，－20 ℃冷冻，大体切成 5 片，每片厚 1 mm，进行 TTC 染色（图 21.18）。

3. Longa 评分

0 分：正常，无神经功能缺损。

1 分：脑损伤的对侧前爪不能完全伸展，轻度神经功能缺损。

2 分：行走时，小鼠向脑损伤的对侧转圈，中度神经功能缺损。

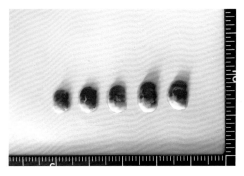

图 21.18　小鼠脑 TTC 染色。图中红色部位为正常脑组织，灰白色部位为缺血或坏死的脑组织

3分：行走时，小鼠身体向脑损伤的对侧倾倒，重度神经功能缺损。

4分：不能自发行走，意识丧失。

5分：死亡。

六、讨论

（1）保留颈外动脉，可以更好地模拟临床表现，并可以避免由于颈外动脉离断结扎所导致的面部缺血而出现的疾病。

（2）颈总动脉穿刺插入栓线，操作简单快速。

（3）用脂肪块封堵颈总动脉穿刺孔的目的是不结扎手术中涉及的动脉，尽可能保证动脉的完整性，以期不会出现其他疾病。

（4）在脂肪块表面打结时，缝合线不要打得太紧，以免阻断颈总动脉。

（5）先打开颈总动脉远心端动脉夹，使脑基底动脉环中的血液反向进入颈总动脉，到达穿刺孔，此时有穿刺孔的颈总动脉承受的血压较小，而且颈总动脉近心端被夹闭，血小板会在穿刺孔处凝集，封堵血管穿刺孔，等待 1 min 左右再缓慢打开近心端动脉夹。

（6）用棉签压迫颈总动脉近心端，缓慢打开颈总动脉近心端动脉夹，然后再缓慢放开棉签使颈总动脉逐步恢复血流，时间控制在 1 min 左右。其原因是颈总动脉近心端的血压高，血液流速快，突然打开动脉夹，有穿刺孔凝集的血小板和纤维蛋白被冲走，导致再次出血的危险。

（7）由于小鼠需要二次麻醉，所以吸入麻醉安全可靠，快速方便。

第二节　慢性脑缺血模型

一、模型应用

慢性脑缺血是指各种原因引发的长期脑血流灌注不足，它在血管性痴呆病、阿尔茨海默病等多种神经系统疾病的发生、发展过程中起着重要作用。慢性脑缺血的病理损伤机制及神经保护机制复杂，目前正处于研究阶段，而针对慢性脑缺血的各种病理损伤机制也只能选择性地应用药物进行实验性治疗。由此可见慢性脑缺血动物模型的重要性及其不可替代的地位。

本节以双侧颈内动脉缩窄的方式改良了颈总动脉缩窄的传统方法，建立了小鼠慢性脑缺血模型。通过双侧颈内动脉缩窄降低脑部供血，使脑部形成缺血性损伤，利用激光散斑仪观察小鼠脑部血流变化，用于研究慢性脑缺血后的组织形态学变化、神经递质改变、神经胶质细胞变化、Aβ 变化以及自由基和氧化应激反应等方面的变化。深入进行各种慢性脑缺血模型损伤机制的研究，将为实验性地使用针对各种机制的药物进行慢性脑缺血干预治疗提供研究基础，也为临床抗慢性脑缺血治疗研究提供新的平台。

二、解剖学基础

小鼠颈动脉解剖如图 21.1 所示，颈前解剖如图 21.19 所示。

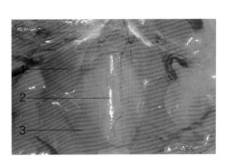

1. 下颌舌骨肌；2. 胸骨舌骨肌；3. 胸骨乳突肌

图 21.19　颈前解剖

三、器械材料

（1）设备：激光散斑仪，吸入麻醉系统，手术显微镜，保温手术板。

（2）器械材料：如图 21.20 所示。

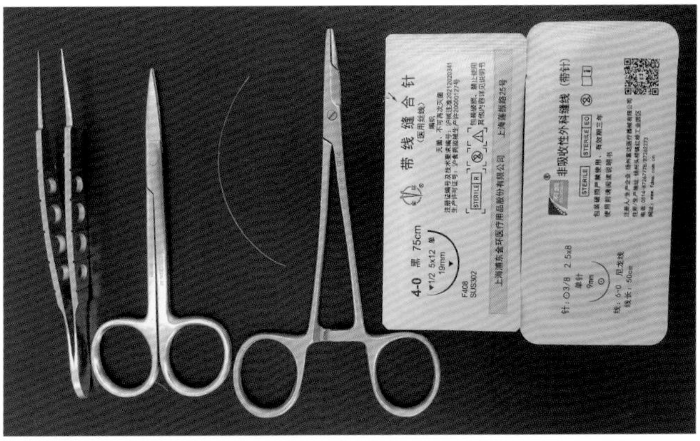

图 21.20　器械材料。从左至右依次为打结镊、眼科剪、鱼线（0.18 mm）、持针器、4-0 带线缝合针、6-0 带线缝合针

四、手术流程

（1）同"第一节　急性脑缺血再灌注模型"手术流程（1）～（4）。

（2）钝性分离颌下腺以及胸骨舌骨肌、胸骨乳突肌，暴露颈总动脉、颈外动脉和颈内动脉（参见《Perry 小鼠实验手术操作》"第 15 章　颈总动脉暴露"）。

（3）将6-0缝合线从右侧颈内动脉下穿过（图21.21），并把鱼线放在颈内动脉旁，结扎鱼线和颈内动脉（图21.22），然后抽出鱼线。

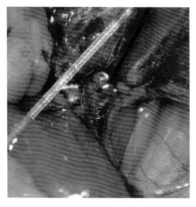

图21.21　在右侧颈内动脉下穿线　　　图21.22　结扎鱼线和右侧颈内动脉

（4）同法结扎左颈内动脉（图21.23，图21.24）。

（5）用4-0缝合线缝合手术切口，皮肤消毒。

（6）小鼠保温苏醒后返笼，术后正常饲喂。

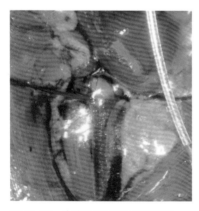
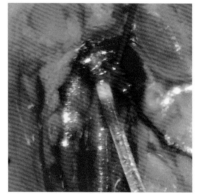

图21.23　在左侧颈内动脉下穿线　　　图21.24　结扎鱼线和左侧颈内动脉

五、模型评估

小鼠慢性脑缺血模型的评估涉及多个方面，包括行为学、病理学、分子生物学和神经影像学等。这些评估方法有助于了解模型中脑缺血引起的变化、损伤程度以及潜在的治疗效果。

（1）激光散斑仪检测脑部血流情况（图21.25）。

（2）行为学测试：评估小鼠的认知、运动和感觉功能恢复情况。常见的行为学测试包括：

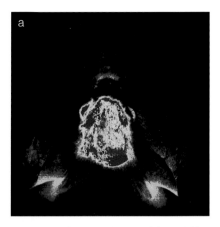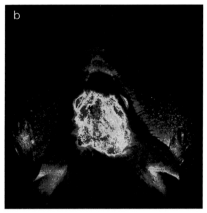

图 21.25　激光散斑仪检测脑部血流情况。a. 双侧颈内动脉结扎前；b. 双侧颈内动脉结扎后

① 莫里斯（Morris）水迷宫测试：用于评估小鼠的空间学习和记忆能力。

② 步态分析：分析小鼠的步态和运动，以评估运动恢复情况。

③ 物体位置辨认测试：用于评估小鼠对新旧物体的辨认能力，以检测记忆功能。

（3）病理学分析：通过组织切片染色，评估脑组织中的病理变化，如细胞凋亡、炎症反应、脑区损伤等。

（4）神经影像学：使用活体影像技术，如磁共振成像（MRI）观察脑结构变化。

（5）脑电图（EEG）监测：用于监测脑电活动的变化，从而评估脑功能和损伤程度。

评估小鼠慢性脑缺血模型时，通常会结合多种方法，以获取全面的信息并验证结果。这有助于确定潜在的治疗方法和了解脑缺血的病理生理过程。

六、讨论

（1）体重 30 g 左右的小鼠，双侧颈内动脉的直径缩窄至 0.18 mm，血流量将减少20% ～ 30%。

（2）体重 30 g 左右的小鼠，双侧颈总动脉的直径缩窄至 0.12 mm，血流量将减少30% ～ 35%，术后 24 h，死亡率为 50%，48 h 内全部死亡；而且颈总动脉缩窄也会使颈外动脉血流降低，所以本节选择用颈内动脉缩窄，使脑部血流降低，形成脑缺血性损伤。

（3）为了降低死亡率，可以先结扎单侧颈内动脉，间隔 1 周后，再手术结扎另一侧颈内动脉。

（4）双侧颈内动脉缩窄，脑部血流减少 20% ～ 30%，使脑部形成长期缺血损伤，引起慢性疾病，小鼠会出现认知障碍、Aβ 沉淀等，从而形成阿尔茨海默病。

第 22 章

脑缺血再灌注：电击成栓[①]

马寅仲

一、模型应用

通过电击小动物颈总动脉，使其形成血栓；经物理方法粉碎的血栓块随血流至大脑，堵塞大脑前动脉环及中动脉，形成缺血性脑卒中；在缺血数小时后可以输注重组纤溶酶原激活剂（rt-PA）进行溶栓，从而部分恢复缺血脑组织的血流供应。采用电击法建立的大脑中动脉栓塞模型（middle cerebral artery occlusion，MCAO）可以模拟临床上的溶栓过程。

本模型还可在延长缺血时间后再给予 rt-PA 溶栓，造成血脑屏障损伤以及脑出血，从而形成与临床相似的出血性转化的病理症状。

本模型是针对目前临床前研究中缺少非侵入式血管内成栓（endovascular thrombosis）脑卒中模型而设计研发的，不需注射任何外源性试剂诱发血栓，亦避免了开颅手术，最大程度地模拟了临床动脉斑块脱落诱发的脑血栓形成过程。

与传统线栓法 MCAO 相比，本模型具有以下优点。① 更接近实际情况：此模型通过电刺激颈总动脉形成内源性血栓，更接近自然发病状态，符合病理生理过程，对血栓性脑卒中的模拟更为真实。② 侵入性较小：无须切开颈总动脉或其他血管，只将颈总动脉放入电击夹，减少了对实验动物的创伤和相关风险。

同时，与传统线栓法 MCAO 相比，本模型还有一些不足。① 血栓粒度：虽然利用显微镊从模型的血管外尽可能夹碎血栓，但血栓粒度尚不能精密控制，颗粒大小很难一致，这对模型的造模成功率产生一定影响。改良方法尚需进一步研发。② 操作复杂度和时间：造模过程更复杂，包括颈总动脉的电击、血栓生成及碎化、再次电击以及后续的溶栓操作等，这需要较高的技术要求和较长的手术时间。③ 设备需求：需要专

[①] 共同作者：刘彭轩。

门的电击设备，造模成本较高。

目前，本模型针对大鼠和小鼠建立了两套方法，手术流程大致相似，仅在造栓时的电击频率和时间上有所不同。目前，大鼠模型已经初步用于临床前药物研发，已发表的 SCI 论文有 10 余篇。

二、解剖学基础

小鼠颈总动脉解剖结构如图 22.1 所示。

三、器械材料与实验动物

（1）设备：恒温手术台，吸入麻醉系统，YLS-14B 小动物血栓生成仪（图 22.2）。

（2）器械：解剖剪，镊子，微血管夹，显微镊。

（3）材料：rt-PA 10 mg/（4 mL·kg），利多卡因凝胶，6-0 缝合线。

（4）实验动物：C57BL/6 小鼠，雄性，体重 20～30 g。

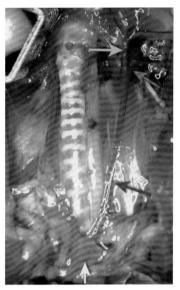

图 22.1 小鼠颈总动脉解剖结构。黄色箭头示主动脉弓；蓝色箭头示左颈总动脉；紫色箭头示左颈内动脉；绿色箭头示左颈外动脉

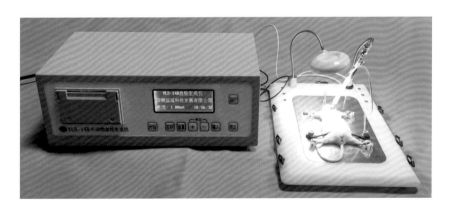

图 22.2 小动物血栓生成仪

四、手术流程

手术电击部位如图 22.3 所示。

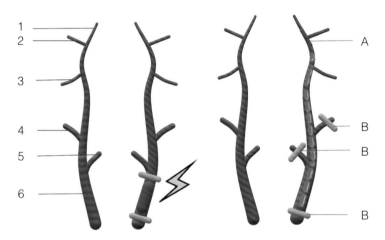

1. 大脑前动脉；2. 大脑中动脉；3. 大脑后动脉；4. 翼腭动脉；5. 颈外动脉；6. 颈总动脉。A. 形成的血栓；B. 血管结扎部位；⚡为电击部位

图 22.3　手术电击部位

（1）小鼠常规吸入麻醉。

（2）颈部备皮，仰卧于恒温手术台上。

（3）用胶带将四肢伸展固定，垫高颈部。体温通过恒温手术台维持 37 ± 0.5 ℃。

（4）常规手术消毒备皮区。

（5）沿颈中线做一个 2 cm 皮肤切口，暴露颈总动脉（参考《Perry 小鼠实验手术操作》"第 15 章　颈总动脉暴露"）。

（6）分离结扎颈外动脉近心端。

（7）将右颈总动脉近心端预置结扎线，以控制颈总动脉血流（图 22.4）。

（8）将颈总动脉钩入血栓生成仪电击夹中（图 22.5），并开启 0.35 mA 电击（图 22.6）。

（9）至血栓仪显示堵塞率达到 100% 时停止，总时长不超过 1 min。

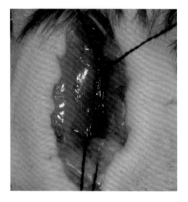

图 22.4　颈外动脉电击前准备，在右颈总动脉近心端预置结扎线

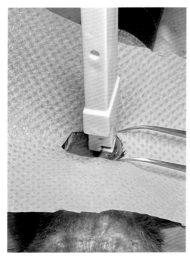 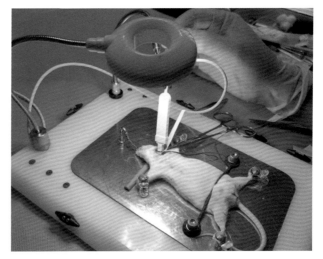

图 22.5　将颈总动脉钩入电击夹中　图 22.6　对颈总动脉电击

（10）使用显微镊从血管外夹碎血栓，并辅助血流推动血栓碎块进入颈内动脉。

（11）第二次电击重复步骤（8）（9）。此时可见血管内形成长度约 0.5 cm 的黑色血栓（图 22.7b），边界清晰，颜色均一。用微血管夹夹闭颈总动脉远心端，避免血栓未经粉碎进入颈内动脉。重复步骤（10）的操作，直至血管壁基本没有血栓附着，颈内动脉起始部位可观察到一些碎栓块，此时再次用微血管夹夹闭颈总动脉，让血栓充分黏附在前循环相关血管内。

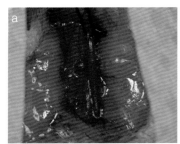  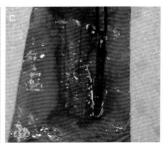

图 22.7　电击生成颈总动脉血栓。a. 电击造栓前；b. 电击造栓后；c. 粉碎血栓后

（12）5 min 后撤去微血管夹，常规缝合皮肤切口。伤口常规消毒。

（13）停止吸入麻醉，小鼠自然苏醒，伤口涂布利多卡因凝胶镇痛。

（14）如需进行溶栓操作，在栓塞一段时间后再次麻醉小鼠。尾静脉插管（参见《Perry 小鼠实验手术操作》"第 79 章　插管针"）。先静脉推注 rt-PA 总量的 10%，在 30 min 内输注余下的 90%，以体重 25 g 小鼠为例，静脉给药总量为 0.1 mL。

（15）溶栓后的小鼠自由进食饮水。

五、模型评估

（1）小鼠苏醒 1 h 后对其进行神经行为学评分。检测参照 Bederson 评分法：提起鼠尾，正常小鼠两前肢对称向前伸开。如果有肩部内旋、前肢内收现象发生，根据其严重程度进行评分。

0 分：双侧前肢正常伸展。

1 分：仅对侧前肢内收，无其他症状。

2 分：平拉鼠尾，对侧前肢抓握力量显著下降。

3 分：放置于平面上时小鼠可自由活动，平拉鼠尾时肢体向对侧倾斜。

4 分：放置于平面上时小鼠仅能向对侧旋转或翻滚。

5 分：放置于平面上时小鼠无自主活动，且 24 h 内死亡。

神经功能评分不低于 2 分者，视为造模成功。用于测试药效的理想分数是 2 ～ 3 分。

（2）脑血流是评判造模是否成功的关键指标之一，可使用激光多普勒血流仪或激光散斑仪进行监测。小鼠头顶皮肤备皮后延中线切开皮肤，暴露颅骨，滴矿物油保持湿润，使用激光散斑仪进行观测。基于实验数据，手术侧脑血流降至对侧血流的 20% 以下，视为手术成功。

（3）取脑组织进行 TTC 染色（图 22.8）。小鼠麻醉后脱颈处死，取全脑于脑切片模具中切片，每片厚度 2 mm。切片使用 0.2% TTC 溶液于 37 ℃孵育 15 min 后，换以 4% 多聚甲醛孵育 20 min。数据处理时，应用图像分析软件 ImageJ 处理并计算每张切片正反面的梗死平均面积，然后计算脑梗死体积。

$$梗死体积 = \sum_{i=1}^{n} s_i \delta_i$$

其中：n 为每只小鼠脑组织切片数量；s_i 为一张切片正反面的梗死平均面积，mm^2；δ_i 为脑切片的厚度，本实验中为 2 mm。

相对梗死体积以脑梗死体积占大脑半球的百分比来表示，按下述公式计算以消除脑水肿的影响。本模型相对梗死体积约为 20.0% ± 3.19%。

$$脑相对梗死体积（\%）= \frac{手术对侧半球的体积 - 手术侧半球未梗死部分的体积}{手术对侧半球的体积 \times 2} \times 100\%$$

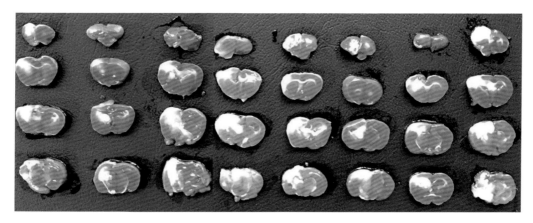

图 22.8　脑缺血再灌注血栓模型脑组织 TTC 染色

六、讨论

　　本模型属于缺血性脑卒中模型的一种，造模成功率为 70% ～ 80%。影响造模成功率的关键技术有以下几点：

　　（1）血栓形成过程。将颈总动脉放入电击夹时，务必保证血管处于相对松弛的状态，切勿过度拉扯，否则会使血管平滑肌失去搏动，降低了血流速度以及单位时间内经过颈总动脉的血量，从而无法产生足够的血栓，也无法使碎栓被冲入颈内动脉。值得注意的是，即使未出现上述情况，如果血管在电击夹中处于较为紧张拉伸的状态，形成的栓块会粘在血管壁上，质地较硬，难以粉碎，从而导致造模失败。两次电击后小鼠颈总动脉形成的血栓如图 22.9 所示。

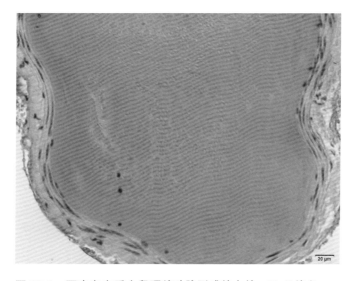

图 22.9　两次电击后小鼠颈总动脉形成的血栓，H-E 染色

（2）电击夹的角度。从俯视角度看，电击夹应与动脉走向一致。颈总动脉放入电击夹后，可将电击夹远心端稍微向上抬起，造成远心端的血流略微受阻，这会增加形成的血栓量，同时也能避免刚刚形成的血栓未经粉碎就直接被冲入颈内动脉。

（3）为尽可能充分地粉碎血栓，应从远心端逐渐夹碎。用肉眼可以观察到血管内血流冲击粥状 / 碎片状的血栓块，可据此确认血栓是否被充分粉碎。

本模型采用两次电击，第一次电击时间较短，目的是损伤内皮，有助于第二次电击后血栓的形成，因此第一次电击形成的血栓在不同动物之间差异较大，但大多数可观察到附着在血管壁上的黑色栓块。较第二次形成的血栓而言，第一次电击形成的血栓更容易被粉碎，数量也较少。需要注意的是，每次形成的血栓都必须经过充分粉碎才可使其进入颈内动脉。

第 23 章

肝热缺血再灌注①

田松

一、模型应用

肝移植手术是晚期肝疾病的重要治疗手段，而肝缺血再灌注损伤是肝移植过程中不可避免的并发症之一，影响术后患者肝功能的恢复。小鼠部分肝缺血再灌注损伤模型对于研究肝缺血再灌注损伤的病理生理进程及疾病发生、发展机制，研发防治肝缺血再灌注损伤药物及离体肝保存方式有重要意义。

肝缺血再灌注损伤分为冷缺血与热缺血两种，冷缺血再灌注损伤是指供肝从体内取出进入冷藏开始，到再灌注结束期间造成的损伤；热缺血再灌注损伤常发生于供肝切除手术中，过长时间阻断肝血供造成肝损伤。冷缺血再灌注损伤常在肝移植模型中研究。热缺血再灌注损伤模型分为部分肝热缺血再灌注损伤模型（其中 70% 肝缺血再灌注损伤模型最为常见）及全肝热缺血再灌注损伤模型。

本章介绍部分肝热缺血再灌注损伤模型。小鼠 70% 肝热缺血再灌注损伤模型的手术方式为阻断支配肝左外叶、左中叶、中叶的门静脉分支及肝动脉分支，通常连同胆管一起阻断。阻断入肝血流的方式有动脉夹夹闭、缝合线结扎、缝合线悬吊等方法。缺血时间根据研究需要，常用的有 30、45、60、90 min。

二、解剖学基础

肝的血供约 70% 由门静脉提供、30% 由肝动脉提供，肝静脉收集肝血窦回流的血液。肝右叶与肝下后腔静脉相连，肝中叶、左中叶与肝上后腔静脉相连。小鼠各肝叶及支配各肝叶的血管有明显界限，因此，肝缺血再灌注损伤手术较为简便。支配肝左外叶、左中叶、中叶的门静脉由同一条门静脉分支发出，同时，支配这 3 块肝叶的肝动脉也走行于此

---

① 共同作者：方皓舒、刘金鹏、刘彭轩。

149

处（如图 23.1 中黄圈所示），因此常在此处阻断门静脉及肝动脉分支以造成约 70% 的肝缺血再灌注损伤。

门静脉收集来自胃静脉、脾静脉、胆囊静脉、十二指肠静脉、胰静脉以及肠系膜前静脉的血液（图 23.2）。

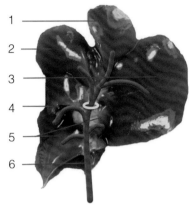

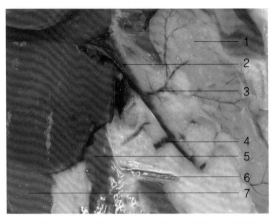

1. 左中叶；2. 中叶；3. 左外叶；4. 右叶；
5. 尾状叶；6. 门静脉
图 23.1 小鼠各肝叶解剖示意。黄圈示本模型阻断血流位置

1. 十二指肠；2. 门静脉；3. 十二指肠静脉；4. 脾静脉；
5. 后腔静脉；6. 肠系膜前动脉；7. 右肾
图 23.2 小鼠门静脉解剖

肝总动脉（图 23.3）分为肝固有动脉和胰十二指肠动脉，肝固有动脉在入肝前发出胆囊动脉和各肝叶的分支动脉入肝。

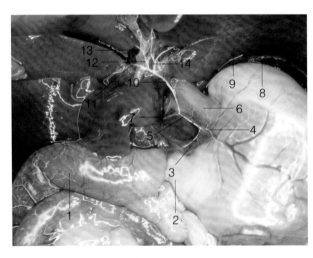

1. 十二指肠；2. 胃幽门窦；3. 脾动脉；4. 胃动脉；5. 脾胃动脉；6. 食管；7. 肝总动脉；8. 脾；9. 肝左外叶；10. 肝固有动脉；11. 肝右动脉；12. 肝中叶动脉；13. 胆囊动脉；14. 肝左动脉
图 23.3 小鼠肝动脉解剖灌注。白色染料灌注动脉

三、器械材料

（1）仪器：手术显微镜，体温反馈调节维持仪，血生化仪等。

（2）器械（图 23.4）：眼科镊，眼科剪，无损伤分离镊，血管夹，血管夹镊，持针器，无损伤动脉夹（全长 17 mm，钳口长 6 mm，宽 1 mm，钳口压力 100 g）。

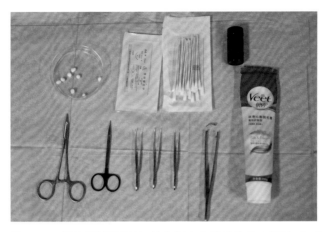

图 23.4　部分器械及耗材。从左至右上排依次为小棉球、5-0
带线缝合针、无菌棉签、5-0 缝合线，下排依次为持针器、
眼科剪、眼科镊（2 把）、无损伤分离镊、显微动脉夹（上）、
显微动脉夹镊（下）、脱毛膏

（3）材料：戊巴比妥钠，生理盐水，碘伏，70% 医用酒精，1 mL 注射器，脱毛膏，棉签，棉球（直径 3 ～ 4 mm）。

四、手术流程

（1）小鼠常规腹腔注射麻醉。

（2）使用剃毛器或脱毛膏清除腹部毛发（图 23.5）。

（3）将小鼠置于体温反馈调节维持仪加热垫上。

（4）将肛温仪探头涂抹石蜡油后插入小鼠肛门（图 23.6），进深 1 cm，设置小鼠体温加热目标温度为 37.0 ℃，使用中单覆盖小鼠保温，体温加热仪将按照预设的温度对小鼠进行自动加热，以保持小鼠体温稳定（图 23.7）。

（5）将小鼠仰卧位固定，用胶带固定四肢（图 23.8），使身体伸展开。

（6）腹部常规消毒。

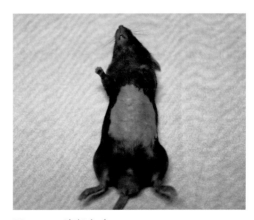

图 23.5　腹部备皮

图 23.6　插入肛温仪探头

图 23.7　体温反馈调节维持仪

（7）待小鼠体温至 37.0 ℃，从剑突后沿腹中线纵向开腹约 1 cm（图 23.9），暴露肝。

（8）使用棉签将肝左外叶、左中叶、中叶轻轻上翻，暴露肝门。

（9）将 2 ~ 3 个小棉球分别放置于尾状叶与左外叶、右叶与中叶之间。

（10）仔细观察门静脉分支走行情况，找到支配左外叶、左中叶与中叶的门静脉分支（图 23.10），确认这 3 条分支静脉由同一主干发出，在门静脉背侧可见后腔静脉。肝动脉

图 23.8　小鼠固定四肢。

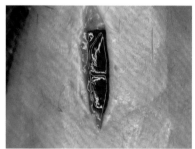

图 23.9　开腹

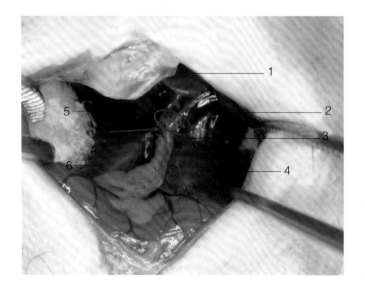

1. 肝左中叶；2. 肝左外叶；3. 肝左动脉及门静脉；4. 肝尾状叶；5. 肝中叶；6. 肝右叶

图 23.10　使用棉球分离各肝叶，暴露肝左外叶、左中叶、中叶的门静脉及肝动脉（如圈所示）

及胆管分布在门静脉腹侧。

（11）使用动脉夹将支配肝左外叶、左中叶与中叶的门静脉、肝动脉及胆管一起夹闭（图23.11）。此时记录时间为缺血开始时间。

（12）取出放置在肝表面的小棉球，使肝复位。将腹部切口做 8 字缝合，暂时关闭腹腔，切口处放置湿纱布片覆盖。

（13）缺血 60 min 后重新打开腹腔，可见缺血的肝叶颜色已由鲜红色变为淡黄色（图23.12a）。

图 23.11　使用动脉夹夹闭肝左外叶、左中叶、中叶的门静脉、肝动脉及胆管

（14）撤除动脉夹，此时记录时间为再灌注开始时间，可见缺血的肝叶逐渐恢复鲜红色（图 23.12b）。

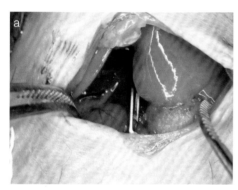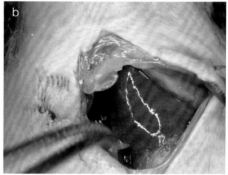

图 23.12　肝缺血与恢复再灌注后的颜色变化。a. 缺血状态；b. 再灌注状态

（15）使用 5-0 缝合线分层连续缝合腹壁和皮肤切口，待小鼠开始恢复自主行动后，将其从体温反馈调节维持仪上转移到复温箱中（温度设置为 28 ℃），直至完全苏醒后转入动物房饲养。常规给予抗生素及止痛药。

五、模型评估

（1）大体观察：肝缺血后从鲜红色变为淡黄色，再灌注后从淡黄色恢复为鲜红色。

（2）用激光多普勒血流仪或者激光散斑仪观察记录肝微循环血流在缺血前、缺血中及再灌注后的变化。

（3）血液生化评估：于缺血前 3 天及再灌注后 0、1、3、6、12、24、48、72 h 分别采血，测血清中谷草转氨酶（AST）、谷丙转氨酶（ALT）的含量。可见 AST、ALT 在缺血再灌

注后开始逐步升高，ALT 在再灌注 6 h 左右达到峰值，AST 在再灌注后 12 h 左右达到峰值，至 48 h 左右基本恢复到正常水平（图 23.13）。

（4）组织病理学评价：于再灌注后不同时间点安乐死小鼠，取肝组织做大体拍照及病理 H-E 染色，观察肝细胞坏死情况。

常规左心室 PBS 缓冲液灌流后取下肝进行大体拍照，可见缺血后的肝左外叶、左中叶和中叶的质地变硬，肉眼可见肝表面有红色或白色的坏死区域（图 23.14）。

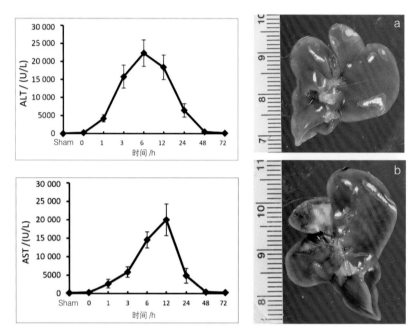

图 23.13　肝缺血再灌注不同时间点检测 ALT、AST 结果。Sham，假手术组

图 23.14　再灌注 24 h 后肝取材大体拍照。a. 假手术组；b. 再灌注 24 h 后

制作病理切片后行 H-E 染色，可见肝组织中出现大范围坏死区域，在坏死区域可见炎症细胞聚集、红细胞聚集及肝细胞凋亡（图 23.15）。

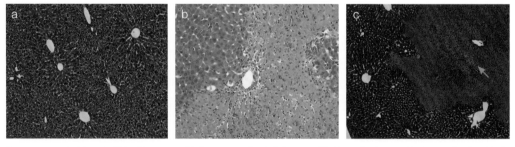

图 23.15　小鼠肝病理切片，H-E 染色。a. 正常对照组；b. 缺血 6 小时；c. 缺血 24 小时。箭头示坏死区

六、讨论

1. 操作关键技术

肝缺血再灌注手术的关键技术在于准确夹闭门静脉及肝动脉相应分支，此处有几点需要注意的：

（1）动脉夹放置过深，会将后腔静脉一起夹闭，易引起小鼠死亡。

（2）动脉夹放置过浅，会使得相应的门静脉分支仍然有部分血流通过，造成损伤偏轻。

（3）有些小鼠肝动脉有变异情况，需仔细观察，若未夹闭肝动脉，会使损伤偏轻。

（4）夹闭门静脉及肝动脉要一次成功，若反复夹闭、放开、再夹闭，会造成肝缺血预处理，使得肝损伤偏轻。

（5）如使用静脉夹等器械，为避免静脉夹滑脱，保障阻断的充分性，可先游离门静脉，将静脉夹完全横穿过门静脉后，再进行夹闭阻断血流。

2. 容易发生的错误以及预防和挽救措施

（1）使用镊子直接夹持或者翻转肝叶，易造成肝破损，影响血液生化评估结果。手术过程中宜使用棉签等柔软器械来辅助翻动肝叶。

（2）若动脉夹放置太深使后腔静脉回流受阻时，可以观察到肠管颜色变暗、肠系膜上静脉扩张等肠道淤血表现，此时应及时调整，避免导致小鼠死亡。

（3）缺血后不注意肝的保湿或直接将肝长时间暴露在外，易造成肝损伤加重。

（4）若切口缝合不牢固，缝合线被小鼠抓开，会使腹腔器官外漏，造成小鼠感染或死亡，因此术中必须保证缝合质量，术后定时观察。

（5）作者推荐将小棉球放置于各肝叶间来清晰暴露支配各肝叶的分支血管，避免对肝组织不必要的操作，减小手术损伤。

（6）注意术前、术中、术后对小鼠体温的控制。从小鼠麻醉后即开始控制体温，使其维持在一个稳定的范围，对于提高模型的稳定性非常有帮助。

（7）如因特殊研究需要，如缺血时间达到 90 min 等较长时间，应在缺血前 5 min 对小鼠进行肝素化处理。

（8）用于生化评估的血样，如果实验室条件有限，不排除不同时间点的血样采集自不同的小鼠个体。

（9）血生化评估对照血样可提前 3 天采集，以减少手术日采血总量。

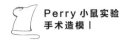
七、参考文献

1. ZHANG X J, CHENG X U, YAN Z Z, et al. An ALOX12–12-HETE–GPR31 signaling axis is a key mediator of hepatic ischemia–reperfusion injury[J]. Nature medicine, 2018, 24(1): 73-83.

2. WANG P X, ZHANG R, HUANG L, et al. Interferon regulatory factor 9 is a key mediator of hepatic ischemia/reperfusion injury[J]. Journal of hepatology, 2015, 62(1): 111-120.

3. SUN P, ZHANG P, WANG P X, et al. Mindin deficiency protects the liver against ischemia/reperfusion injury[J]. Journal of hepatology, 2015, 63(5): 1198-1211.

4. WANG X, MAO W, FANG C, et al. Dusp14 protects against hepatic ischaemia–reperfusion injury via Tak1 suppression[J]. Journal of hepatology, 2018, 68(1): 118-129.

第 24 章

肠缺血再灌注[①]

刘金鹏

一、模型应用

肠缺血再灌注引起肠道及肠外器官损伤的发病机制和防治措施是研究的热点，小鼠作为常用的实验动物，其组织器官结构与人类的有一定的相似性，所以小鼠肠缺血再灌注模型可以很好地模拟临床疾病中出现的现象。

肠缺血再灌注发病机制复杂多样，涉及微循环、免疫等多个系统及炎症反应，现有研究表明，肠缺血再灌注引起的肠道及肠外器官损伤与大量产生的氧自由基、细胞因子和炎症介质、白细胞浸润有关。小鼠肠缺血再灌注可提供各种器官组织的样本用于研究。

二、解剖学基础

小鼠肠系膜前动脉（图 24.1，图 24.2）为非对称血管，发自腹腔干与右肾动脉之间的腹主动脉。其分支走行于肠系膜内，向小肠和结肠供血，是肠道供血的主要动脉。参见《Perry 实验小鼠实用解剖》"第五章 动脉"。

---

① 共同作者：刘彭轩；协助：李海峰。

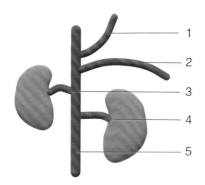

1. 腹腔干；2. 肠系膜前动脉；3. 右肾动脉；
4. 左肾动脉；5. 腹主动脉

图 24.1　肠系膜前动脉示意

1. 小肠；2. 门静脉；3. 肝；4. 肠系膜
前动脉；5. 左肾；6. 后腔静脉

图 24.2　小鼠局部解剖

三、器械材料

常用器械材料如图 24.3 所示。

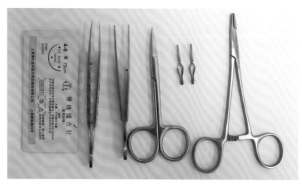

图 24.3　常用器械材料。从左至右依次为 4-0 带线缝
合针、打结镊、眼科镊、眼科剪、动脉夹（2 只）、持
针器

四、手术流程

（1）小鼠常规麻醉，腹部备皮。

（2）仰卧于保温板上，四肢固定。

（3）备皮区常规消毒。

（4）沿着腹部正中距离剑突 0.5 cm 处，做约 2 cm 长的切口（参见《Perry 小鼠实验手术操作》"第 17 章　开腹"）。

（5）撑开切口，将肠管移向小鼠左侧，暴露门静脉。

（6）在门静脉与肾之间找到并暴露肠系膜前动脉（图 24.4）。

（7）分离肠系膜前动脉。将打结镊合口在肠系膜前动脉一侧划开结缔组织，并反复开合，使肠系膜前动脉完全游离至少 2 mm（图 24.5）。

（8）用动脉夹夹闭肠系膜前动脉（图 24.6）。

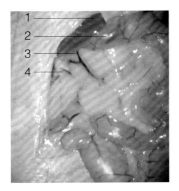 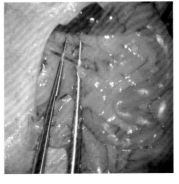 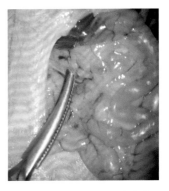

1. 肝；2. 小肠；3. 门静脉；　　图 24.5　分离肠系膜前动脉　　图 24.6　夹闭肠系膜前动脉
4. 肠系膜前动脉
图 24.4　暴露肠系膜前动脉

（9）在手术面覆盖温湿生理盐水纱布保温、保湿 45 min 后，打开动脉夹，恢复血流进行再灌注。

（10）将肠道复位，逐层缝合手术伤口。

（11）术后 6 h 将小鼠安乐死。

（12）取小鼠的肝、肺、肾和空肠、回肠标本，用 4% 多聚甲醛固定，送病理检验。

五、模型评估

正常对照组小鼠肺、肝、肾及肠组织形态正常。肠缺血再灌注 6 h 后肺、肝、肾及肠道发生病理改变，如图 24.7 ～图 24.22 所示。

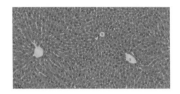

图 24.7　正常肝组织 H–E 染色病理切片（20×）

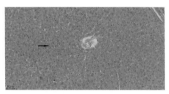

图 24.8　肠缺血 30 min 肝组织 H–E 染色病理切片（20×）。黑色箭头示肝板、肝索消失，肝细胞分界不清

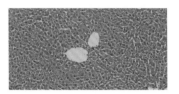

图 24.9　肠缺血 45 min 肝组织 H–E 染色病理切片（20×）。黄色箭头示肝细胞间隙增大，肝细胞有肿胀

图 24.10　肠缺血 60 min 肝组织 H–E 染色病理切片（20×）。蓝色箭头示肝中聚集性炎症细胞浸润；黄色箭头示肝细胞间隙增大，肝细胞有肿胀

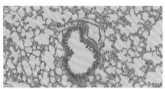

图 24.11　正常肺组织 H–E 染色病理切片（20×）

图 24.12　肠缺血 30 min 肺组织 H–E 染色病理切片（20×）。黑色箭头示肺泡中有毛玻璃样黏液物质

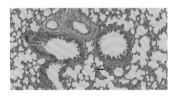

图 24.13　肠缺血 45 min 肺组织 H–E 染色病理切片（20×）。黑色箭头示肺泡间质增厚；蓝色箭头示支气管上皮细胞有增生

图 24.14　肠缺血 60 min 肺组织 H–E 染色病理切片（20×）。绿色箭头示支气管腔内狭小堵塞，上皮细胞增生、脱落；红色箭头示肺泡间质增厚

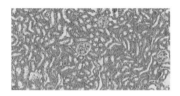

图 24.15　正常肾组织 H–E 染色病理切片（20×）

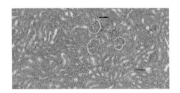

图 24.16　肠缺血 30 min 肾组织 H–E 染色病理切片（20×）。黑色箭头示浅染黏液物质；蓝色箭头示组织部分缺损

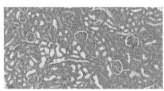

图 24.17　肠缺血 45 min 肾组织 H–E 染色病理切片（20×）。黄色箭头示组织出现空泡样变

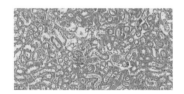

图 24.18　肠缺血 60 min 肾组织 H–E 染色病理切片（20×）。黄色箭头示肾小管上皮细胞水肿缺失，肾小管管腔增大，刷状缘破损、丢失；绿色箭头示炎症细胞浸润

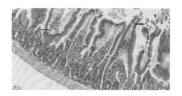

图 24.19　正常肠组织 H–E 染色病理切片（20×）

图 24.20　肠缺血 30 min 肠组织 H–E 染色病理切片（20×）。蓝色箭头示肠绒毛尖端破损、脱落

图 24.21　肠缺血 45 min 肠组织 H–E 染色病理切片（20×）。黑色箭头示绒毛破损、分解；蓝色箭头示绒毛固有层松散、破损

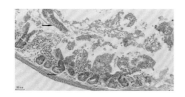

图 24.22　肠缺血 60 min 肠组织 H–E 染色病理切片（20×）。蓝色箭头示肌层变薄；黑色箭头示绒毛破损、脱落；绿色箭头示出现炎症细胞浸润

六、讨论

（1）向右侧移开肠管前，需注意将温湿生理盐水纱布铺在小鼠的右侧，将肠管移动至纱布上，再用温湿生理盐水纱布覆盖在肠管上。

（2）由于操作时间较长，一定要维持小鼠的正常体温。

（3）移开肠管时需要注意不要造成肠管和肠系膜的机械损伤，用生理盐水润湿的棉签来操作比较安全。当不得不用眼科镊时，夹肠管时要轻柔，尽量保持肠管原有状态，移开肠管时注意不要用力拉拽，避免肠系膜遭到不必要的机械损伤。

（4）夹闭肠系膜前动脉后，可以观察到盲肠无规律的明显的蠕动。

（5）肠管仅可用湿棉签复位，避免造成肠管以及肠系膜的机械损伤。

（6）肠缺血 30 min 后进行再灌注，脏器损伤比较小；缺血 60 min 后进行再灌注，多脏器损伤比较严重，死亡率较高。

（7）肠系膜缺血期间，可以用灯照的方法保持覆盖的湿纱布的温度。同时注意将小鼠胸部以前部位置于阴影下，避免这些部位直接被灯烤。用肛表监控小鼠体温。

第 25 章

肺缺血再灌注[①]

刘金鹏

一、模型应用

肺缺血再灌注损伤是指肺移植、体外循环手术或其他原因引起的肺缺血再灌注，肺缺血引起的肺损伤没有减轻，反而加重的病理现象。

缺血再灌注可能发生在肺组织，也可能发生在下肢或主动脉等其他部位，但这些机体组织或者器官的缺血再灌注均可能导致肺组织迅速损伤，使肺泡上皮细胞和毛细血管内皮细胞受损。究其原因很有可能与组织炎症细胞聚集、氧自由基产生或者促炎因子释放等病理生理反应有关。

小鼠肺缺血再灌注模型用以模拟临床上肺移植手术和肺动脉栓塞疾病所带来的肺缺血再灌注损伤，为临床提供研究样本，为新药的研发与药效实验提供供体。

夹闭法制作的肺缺血再灌注模型最常用，其操作简单，成功率高，实用性强，是研究肺缺血再灌注损伤发病机制和防治保护的关键。由于本模型的建立需要开胸，对术者的操作手法要求较高。

1. 左前腔静脉；2. 左肺支气管；3. 左肺动脉；4. 左肺静脉；5. 左肺
图 25.1　小鼠胸部解剖

二、解剖学基础

小鼠胸部解剖如图 25.1 所示。

---

① 共同作者：刘彭轩；协助：李海峰。

三、器械材料

（1）设备：恒温手术台，小动物呼吸机（图 25.2 ）。

（2）器械材料：部分器械如图 25.3 所示，器械材料还包括 20 G 静脉留置针（代气管插管）、连接 2 mL 注射器的塑料微型导管（用于闭胸后胸腔排气）、4% 多聚甲醛溶液。

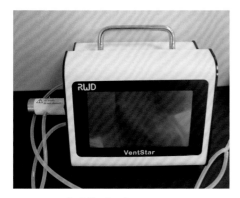

图 25.2　小动物呼吸机

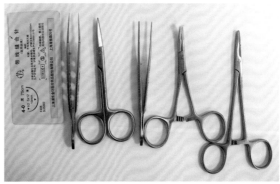

图 25.3　部分器械。从左到右依次为 4-0 带线缝合针、打结镊、眼科剪、眼科直镊、带套管的蚊氏弯头止血钳、持针器

四、手术流程

（1）术前 3 天，采集小鼠血液标本做血气分析，建立自身正常对照值。

（2）将小鼠常规注射麻醉，颈部、胸部备皮。

（3）取仰卧位固定于手术台上。

（4）将静脉留置针作为气管插管经口腔插入气管，拔出内芯，连接呼吸机，调节参数（参考参数：呼吸频率为 130 ～ 150 次 /min，潮气量 1.5 ～ 2 mL，吸呼时比 5 ：4），见到胸廓起伏则表示插管成功（图 25.4，图 25.5）。

图 25.4　调节呼吸机参数

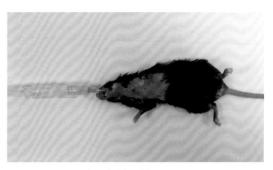

图 25.5　经口腔行气管插管

（5）将颈部和左胸部手术区消毒。

（6）在左胸做约 8 mm 横切口（图 25.6）。

（7）钝性分离胸大肌。

（8）从第 3 肋与第 4 肋钝性分开肋间肌，开胸暴露左肺（图 25.7）。

（9）游离左肺，暴露左肺门。

（10）用带套管的蚊式止血钳夹闭左肺门的动静脉及支气管（图 25.8，图 25.9），阻断左肺通气和血流。

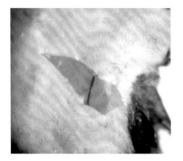 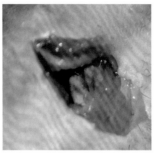 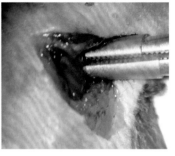

图 25.6　做横切口　　　　图 25.7　暴露心脏和左肺　　　图 25.8　夹闭左肺动静脉及支气管

（11）阻断 1 h 后打开动脉夹，恢复左肺通气和血液循环。

（12）胸腔内安置连接注射器的塑料微型导管。

（13）分层缝合手术切口。

（14）回抽注射器，排空胸腔残存的空气，以免造成气胸。

（15）关闭呼吸机，观察小鼠呼吸情况，待小鼠恢复自主呼吸后，撤掉呼吸机。

（16）术后 1 h 采集血样标本，做血气分析，建立缺血再灌注后的血氧资料。

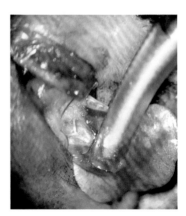

图 25.9　夹闭左肺动静脉及支气管的效果

（17）静脉注射肝素，小鼠安乐死，采集肺标本。

（18）肺标本采集操作：

① 准备 20 mL 注射器（吸入生理盐水），安装 23 G 针头，三通连接 5 mL 注射器（吸入 4% 多聚甲醛溶液）。

② 将新鲜小鼠尸体剥皮（参见《Perry 小鼠实验手术操作》"第 21 章　剥皮"）。

③ 仰卧固定于肾形盘中。沿腹中线分层划开皮肤和腹壁。

④ 沿双侧肋后缘剪开腹壁，暴露腹腔。

⑤ 剪开膈肌。

⑥ 沿着脊柱两侧剪开肋骨。

⑦ 用持针器夹住剑突向前翻开胸骨，完全暴露胸腔。

⑧ 剪开右心耳。

⑨ 注射器针头刺入左心室，生理盐水匀速灌注。

⑩ 观察小鼠肌肉发白，肝变为淡黄色，转换三通，开始匀速灌注多聚甲醛 5 mL，小鼠的身体迅速僵硬。

⑪ 将双侧肺固定于 4% 多聚甲醛溶液中，待病理检查。

五、模型评估

（1）取肺组织做病理 H-E 染色，对照右肺，观察左肺水肿状况（图 25.10，图 25.11）。

（2）血气分析：通过采集小鼠的血液样本进行血气分析，评估肺缺血对氧合功能的影响。检测血氧分压（P_aO_2）、二氧化碳分压（P_aCO_2）等指标。

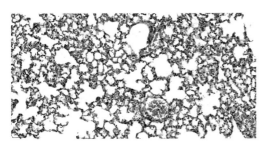

图 25.10　肺缺血再灌注模型肺组织 H-E 染色组织切片（20×，标尺为 50 μm）。图中显示肺泡数量略有减少，肺泡体积萎缩，管腔狭窄并分布有粉染的黏液，肺间质略有增厚，伴有炎症细胞浸润

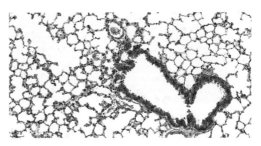

图 25.11　对照肺组织 H-E 染色组织切片（20×，标尺为 50 μm）。图中显示肺组织结构正常，肺泡大小均一，染色清晰，无明显病理改变

六、讨论

（1）肺组织很柔软，游离左肺时应轻柔，不要造成机械损伤，避免夹伤或刮伤组织。

（2）实验操作时间较长，注意维持小鼠的正常体温。

（3）使用呼吸机的过程中必须固定好气管插管，在保证小鼠一直有呼吸机维持的状况下进行肺缺血操作。

（4）打开动脉夹进行再灌注后，缝合手术切口时需要注意将胸腔内的空气挤压出去。

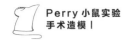

（5）撤掉呼吸机之前，需先关闭呼吸机，观察小鼠的呼吸情况，可以按压胸部辅助小鼠呼吸，若不能恢复自主呼吸，打开呼吸机，继续用呼吸机维持小鼠呼吸。

（6）小鼠肺缺血再灌注模型使用吸入麻醉，可以大幅度降低死亡率。

（7）肺缺血再灌注损伤主要用于研究肺移植，肺从供体取下时，处于既缺血又缺气的状态，所以在本实验中气管连同血管一起夹闭。

第 26 章

肾缺血再灌注^①

刘金鹏

一、模型应用

小鼠肾缺血再灌注损伤（renal ischemia-reperfusion injury, Renal IRI）是由于多种原因引起肾血液灌注不足，从而导致一系列连贯的组织细胞损伤，如活性氧释放，细胞凋亡、坏死，炎症细胞浸润以及活性介质释放等，是急性肾损伤时出现电解质紊乱、酸中毒及容量负荷过重等的最常见原因。

小鼠肾缺血再灌注模型在肾疾病研究、肾移植研究、药物筛选和免疫炎症研究等方面都有广泛的应用。

（1）肾疾病研究：可以模拟肾缺血再灌注损伤，研究肾疾病的发生机制和病理生理变化。例如，该模型可用于研究急性肾损伤、肾缺血再灌注损伤导致的肾小管损伤、肾功能障碍等问题。

（2）肾移植研究：可用于研究肾移植手术中的再灌注损伤问题。在肾移植中，肾在从供体到受体时发生缺血再灌注过程，该模型可以模拟这一过程，并评估移植后的肾功能和组织损伤。

（3）药物筛选：可以评估不同药物、治疗方法或干预措施对肾缺血再灌注损伤的影响。研究人员可以测试不同药物的保护作用，寻找可能的治疗策略，以减轻或预防肾缺血再灌注损伤。

（4）免疫炎症研究：可以用于研究免疫炎症与肾缺血再灌注损伤的关系。通过观察炎症细胞浸润和细胞因子表达，可以深入了解免疫炎症在肾缺血再灌注损伤中的作用。

该模型可以为研究肾相关疾病的发病机制和寻找新的治疗策略提供重要的实验依据。

---

① 共同作者：马元元、肖双双、刘彭轩；协助：李海峰。

二、解剖学基础

小鼠腹部局部解剖如图 26.1 所示。

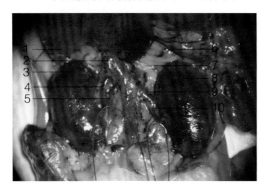

1. 肝；2. 后腔静脉；3. 右肾；4. 右肾静脉；
5. 右肾动脉；6. 门静脉；7. 肠系膜前动
脉；8. 左肾；9. 左肾静脉；10. 左肾动脉
图 26.1 小鼠腹部局部解剖

三、器械材料

保温手术板，4-0 带线缝合针，打结镊，眼科镊，眼科剪，动脉血管夹，持针器。

四、手术流程

（1）小鼠常规麻醉，背部及左、右腹侧剃毛。

（2）俯卧位固定，剃毛区消毒。

（3）平肋后缘、背部正中做皮肤切口（图 26.2）。

（4）取右侧卧，将背部皮肤切口移向左腹、距左肋后缘 5 mm（图 26.3，图 26.4），做腹壁切口（图 26.5），切口长度 5 mm。

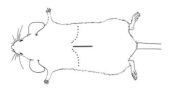

图 26.2　小鼠背部手术切口
示意。红线示皮肤切口位置

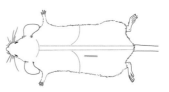

图 26.3　小鼠背部切口迁移
位置示意

图 26.4　右侧卧位示意。箭头示皮肤
切口牵引向左侧，暴露肾投影区域

图 26.5　腹壁切口位置示意。
红线为腹壁背侧切口位置

（5）找到左肾并压出体外（图 26.6），将肾偏向腹侧，找到并分离左肾动脉（图 26.7），动脉下穿线备用。

（6）小鼠取左侧卧位，同样将背部皮肤切口移向右肋后缘。

（7）靠近背侧做腹壁切口，切口长度 5 mm。

（8）找到右肾，并挤出体外，将右肾翻向腹侧（图 26.8），

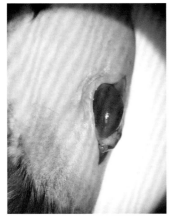
图 26.6　暴露左肾

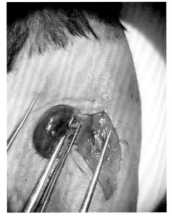
图 26.7　暴露左肾动脉和肾静脉，分离左肾动脉

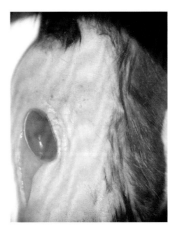
图 26.8　暴露右肾

（9）暴露右肾动静脉，分离右肾动脉（图 26.9），动脉下穿线备用。

（10）将打结镊斜向上方牵拉右肾静脉，使静脉扁平并偏向一侧。

（11）然后从对侧用微血管夹夹闭右肾动脉和部分右肾静脉（图 26.10），可以观察到右肾逐渐变为淡黄色，呈缺血状态，然后将右肾复位。同样完成左肾动脉夹闭（图 26.11）。

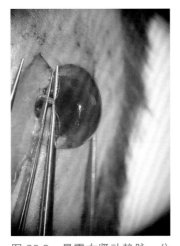
图 26.9　暴露右肾动静脉，分离右肾动脉

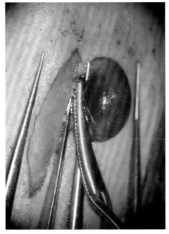
图 26.10　夹闭右肾动脉

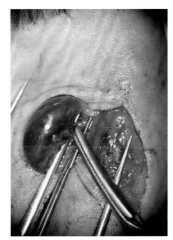
图 26.11　夹闭左肾动脉

（12）在完成两侧肾动脉夹闭后，开始计时。小鼠分组，分别在 30、45、60 min 后撤除血管夹，肾动脉血流恢复，缺血期间需要维持小鼠正常体温。

（13）肾动脉再通后，逐层缝合手术切口。

（14）待小鼠保温苏醒后，放回鼠笼中饲养。

（15）术后 24 h，采血样，小鼠安乐死。

（16）采集病理标本并固定于 4% 多聚甲醛中。

五、模型评估

（1）肾功能评估：采血样分离血清后，检测血清尿酸与肌酐。

（2）组织学评估：取肾标本于 4% 多聚甲醛中固定 24h 后进行病理切片，H-E 染色，观察组织形态变化（图 26.12 ～图 26.14）。

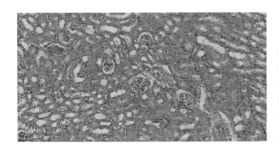

图 26.12　肾缺血 30 min 样本 H-E 染色病理切片（20×，标尺为 50 μm）。可见组织内肾小管上皮细胞水肿，管腔内刷状缘大部分破碎呈网状，部分完全缺失，基底膜未见明显变化，肾小囊腔扩大，少量肾小球萎缩，部分间质有明显出血

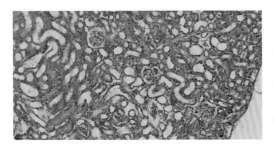

图 26.13　肾缺血 45 min 样本 H-E 染色病理切片（20×，标尺为 50 μm）。与缺血 30 min 样本相比，肾小管上皮细胞水肿或丢失，肾小管损伤进一步加重，管腔再扩大，大部分刷状缘破碎或丢失，基膜有破坏，肾小球松散，系膜增厚，部分位置可见血细胞聚集

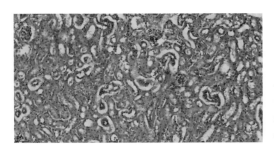

图 26.14　肾缺血 60 min 样本 H-E 染色病理切片（20×，标尺为 50 μm）。大部分肾小管上皮细胞水肿、丢失，片状坏死，肾小囊腔扩大，肾小球萎缩严重，部分肾小管管腔堵塞，部分位置可见基底膜破坏，管间隙有明显出血

六、讨论

（1）分离肾动脉时需要注意轻柔操作，避免损伤肾静脉。

（2）采用血管夹夹闭肾动脉和部分肾静脉的方法使肾血管缺血，其优点是便捷快速，且不容易损伤肾静脉；缺点是容易造成部分肾淤血，从而影响肾缺血模型的效果。

（3）手术切口的选择（图 26.15）：根据小鼠松皮特点，背部皮肤切口可以迁移到两侧手术部位。手术完成后，皮肤可以同时有效覆盖在两侧的手术切口，有效防止腹壁切口暴露，术后能更好地防止腹壁切口感染。一个皮肤切口可减小手术损伤。

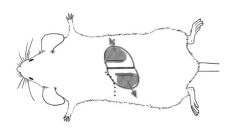

图 26.15　小鼠背部皮肤切口（红线所示）牵拉暴露肾投影区示意。蓝色箭头示皮肤牵拉方向，左、右牵拉是分别进行的

（4）在靠近背侧做腹壁切口的优点：容易暴露肾，靠近肾夹闭肾动脉只会造成肾缺血，且不伤及肠管和肾前腺。

做腹部正中切口的缺点：夹闭肾动脉的操作容易损伤肠管以及肠系膜，此外若是靠近腹主动脉夹闭肾动脉，会造成肾前腺与肾同时缺血。

（5）可以比较在不同缺血时间、相同再灌注时间小鼠血清中尿酸、尿素氮以及肌酐水平的差异和肾组织切片上肾组织形态的改变。

第 27 章
后肢缺血①

刘彭轩

一、模型应用

为检测治疗缺血药物而开发的许多实验动物缺血模型中，小鼠后肢缺血模型是最常用的模型之一。药效的观察和分析要求模型必须构建成一个有明显术后缺血体征和药效检测的平台，即缺血状态能保持较长窗口期，既不会急剧恶化，也不会迅速自我代偿痊愈，能给药物以发挥药效的时间。然而，目前业内关于这类模型的主要困扰在于对局部血管解剖的不甚了解，所以难以设计满足要求的适宜的造模方案。

体内血液运行障碍有缺血和淤血之分。缺血是动脉血供给障碍；淤血是静脉血回流不畅。小鼠后肢缺血模型属于动脉血供给障碍。利用不同的动脉阻断术式可以造成不同的后肢部位缺血。

根据后肢缺血的部位可以将模型细分为大腿缺血和小腿缺血两类。即使同一类模型，因不同品系的小鼠的抗缺血能力不同，出现的缺血程度也不同。因此，本章介绍的 5 种不同程度的小鼠小腿 - 后爪缺血模型，可根据小鼠后肢血液循环解剖特点来设计，并通过术后大体观察、激光散斑测量、显微血管造影等评估方法，以及在不同品系的小鼠身上测试，来确定这系列模型性能的稳定性。至于术者在实验中采用的具体模型，可根据各自的研究和实验条件进行选择和改动。

二、解剖学基础

（一）正常局部解剖

小鼠大腿血液来自股动脉和部分髂内动脉的分支；小腿和后爪血液来自腘动脉和隐动

---

① 共同作者：王成祼、张阖。

172

脉的分支（图 27.1，图 27.2）。在缺血代偿时，髂总动脉、髂内动脉、股动脉、肌上动脉、穿动脉、尾侧动脉以及直肠中动脉 / 下动脉，都起着很关键的作用。

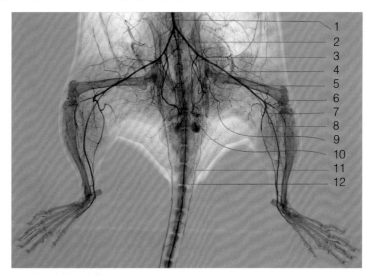

1. 腹主动脉；2. 髂总动脉；3. 髂内动脉；4. 髂外动脉；5. 股动脉；6. 腘动脉；7. 穿动脉远心端；8. 隐动脉；9. 穿动脉近心端；10. 直肠中动脉；11. 尾侧动脉；12. 尾中央动脉

图 27.1　小鼠后肢动脉造影

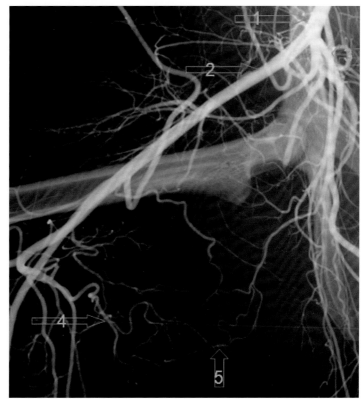

1. 髂总动脉；2. 髂外动脉；3. 髂内动脉；4. 穿动脉远心端；5. 穿动脉中间衔接部

图 27.2　小鼠动脉显微造影。图示穿动脉沟通髂内动脉和腘动脉—股动脉

　　小腿、爪掌血供来自隐动脉，小腿、爪背血供来自腘动脉（图 27.3）。截断了股动脉和肌上动脉分支——穿动脉，小腿供血将陷于困境。

1. 腘动脉；2. 隐动脉；3. 跖动脉

图 27.3 小鼠小腿动脉造影。隐动脉和腘动脉是小腿和后爪的两个供血来源。隐动脉终末爪掌分支提供爪掌血液，腘动脉—胫前动脉—爪背动脉提供爪背血液

（二）缺血病理解剖

后肢缺血手术因不同部位血管被截断，出现不同的缺血范围和代偿形式。髂内动脉（图 27.4）是后肢缺血代偿通道的重要枢纽。

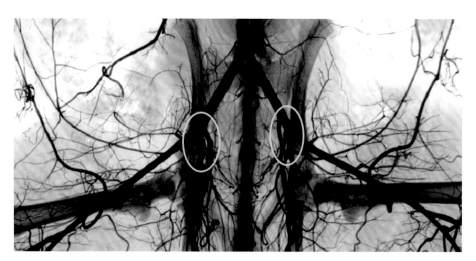

图 27.4 髂内动脉造影。髂内动脉近心端尚有几支其他动脉从髂总动脉发出。不同小鼠在此处的差异较大。圈示发自髂总动脉的髂内动脉起始部

一侧股动脉近心端截断，直接导致术侧股动脉皮支、肌支及隐动脉、腘动脉失去正常血供，主要引发术侧顺向髂内动脉代偿通道开放。

一侧髂总动脉截断，直接导致术侧髂内动脉和髂外动脉失去正常血供，引发术侧髂内动脉顺向和逆向代偿通道开放。

1. 髂内动脉顺向代偿通道

（1）大腿通道：大腿肌肉近心端代偿远心端通道供血（图 27.5）。其血流通道为大腿数支主要动脉—膝动脉环—膝最上动脉—腘动脉。

（2）穿动脉通道：穿动脉—肌上动脉—腘动脉。穿动脉—肌上动脉逆行到腘动脉，

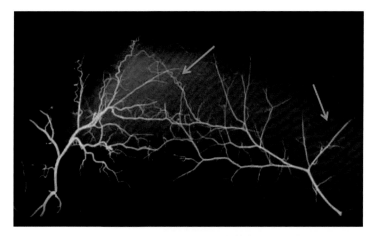

图 27.5 小鼠动脉造影。图示髂总动脉未截断时的大收肌双侧血供

顺向为小腿供血。同时腘动脉逆行到股动脉末端，顺向进入隐动脉为小腿供血。

2. 髂内动脉逆向代偿通道

（1）健侧直肠中动脉 / 下动脉—术侧直肠中动脉 / 下动脉—髂内动脉（图 27.6）。

（2）术侧尾横动脉—尾侧动脉—臀下动脉—髂内动脉。

术侧髂总动脉截断后，激活患侧动脉血液尾通路逆流通道（图 27.6）：尾中央动脉—术侧尾横动脉—术侧尾侧动脉—术侧臀下动脉—术侧髂内动脉（图 27.7）。

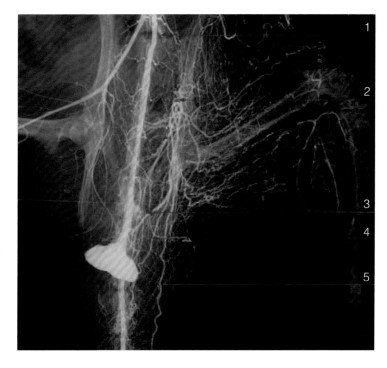

1. 截断的左髂总动脉；2. 术侧髂内动脉；3. 术侧直肠中动脉；4. 术侧直肠下动脉；5. 术侧尾侧动脉

图 27.6 左髂总动脉截断后 2 周血管造影。显示术侧髂总动脉血流完全阻断，穿动脉、直肠中动脉 / 下动脉、尾侧动脉血管均代偿性增粗、迂曲

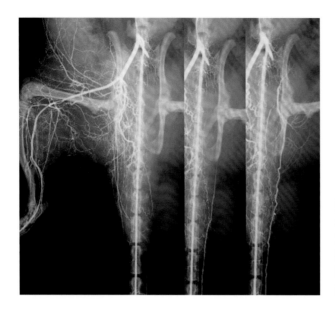

图 27.7 俯卧位血管显微造影。右髂总动脉结扎 10 min 后，经腹主动脉灌注造影剂。由左至右为连续拍摄的 3 张图片，可见右尾侧动脉造影剂自远心端向近心端逆向充盈，经臀下动脉到达右髂内动脉

三、器械材料

手术显微镜，小动物 X 线机，激光散斑仪，电烧灼器，动脉造影剂。

四、手术流程

1. 手术设计遵循的原则

（1）为了尽量减小小鼠后肢的直接伤害对缺血的影响，手术采取截断动脉的方法，不摘除整条血管。

（2）由于要制作的是缺血模型，不是淤血模型，因此手术不损伤静脉。

（3）采用电烧灼法截断血管，而不用结扎法阻断血流，是为了避免术后线结意外松弛和出现排斥反应。

（4）考虑到术后影像学研究的需要，选择腹中线切开皮肤而非体表投影处切开皮肤的手术方式，可以避免皮肤闭合材料和瘢痕对活体影像的干扰。

（5）不同程度的缺血可以通过截断一条动脉或多条动脉来实现。

（6）手术方法的选择目标是争取较长的平衡期。

（7）手术方法选择时还需要考虑小鼠的种类、年龄、健康状况和实验室、饲养室状况，以及术者的操作技术等因素。最终术式需要经过初步的手术效果测试后才能决定。

以下将根据缺血等级由轻到重的顺序介绍后肢缺血模型的建模方法（表 27.1）。

表 27.1 不同缺血等级的后肢缺血模型建模方法

缺血等级	阻断动脉	辅助阻断动脉	代偿通道	严重缺血区域
I	股动脉		髂内动脉	
II	髂总动脉		直肠中动脉、尾侧动脉—髂内动脉	
III	髂总动脉	尾侧动脉	直肠中动脉—髂内动脉	
IV	股动脉	腘动脉	髂内动脉—肌上动脉	后爪底
V	股动脉	穿动脉	髂内动脉—大腿数支主要动脉—膝动脉环	小腿、后爪

2.股动脉截断术（图 27.8）▶

（1）术前 24 h 腹部和两个后肢内侧用脱毛剂脱毛。

（2）诱导吸入麻醉满意后，取仰卧位，四肢用胶带轻轻贴敷固定于手术台上，维持吸入麻醉。

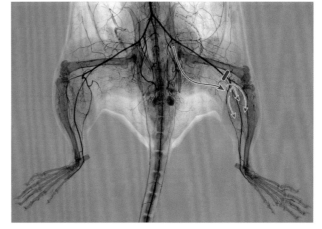

图 27.8　小鼠后肢血管造影。股动脉截断血流示意

（3）术区后腹部常规消毒。

（4）鼠尾向术者。沿腹正中线，用剪子将后腹部皮肤划开 2 ～ 3 cm，抵达阴茎前方 1 cm 处（图 27.9）。

（5）用齿镊夹住皮肤切口术侧缘，棉签压住术侧后腹壁，由外向内旋转（图 27.10），可以轻易、安全地将腹股沟皮肤连同脂肪垫一起与腹壁分离，直达腹股沟韧带，充分暴露股动脉。

（6）安装拉钩，保持暴露股动脉和股静脉（图 27.11）。

（7）于股动脉远心端与皮支之间分离股动静脉（图 27.12）。

（8）电烧灼股动脉：将镊子从下面将股动脉架起至少 1 mm（图 27.13），镊子分开至少 2 mm。

（9）用电烧灼器靠近动脉血管，烤干其表面的软组织。进一步多次轻触血管表面，烧焦至少 1 mm。烧焦程度为血管弯曲干瘪变脆，呈焦黄色（图 27.14）。血液彻底断流。

  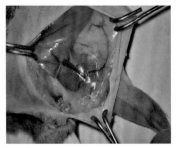

图 27.9　皮肤切口的位置
和长度　　图 27.10　棉签旋转分离皮肤和腹
壁。箭头示旋转方向　　图 27.11　安置拉钩，暴露股动
脉

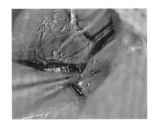  

图 27.12　分离股动静脉　　图 27.13　架起股动脉　　图 27.14　烧灼后的股动脉

（10）保持架起血管的镊子位置，维持血管架空。剪断或直接烧断股动脉（图 27.15）。

（11）用 5-0 缝合线缝合腹部皮肤切口。常规消毒。

（12）撤除吸入麻醉。

（13）待小鼠苏醒返笼，常规饲养。

3. 髂总动脉截断术（图 27.16）▶

（1）同"2. 股动脉截断术"步骤（1）（2）。

（2）术侧腹部消毒（位置根据手术要求确定）。

（3）常规开腹，同"2. 股动脉截断术"步骤（3）

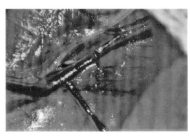

图 27.15　血管被剪断后，弹性回缩，使两断端出现 1 mm 左右的距离

（4），再沿腹中线划开腹壁，安装拉钩（图 27.17）。

（4）用湿棉签将肠管拨向左侧，暴露左侧髂总动脉（图 27.18）。

（5）在靠近髂总动脉近心端将髂总动脉和髂总静脉分离 8 mm。

（6）在髂总动脉上安装微血管夹（图 27.19）。

（7）于微血管夹远心侧用显微尖镊从下面挑起髂总动脉。张开镊子 3～5 mm，上挑架空髂总动脉（图 27.20）。

（8）电烧灼髂总动脉（图 27.21），干枯长度 3 mm。在烧灼区偏远心端剪断动脉（图27.22）。

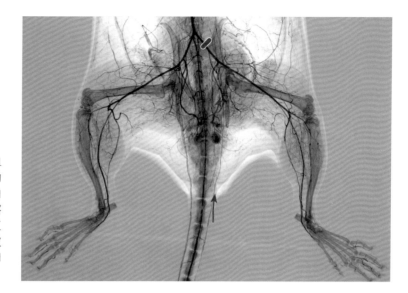

图 27.16 小鼠后肢血管造影。图示髂总动脉截断后的血流方向改变。蓝色短线示髂总动脉截断位置；红色箭头示髂总动脉被截断后，术侧尾部和后肢血流方式的改变

（9）撤除血管夹。将肠复位，分层缝合腹壁和皮肤切口。

（10）撤除吸入麻醉，待小鼠苏醒返笼。常规饲养。

图 27.17 拉钩安置完毕，暴露肠等腹腔脏器

图 27.18 暴露腹主动脉和髂总动脉

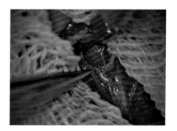

图 27.19 髂总动脉安置微血管夹

图 27.20 镊子挑起髂总动脉，准备烧灼

图 27.21 电烧灼髂总动脉。开始无须触及血管表面

图 27.22 烧灼后剪断动脉，断端两头回缩

图 27.23 为左侧髂总动脉切断后 1 h 动脉造影仰卧位图像，可见左髂总动脉已经截断，左尾侧动脉反流。

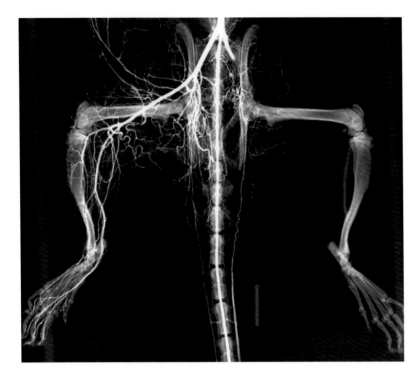

图 27.23 左侧髂总动脉切断后 1 h 动脉造影（仰卧位），术侧尾侧动脉逆向流动，如箭头所示

4. 髂总动脉 + 尾侧动脉截断术（图 27.24）

（1）术前 1 日备皮，同"2. 股动脉截断术"。

（2）小鼠侧卧，术侧向上。消毒尾根部皮肤。

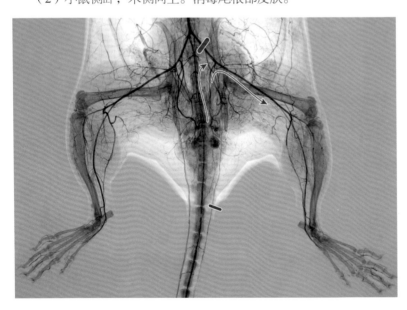

图 27.24 小鼠后肢血管造影。示髂总动脉 + 尾侧动脉截断位置及血流路径

（3）▶于第 5 尾椎部位，纵向切开皮肤，暴露尾侧静脉（图 27.25）。

（4）拉起尾侧静脉，找到其下方的尾侧动脉（图 27.26），并游离 1 cm。

（5）将尖镊合口从尾侧动脉下方插入后，张口至少 5 mm，架空尾侧动脉（图 27.27）。

（6）用电烧灼器从中烧断（图 27.28）。用 7-0 丝线将尾部皮肤切口缝合 1 针。

（7）做髂总动脉截断术，方法同"3.髂总动脉截断术"。

图 27.25　暴露尾侧静脉

图 27.26　暴露尾侧动脉

图 27.27　架空尾侧动脉

图 27.28　烧灼尾侧动脉

5. 股动脉 + 腘动脉截断术（图 27.29）

（1）手术步骤同"2.股动脉截断术"步骤（1）～（10）。

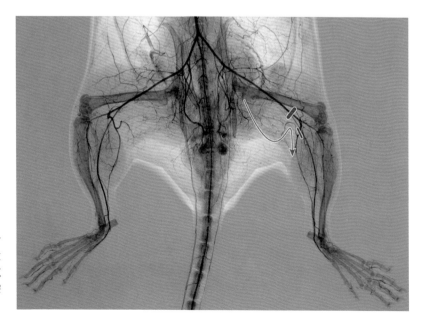

图 27.29　小鼠后肢动脉造影。示意股动脉 - 腘动脉截断位置及血液代偿通路

（2）▶分离股内侧肌和长收肌，用镊子牵拉股动脉远心端表面筋膜，暴露腘动脉近心端，如图 27.30 箭头所示。

（3）用缝合针将 7-0 缝合线从腘动脉下方穿过（图 27.31）。

（4）结扎，注意线头平拉，避免向上提拉撕断血管（图 27.32，图 27.33）。剪除长线头，缝合皮肤切口。

  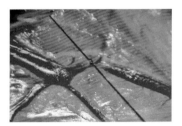

图 27.30　暴露腘动脉，如箭头所示　　图 27.31　用缝合针直接从腘动脉下面穿过　　图 27.32　结扎腘动脉

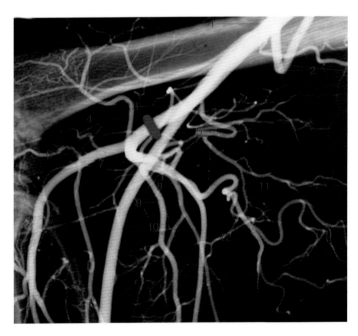

1. 股动脉；2. 股动脉皮支；3. 腘动脉；4. 膝最上动脉；5. 隐动脉；6. 胫前动脉；7. 肌上动脉；8. 腓肠内动脉；9. 腓肠外动脉；10. 隐动脉；11. 穿动脉远心端；12. 穿动脉分支

图 27.33　腘动脉很短，需要精确结扎位置。红线示结扎处，位于膝最上动脉起始部与腘动脉起始部之间

6. 股动脉 + 穿动脉截断术（图 27.34）

（1）术前 1 日行腹部和术侧后肢内侧及腘窝脱毛。

（2）先行股动脉近心端截断术。手术步骤同 "2. 股动脉截断术" 步骤（2）～（10）。

（3）小鼠转俯卧位，拉直术肢固定（图 27.35）。

（4）腘窝处皮肤消毒。

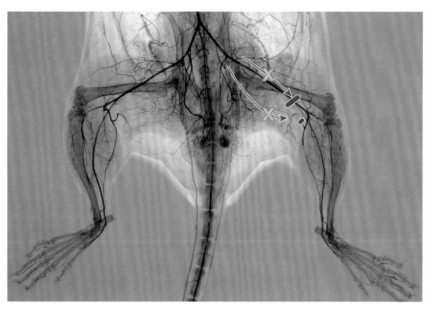

图 27.34　小鼠后肢动脉造影。示血流阻断位置

（5）横向将腘窝皮肤切开 0.5 cm。

（6）暴露腘动脉（图 27.36）。

（7）分离并牵拉腘动脉，暴露肌上动脉和穿动脉远心端起始处。

（8）▶用 7-0 缝合针从穿动脉下方穿过（图 27.37），打结（图 27.38），剪断长线头。

图 27.35　手术体位

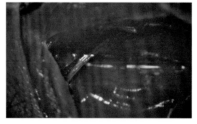

图 27.36　从腘窝处暴露腘动脉

图 27.37　缝合针准备从穿动脉起始处下方缝过

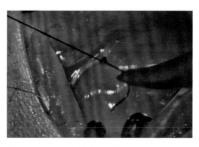

图 27.38　结扎穿动脉

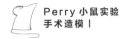
（9）皮肤切口间断缝合 1 针。

五、模型评估

（1）大体照片（效果观测）：逐日记录后肢在术前、术后的大体变化（图 27.39）。

① 记录爪垫在术后每天发生的颜色改变。

② 记录趾甲颜色改变。

③ 记录后肢颜色改变和坏死程度变化。

图 27.39　指甲、趾、脚垫颜色的变化。右为术侧

（2）激光散斑血流图（缺血原因检测）：以健侧为对照，在术前、术后逐日进行血流检测，制作血流变化曲线（图 27.40，图 27.41）。扫描时注意严格控制体温、麻醉时间、检测深度，避免用力触及双后肢。

（3）微泡超声检查：选用健侧尾侧静脉注射微泡造影剂。扫描时采用扫描头和动物双固定，以健侧为对照进行建模效果评估。

（4）显微动脉造影：排除静脉影像，以健侧为对照，可做血管密度分析。

（5）局部肢体温度检测：用于轻度缺血、尚未表现出肉眼可见的缺血变化时的模型评估。利用非接触激光温度测试器直接测试后肢体表温度，对比双侧后肢，进行缺血模型的初步评估。

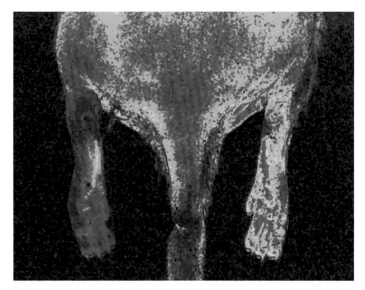

图 27.40 小鼠后肢激光散斑血流图。小鼠俯卧，左为术侧

血流R01-T01分析

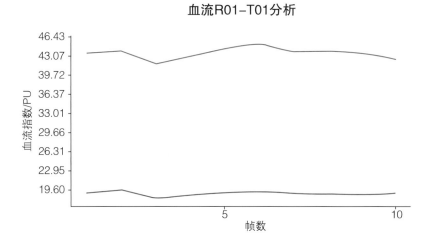

图 27.41 小鼠后肢激光散斑数据。红线为健侧，蓝线为术侧

六、讨论

（1）建模成功的标准：术后 1 周以内，缺血程度适中。缺血程度过轻或过重，都无法进行药效评价。

①缺血程度最轻的表现：术侧后肢出现肉眼可见的缺血体征。

②缺血程度最重的表现：术侧后肢因缺血导致爪掌坏死、脱落。

③平衡期足够长。

（2）术后平衡期概念：术后小鼠后肢缺血过于严重，会导致组织迅速坏死；缺血轻微，经过自身的代偿作用，迅速恢复正常或接近正常的供血状况。这两种状况都不利于药效评价。处于这两种状况之间的时期为平衡期，平衡期越长，越有利于观察药效。

（3）影响术后平衡期的因素：

① 鼠种：不同的鼠种，抗缺血能力不同，尤其是某些转基因小鼠，如 eNOS 基因敲除鼠等。

② 年龄：越老的小鼠，抗缺血能力越低，容易建立重度缺血模型。

③ 术式：可将动脉血管的切断部位进行合理搭配来满足模型设计要求，并通过试验找出适宜的术式。

（4）不是各条动脉都适合被切断。例如，髂内动脉和 10 余条分支以及其他动脉非常接近，起点和走行变异很大，难以保证切断后的缺血效果，所以不建议将其列入手术目标血管。直肠中动脉 / 下动脉手术需要开腹，对小鼠损伤大，而且影响到消化系统，所以尽可能不触及此血管。

（5）关于拟切断动脉的水平：制作小腿缺血模型时，并非切断的动脉越大，缺血程度越重。往往高位截断血流，会有低位通道开通作为代偿。动脉水平越低，代偿通道越少。

（6）缺血区范围：本章介绍的 5 个模型的缺血目标不是整个后肢，而是小腿。如果需要做大腿缺血，可以考虑选择截断股动脉两端、肌支。

（7）代偿通路的血管和血流量的变化：在缺血区，缺血状态没有完全消除之前，代偿通路的血管直径和血流量随时间增强，且血管直径和血流量的变化成正比。血管直径增大的同时，长度同步增长，呈迂曲状。

（8）股动脉术式皮肤切口于腹中线。如果在股动脉表面切开皮肤，有以下弊病：

① 伤口愈合后留有瘢痕，做表面血流扫描（如激光多普勒、激光散斑、荧光影像等）时，会严重影响扫描结果。

② 若以对侧为对照，还需要在对侧切开相应的皮肤，增加小鼠损伤。

③ 往往会误伤股动静脉皮支，导致不必要的皮表血流变化。

（9）暴露股动脉时，避免用剪子做皮下分离，以棉签配合镊子更安全快速。

（10）手术备皮：腹部备皮的目的是做皮肤切口。后肢备皮的目的是影像摄取。为了术后多日观察方便，用脱毛剂比剃毛维持皮肤无毛的时间长。

（11）动脉造影剂应保证无静脉影像干扰，在使用造影剂时需有抗沉淀措施。

（12）术中不可用绳索捆绑四肢，以避免阻断四爪血流。可以采用胶带轻轻固定四肢。

（13）血流影像测试时需严格控制麻醉深度和麻醉时间，维持正常体温，以确保血压稳定。

血液病模型

第四篇

第28章

脑出血①

刘金鹏

一、模型应用

脑出血是脑卒中的一种形式，是指在脑组织或蛛网膜下腔发生的出血现象。小鼠脑出血模型广泛用于脑卒中和脑损伤的研究，探寻脑出血发生的病理生理机制，如血管破裂、血液紊乱、脑水肿、神经元死亡等，为脑出血的治疗提供基础研究依据；该模型可作为相关药物的药效评价平台；通过观察模型在脑出血后的神经功能恢复情况，可以研究脑出血后的康复机制和康复方法；还可以通过研究基因表达和蛋白质变异，了解脑出血对神经系统的影响，为寻找治疗靶点提供线索。

目前常用的脑出血模型造模方法有三类：① 用脑立体定位仪注射自体血液于大脑尾状核，制作脑内出血模型，这种方法比较常用；② 将针深入至脑基底注射自体血液，形成蛛网膜下腔出血；③ 用脑立体定位注射胶原酶Ⅶ 于大脑尾状核或脑基底，诱导脑血管破裂。

本章介绍一种简捷有效的小鼠蛛网膜下腔出血模型，即将栓线经由颈总动脉进入颈内动脉，进而进入并刺破脑基底动脉，通过机械损伤形成蛛网膜下腔出血。

二、解剖学基础

小鼠头部动脉血管造影及相关脑血管解剖示意如图28.1、图28.2所示。

---

① 共同作者：刘彭轩；协助：李海峰。

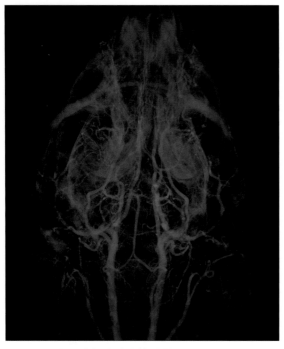

图 28.1　小鼠头部动脉血管造影

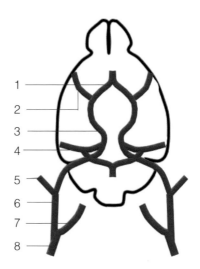

1. 大脑前动脉交通支；2. 大脑中动脉；
3. 脑基底动脉环；4. 大脑后动脉；5. 翼腭
动脉；6. 颈内动脉；7. 颈外动脉；8. 颈总
动脉

图 28.2　小鼠相关脑血管解剖示意

三、器械材料

　　器械材料如图 28.3 所示。

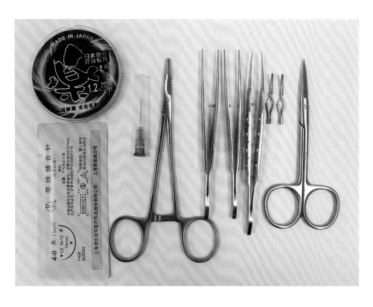

图 28.3　器械材料。从左
至右依次为直径 0.18 mm
的鱼线（左上）、4-0 带线
缝合针（左下）、23 G 针头、
持针器、眼科镊（2 把）、
打结镊、动脉夹（2 只）、
眼科剪

四、手术流程

手术设计如图 28.4 所示。

（1）小鼠常规麻醉，颈部备皮。

（2）仰卧位固定，术区消毒。沿着颈部中线将皮肤切开（参见图 8.9）。

（3）钝性分离颌下腺及胸骨舌骨肌、胸骨乳突肌，暴露一侧颈总动脉（参见图 21.3）。

（4）沿着颈总动脉向前暴露颈内动脉和颈外动脉，用动脉夹夹闭颈外动脉（参见图 21.4～图 21.7）。

（5）用另一只动脉夹夹闭颈总动脉接近分叉处（图 28.5）。

（6）用死扣结扎颈总动脉近心端，在远心端安置预留结扎线。

（7）用 23 G 针头对颈总动脉远心端穿刺后，将鱼线顺血流方向插入（图 28.6）。

 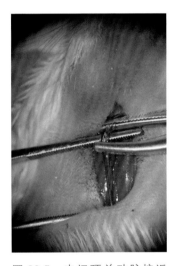 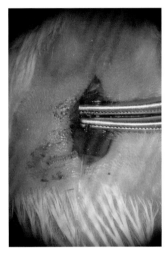

图 28.4　手术设计示意。蓝线示插入动脉的鱼线，突破脑基底动脉导致出血，红球示出血　　图 28.5　夹闭颈总动脉接近分叉处　　图 28.6　将鱼线插入颈总动脉

（8）当鱼线越过预置结扎线后，用预置结扎线结扎含有鱼线的颈总动脉段。

（9）打开颈总动脉血管夹，缓缓插入鱼线，待鱼线进入颈内动脉 1 cm 左右，推动栓线有阻力时，用力使鱼线刺破大脑基底动脉环。

（10）有刺空感后，拔出鱼线，结扎颈总动脉远心端，取下颈外动脉血管夹。

（11）缝合皮肤手术切口。

五、模型评估

（1）术后 24 h 取脑，观察脑基底是否有凝血（图 28.7）。

（2）病理切片 H-E 染色，观察脑组织形态以及损伤情况，Tunel 法检测细胞凋亡情况（图 28.8，图 28.9）。

（3）Longa 评分：评分标准参见第 21 章第一节。模型目的得分为 1 ～ 4 分。

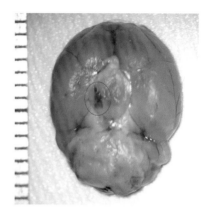

图 28.7　小鼠脑出血术后解剖。圈示脑出血位置

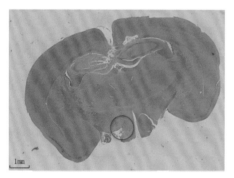

图 28.8　术后脑病理切片。小鼠右脑海马整体出现凋亡（图片左侧），左侧 CA1 区略有小面积凋亡。蓝圈部分可见出血

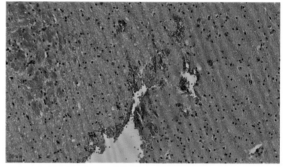

图 28.9　出血区放大，可见成片或散在的血细胞聚集，出血周边区域有明显神经元或胶质细胞皱缩凋亡，细胞数量减少

六、讨论

（1）直径 0.18 mm 的鱼线有一定的韧性，过细则偏软，不容易刺破血管。

（2）用 5 cm 长的鱼线制作栓线，将其头端用 800 目砂纸打磨，避免过于尖锐。分别在距头端 1 cm 和 2 cm 处做标记，便于观察栓线进入深度。

（3）栓线进入深度从颈内动脉在颈总动脉的起点算起，不要超过 1.5 cm，可以结合操作时感受到的阻碍程度来判断。如果过深，会损伤脑组织。

（4）将动脉夹夹在颈总动脉接近分叉处，是为了防止血管穿刺时有血液喷出，待栓线从穿刺孔进入颈总动脉，含有栓线的颈总动脉被结扎后，即可将颈总动脉处的动脉夹取下。

（5）栓线表面光滑，即使将含有线栓的颈总动脉结扎后，也可以自由抽动。

第 29 章

舌下静脉出血存活[①]

刘彭轩

一、模型应用

测量出凝血的动物模型有多种。常见的手术损伤血管模型有血管横断、血管开窗、血管针刺、血管划开等。

由于小鼠的舌腹面没有味蕾，无须专门手术暴露；舌下静脉是中等静脉，在舌黏膜下肉眼可见，便于固定和直观操作，且其出血量比较大，所以适宜做较大血管的出凝血模型。

根据出血量从小到大，舌下静脉出凝血模型可依次采用针刺、划开和咬切等方法。每个模型还可以通过针头的大小、血管划开部位和长度、血管咬切部位、单侧或双侧手术以及不同凝血功能鼠种的选择来调节出血程度，从而实现从微小出血量测量到进行致死量出血存活实验的目的。

在制作损伤血管出血模型时，为了避免血管伤口断端因单纯切开而发生再次粘连，一般采用切除一段血管的方法，但是血管被完全切断会发生回缩，有时回缩的血管断端卷在一起，会阻塞切口，影响出血。因此，为了既避免血管开口粘连，又避免血管发生回缩，可采用切除部分血管壁的血管开窗法。该方法的关键是切除血管壁面积的精确性。采用特殊工具咬切血管前壁的特定位置和面积，是精确去除部分血管壁的有效方法。该方法适用于较大的、相对固定、周围极少结缔组织的血管，如舌下静脉。

本章介绍的舌下静脉出血存活模型采用的是凝血功能障碍小鼠，可以发生致死量出血，主要用于止血药物的药效评价。

---

① 共同作者：王成稷。

二、解剖学基础

成年小鼠的舌（图 29.1）全长约 16 mm，口外部分长 7 mm 有余，拉直时厚约 3 mm。其形态似人舌，呈条状，舌根宽厚，舌尖窄薄。舌背、舌尖和侧面均有味蕾分布；舌腹面表层为平滑的黏膜层，黏膜厚度为 50 ～ 80 μm（图 29.2）。

图 29.1　小鼠舌大体解剖

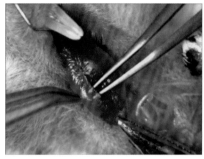

图 29.2　镊子从划开的舌腹面黏膜探入，显示黏膜厚度

小鼠舌下静脉位于舌腹面，位置表浅，左、右各一，其上仅以一层黏膜覆盖。张口翻起舌头，肉眼可见。舌下静脉从距离舌尖 1 mm 处开始走行于舌黏膜下，向咽喉方向延伸，汇入面静脉。沿途有大量舌黏膜下走行、树枝样分布的小静脉汇入（图 29.3）。这些分支小静脉深面紧贴舌肌，分布规则，形成密集的舌中静脉网连接左、右舌下静脉（图 29.4）。

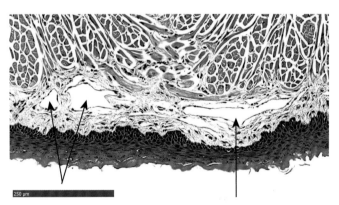

图 29.3　舌横断组织切片，H–E 染色。右箭头示舌下静脉，左箭头示其分支

图 29.4　静脉灌注后的左、右舌下静脉（箭头所示）及舌中静脉网

三、器械材料与实验动物

（1）器械材料：显微镜，直平齿镊，弯平齿镊，微型咬骨钳（口宽 0.5 mm）（图

29.5），开口器（制备方法附于本章末）。

（2）术后观察笼：将干净鼠笼置于保温垫上，内铺干燥白色吸水纸。纸面温度 32 ℃。普通食物少量，正常饮用水。

（3）实验动物：血友病 A 小鼠。

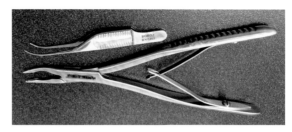

图 29.5　部分器械。上为弯平齿镊，下为微型咬骨钳

四、手术流程

（1）小鼠异氟烷深度吸入麻醉 3 min。

（2）迅速从麻醉箱中取出小鼠，仰卧安置于开口器上（图 29.6）。头向术者，将开口器上的挂线和拉环勾住上、下门齿，拉开下颚。

（3）右手持直平齿镊夹住一侧舌尖，尽量将舌头拉出口外。

（4）左手持弯平齿镊纵向夹住舌中央，使舌肌肉在镊子两侧隆起，而两侧的舌下静脉

图 29.6　小鼠安置于开口器上

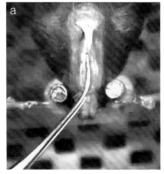

图 29.7　镊子夹持舌中线，舌下静脉位于隆起的最高线上。a. 手术影像；b. 镊子夹持效果示意

正好在隆起的最高线上（图 29.7）。

（5）右手换持微型咬骨钳，选择左舌下静脉靠近舌根部位，咬下直径为 0.5 mm 的血管前壁，使血管壁缺损，形成一个无法自动闭合的血管窗口（图 29.8）。

（6）左侧舌下静脉咬切完毕，即刻出血。趁出血尚未覆盖右侧舌下静脉时，立刻进行同一水平位置右侧舌下静脉的咬切（图 29.9）。每侧咬切在 3 s 内完成。

（7）完成双侧咬切，两个血管开窗出血迅速汇合（图 29.10）。

（8）用棉签蘸除血液（图 29.11），以免其流入气管，造成小鼠死亡。

（9）迅速将小鼠从开口器上取下。自将小鼠从麻醉箱取出到手术完成，时间约为

50 s，恰好小鼠开始苏醒，度过术后误吸入血液的危险期。

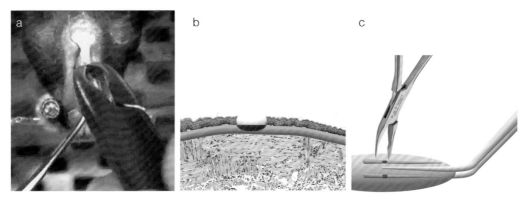

图 29.8 用微型咬骨钳咬切舌下静脉。a. 手术影像；b. 咬切深度示意；c. 咬骨钳咬切后效果示意

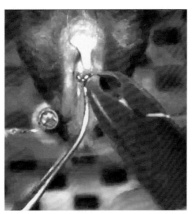

图 29.9 咬切右侧舌下静脉

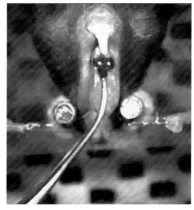

图 29.10 双侧舌下静脉咬切后，血液马上涌出，汇合在一起

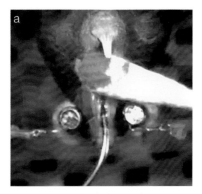

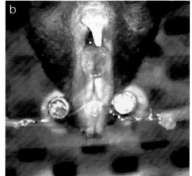

图 29.11 用棉签清理出血（a），其后出血速度会骤减（b）

（10）将小鼠转入干净的铺有保温垫的术后观察笼，取俯卧位。观察笼铺厚白色滤纸。

正常室温和饲喂。开始 24 小时计时。每小时记录一次估计出血量和存活状态。估计出血量从 0 到 4 级。以滤纸血染程度分级。存活状态分为 4 级，Ⅰ级生理状态基本正常，Ⅳ级濒临死亡或死亡。

五、模型评估

（1）死亡率：对照组 1 h 后开始死亡，8 h 死亡率约为 60%，24 h 死亡率为 100%。

（2）小鼠进入缺血性休克时，3 次翻正反射阴性即可记为死亡，立即安乐死。

六、讨论

（1）舌下静脉开窗的出血量因位置而异，舌中部的舌下静脉直径虽然比舌根部略小，但是创伤出血较舌根部多，因为清醒状态下的小鼠的舌中部比舌根部的活动度大，凝血受干扰（图 29.12）。

（2）清醒后的小鼠会将舌下静脉伤口流出的血液吞下，因此会出现排黑便现象。

（3）出血量：单侧血管咬切出血量小，双侧血管咬切出血量大。

（4）小鼠品系对出血量影响极大，凝血功能障碍小鼠才会出现致死性出血。

附：小鼠开口器制作与使用

（一）背景

以小鼠舌建立的模型，尤其是针对舌下静脉的模型，多用其腹面。在狭小的空间内操作，若由助手帮助拉开鼠嘴，势必占用部分操作空间；而使用小鼠开口器（图 29.13），不但可以节省人手，而且还可以节省空间。

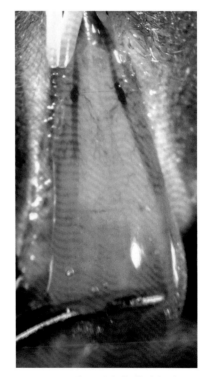

图 29.12　靠近舌根部的咬切点

（二）器械材料

（1）底板：厚度为 1 cm、尺寸不小于 10 cm ×2 0 cm 的矩形塑料板。

（2）细不锈钢丝，长 1 cm，用于制作上门齿挂线。

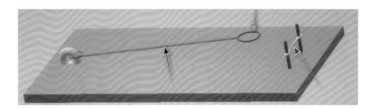

图 29.13　开口器示意。红色箭头示上门齿挂线；绿色箭头示下门齿拉环；黑色箭头示弹力带

（3）10 cm 弹力带，用细硅胶管制成。

（4）2 根金属棒，直径 4 mm，长 2 cm，用于固定上门齿挂线。

（三）制作方法

（1）在底板一端安装两根金属棒，相距 4 mm，平行排列。其间系一条细不锈钢丝，呈绷紧状态，作为上门齿挂线。

（2）用金属丝制成直径 5 mm 的拉环。

（3）下门齿固定装置：将 10 cm 弹力带一端连接拉环，另一端固定在底板另一端。

（四）使用方法

（1）小鼠麻醉后，仰卧于底板上，头向有金属棒的一端。

（2）将上门齿挂线勾住上门齿。

（3）拉长弹力带，下门齿拉环勾住下门齿，此时口被拉开（图 29.14）。

（4）用镊子拉出舌头（图 29.15）。可以做舌腹面的操作。

（5）如果需要双手操作，增加一条与上门齿挂线平行的硅胶管。可以用硅胶管将舌尖压住，固定在上门齿内面（图 29.16）。

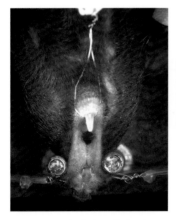  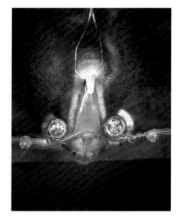

图 29.14　勾住上、下门齿　　　图 29.15　用镊子拉出舌头　　　图 29.16　用硅胶管固定舌头

第 30 章

舌下静脉出凝血[①]

刘彭轩

一、模型应用

舌下静脉出凝血模型的建立有血管切开、咬切、针刺等方法，可针对各鼠种凝血能力的差异以及测试需求来进行适宜的选择。

若实验要求较大出血量，多采取静脉切开法。此方法要求精确操作，而一般用剪子剪开静脉的操作，很容易损伤舌肌肉。舌肌肉中有丰富的小血管，一旦损伤，出血量将难以精准控制，导致实验失败。

本章介绍的舌下静脉出凝血模型使用了笔者设计的舌下静脉划开术，不但对舌肌基本无损伤，而且可以根据血管划开的长度调节出血量，能够适应不同鼠种和测试药物的需要。该方法操作方便，易于掌握。

二、解剖学基础

参见"第 29 章　舌下静脉出血存活"。

三、器械材料

（1）通用器械材料：显微镜，31 G 胰岛素注射器针头，组织胶水，显微尖刀（刀尖弯曲 90°，刀刃向着刀行进方向）（图 30.1）。

（2）自制器械：开口器（制作和使用方法参见"第 29 章　舌下静脉出血存活"）。引

---

① 共同作者：王成稷。

流管（制备方法附于本章末），血液收集系统（制备方法附于本章末）。

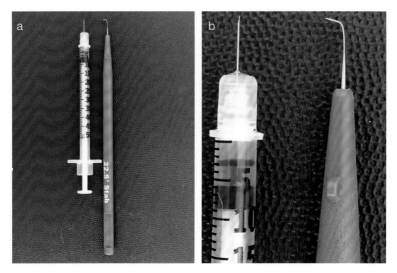

图 30.1　31 G 针头胰岛素注射器和显微尖刀。a. 左为注射器，右为显微尖刀；b. a 图的局部放大，可见显微尖刀前端被弯曲 90°

四、手术流程

手术设计为将刀尖穿透舌下静脉前壁，刺入针头孔中，随针头移动划开静脉前壁（图 30.2）。

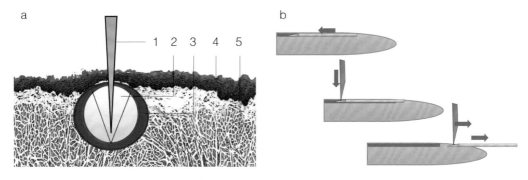

1. 刀尖；2. 针头腔；3. 针头壁；4. 舌黏膜；5. 舌肌

图 30.2　手术操作示意。a. 针头刺入舌下静脉，刀尖刺穿舌面进入针尖孔中；b. 静脉划开示意

（1）小鼠常规注射麻醉，安置在开口器上。

（2）将开口器置于显微镜下（图 30.3），小鼠头向术者。

（3）准备好针、显微尖刀，小鼠张口固定。

（4）将引流管垫在舌下，用一滴组织胶水将其与舌背面粘贴固定（图 30.4）。

（5）安装血液收集系统。灌注管安装在舌黏膜切口前方，接近舌表面。

（6）选定右侧舌下静脉距离舌尖 5 mm 处为进针点。左手持平齿镊轻夹舌尖，进一步固定舌头，避免在针头刺入时移位（图30.5）。

（7）右手持胰岛素注射器针头顺向经舌黏膜刺入舌下静脉，进针 3 mm 后停止（此长度由预定的出血量来决定）（图30.6）。

（8）左手持显微尖刀，将刀尖垂直刺穿舌黏膜和舌下静脉前壁，刺入针孔内壁（图30.7，图30.8）。

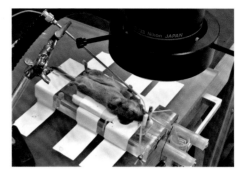

图 30.3　小鼠置于显微镜下

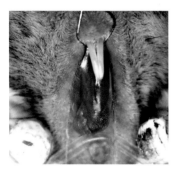

图 30.4　舌背面黏附在引流管上

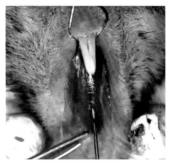

图 30.5　针尖将刺入舌下静脉

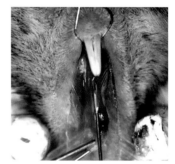

图 30.6　针头在舌黏膜下潜行

（9）刀尖抵住针孔内壁，右手匀速拔针，刀尖随针移动（图30.9），舌黏膜和血管前壁被刀刃一起划开。

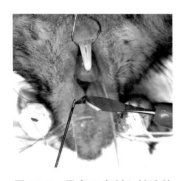

图 30.7　示意刀尖刺入针孔的位置

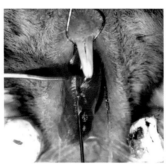

图 30.8　刀尖刺入针孔

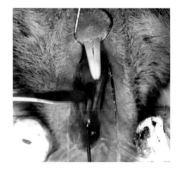

图 30.9　刀尖和针头被同步匀速拉出

（10）保持针和刀的相对位置不变，继续向外拉，刀尖继续划开静脉壁，直至针和刀完全被拉出进针孔，血随即从切口流出（图30.10）。

（11）将硅胶管靠近血管伤口，开启注射器泵，使微量生理盐水缓慢流过伤口，盐水裹挟血液流入集液管（图 30.11 ）。

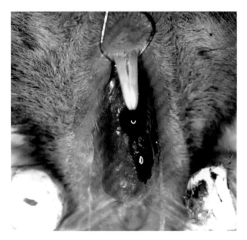

图 30.10　舌下静脉被划开后的状态

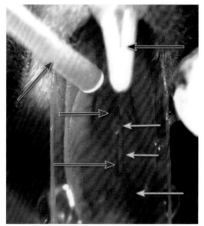

图 30.11　舌黏膜划开后观察出血、
凝血状况。红色箭头示灌流管，非
常接近舌表面，保持水流与舌面接
触；黑色箭头示下门齿；蓝色箭头
示舌黏膜划开的伤口；黄色箭头示
自切口流出的血流

（12）按照研究设计的时间停止生理盐水灌洗，水流内血丝消失，可以确认出血停止。
保留灌洗液，记录从血液流出到终止的时间，计算凝血时间。

（13）用分光光度计测量灌洗液以测算出血量。

（14）实验结束，小鼠安乐死。

五、模型评估

（1）出血量控制在阳性药物对照组药效可测范围内，以此确定血管切开的位置和
长度。

（2）用分光光度计测量出血量。

（3）计算凝血时间。

六、讨论

（1）在同一次实验中，要确保各小鼠血管划开长度和位置的一致性。

（2）确保在术中和术后检测期间小鼠体温稳定。

（3）造模时不可造成舌的其他损伤，否则难以保证出凝血数据的准确性。

（4）生理盐水灌洗的目的：① 保持创面湿润，不结血痂；② 收集血标本；③ 更清楚地辨别出血状态。出血即将结束时，仅余非常细小的血丝流，这时需要在显微镜下观察以确认。

（5）生理盐水注射器安装在注射器泵上，灌注速度尽可能慢，保证有液体流到舌黏膜并覆盖创面即可，一方面避免水流影响凝血，另一方面可以尽可能地提高灌洗液中的血液浓度，便于分光光度计检测。

（6）硅胶管不可接触伤口和舌表面，以免造成对出凝血的影响。

（7）硅胶管极接近舌表面，使生理盐水流出时即与舌表面接触，不会形成水滴。图30.12 中，生理盐水形成水滴状态，会影响伤口的凝血。

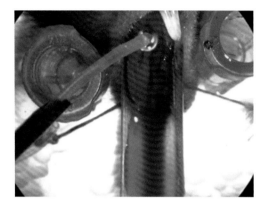

图 30.12　灌注口离舌表面过远，生理盐水形成水滴

附：自制器械

（一）引流管

1. 背景

为了方便小鼠舌背血管和黏膜手术，不但需要将小鼠的口张开，还需将舌头固定在一个上面开口的半圆形管子中。

2. 器械材料

直径 5 mm 的薄壁塑料吸管，颈部可弯曲。

3. 制作方法

（1）将吸管可弯曲部位两端剪成斜角，长端保留 3 cm，短端保留 2 cm。

（2）长端从外侧切除 1/2，暴露吸管内壁（图 30.13）。

4. 使用方法

（1）小鼠麻醉后，置于手术板上，安装开口器。

（2）用组织胶水涂抹引流管长端内壁，用舌镊（图 30.14）夹住舌面，使舌背面与引流管紧密黏贴数秒，再用湿棉签轻压并润湿舌面。

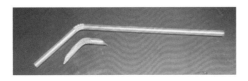

图 30.13　塑料吸管与制作完成的引流管

图 30.14　用平齿镊改制的舌镊，弯曲头部外套硅胶管

（3）将引流管颈部弯曲，使短端与长端呈 90°，短端下接集液管（可用 15 mL 离心管）。

（二）血液收集系统

1. 背景

做出凝血检测时，在舌下黏膜或舌下静脉出血后，为了避免局部伤口干燥并能及时收集血液，需要配套设备。

2. 器械材料

注射器泵，10 mL 注射器，22 G 钝针头，硅胶管，支持架，套管针，引流管，组织胶水，舌镊，15 mL 离心管，湿棉签。

3. 安装方法

（1）将 10 mL 注射器与 22 G 钝针头连接，针头连接 20～30 cm 硅胶管。

（2）用支持架固定套管针，调节高度。

（3）将硅胶管穿过套管针，硅胶管长度可以抵达舌表面，位于近舌伤口 0.5 mm 处（图 30.15）。

（4）舌出血后，开始启动注射器泵，令生理盐水以极缓速度流经舌伤口表面。

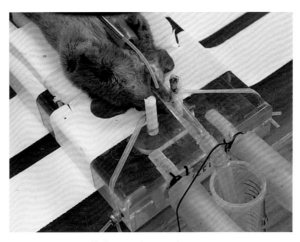

图 30.15　血液收集系统安装示意

第 31 章

舌黏膜出血①

刘彭轩

一、模型应用

出血是临床常见体征，其原因很多，出血量也有大小之分。在出血相关研究中，实验动物出血模型不可或缺：用于研究血液凝固机理，例如，黏膜出血模型可研究血小板聚集、凝血因子激活和纤维蛋白形成等凝血过程，有助于深入了解血液凝固的病理生理；用于评估止血药效；探究出血性疾病的成因；研究血管功能；还可以用于评估血管内皮功能和血管壁的稳定性，帮助了解与血管相关的疾病。

为测量动物少量出血，多采用狗颊黏膜下血管切开的方法，但小鼠颊黏膜小而紧，难以简单地移植狗颊黏膜出血的方法。本章介绍用显微手术切开舌黏膜下血管建立舌黏膜出血模型的方法。

二、解剖学基础

小鼠舌腹面没有味蕾层，黏膜光滑薄弱。其下为疏松的黏膜下层，有丰富的血管和结缔组织。黏膜下层向下是肌肉层。黏膜下层左、右各有一条较粗大的舌下静脉纵向走行（图 31.1）。此静脉有许多水平分支，分布于黏膜下层，肌肉中的主要血管是舌深动脉和静脉。

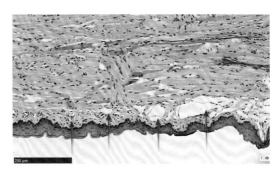

图 31.1　小鼠舌病理组织切片（H-E 染色）。箭头示舌腹面黏膜下层分布大量不同直径的血管

---

① 共同作者：王成稷。

三、器械材料

（1）通用器械材料：手术显微镜，31 G 针头胰岛素注射器，注射器泵（设定 20 μL/min 流速），组织胶水。

（2）自制、改制器械：开口器，舌垫，血液收集系统，显微刀片。器械制作分别参见本书第 29 章和第 30 章。

四、手术流程

舌黏膜出血模型的手术流程参见"第 30 章　舌下静脉出凝血"，并如图 31.2 所示。不同点在于，针头不是刺入舌下静脉，而是刺入舌黏膜下，且精准设计刺入的部位和长度。

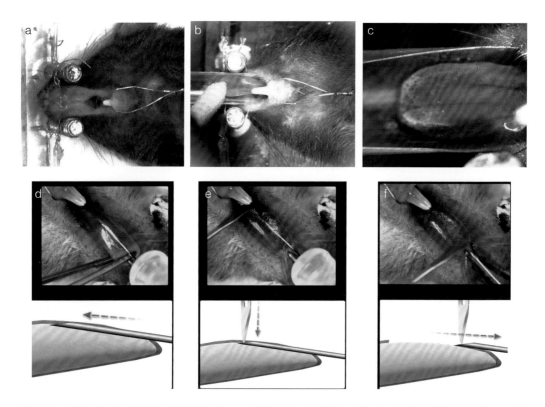

图 31.2　舌黏膜出血模型手术流程示意。a. 小鼠麻醉，安装开口器；b. 将引流管垫在舌下；c. 将舌用组织胶水黏附在引流管内；d. 将针头刺入舌黏膜下，潜行到预定位置；e. 刀尖刺入针孔；f. 将针与刀一起拉出舌黏膜，舌黏膜及黏膜下小血管被精准划开

五、模型评估

参见"第 30 章　舌下静脉出凝血"的评估方法。

（1）计算凝血时间：从划开舌黏膜开始计时，到切口停止出血时止。细小的出血需要在显微镜下观察血丝。

（2）计算出血量：记录集液管内生理盐水和血液的总量。将集液管轻度混匀，用分光光度计测算血浓度，计算出血量。

六、讨论

（1）为了防止伤口干燥，用注射器泵以极慢速度，通过硅胶管向舌表面提供生理盐水。

（2）滴管远端距离舌表面小于 1 mm，保持液体在滴管出口未形成液滴就与舌黏膜接触，形成液流（图 31.3）。

（3）舌黏膜切开的出血量比舌下静脉切开的出血量要少得多，必须在显微镜下观察确认血流。在生理盐水流中，极少量的出血不会全部弥散，而是保持一丝细流，几乎以固定不变的形态流动，宛如一条不动的红丝线，极易误判。

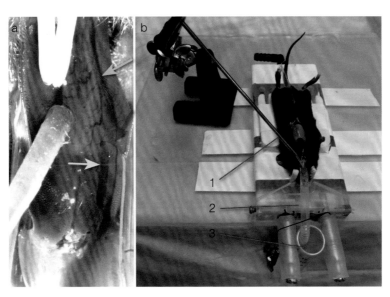

1. 固定管；2. 引流管；3. 集液管（15 mL 离心管）

图 31.3　a. 在显微镜下观察到的局部血流。浅蓝色箭头示舌下静脉；蓝色箭头示出血；黄色箭头示舌黏膜切口。b. 血液收集系统

第 32 章
尾侧血管横断①

刘彭轩

一、模型应用

尾侧血管横断模型始创于 20 世纪 50 年代，80 年代后被广泛用于出凝血研究，被普遍称为尾静脉横断 (tail vein transection，TVT) 模型。该模型若以凝血功能障碍小鼠来构建，则属于出血存活模型。

多年来该模型的操作方法都是术者持刀直接切割鼠尾，一般认为该操作只是单纯截断尾侧静脉，但从笔者对鼠尾解剖研究结果来看，实际上截断的不仅有尾侧静脉，而且还有尾侧动脉，甚至还有尾横动静脉；此外，切割位置的精确性和深度还因术者的熟练程度和疲劳程度而存在差异，因此，各实验室由该操作方法得到的实验结果可比性不佳。

为使该模型具有良好的稳定性、操作性、有效性和实用性，笔者做了以下改进：① 结合笔者的研究成果对尾侧静脉的位置进行了精准确认，否定了传统的 3 点、9 点的说法，这些成果在《Perry 实验小鼠实用解剖》一书中进行了详细介绍。② 设计制作了专用小鼠尾侧血管横断器，该设备不但可以精确设定切割深度，确保完全切断尾侧动静脉，同时避免切断尾横动静脉，而且整个操作快速简洁。关于该设备的结构及使用方法已在《Perry 小鼠实验手术操作》"第 47 章　血管横断"中做了详细介绍，本章主要补充模型评估和讨论部分，并介绍该设备的设计思路，以使这个模型能完整地奉献给读者。

二、解剖学基础

小鼠尾侧静脉解剖相关知识参见《Perry 小鼠实验手术操作》"第 47 章　血管横断"和《Perry 实验小鼠实用解剖》"第 21 章　尾部"。

---

① 共同作者：王成礻畏。

三、器械材料与实验动物

（1）设备材料：吸入麻醉系统，21号手术刀。

（2）尾侧血管横断器（图 32.1）：由尾孔板和小鼠控制器组成。结构详细介绍参见《Perry 小鼠实验手术操作》"第 47 章　血管横断"。

（3）观测笼：普通塑料小鼠笼，以干净白色滤纸代替垫料，以观测出血

图 32.1　尾侧血管横断器。尾孔板包括一条滑道和 5 个尾孔，尾孔直径分别为 2.4、2.5、2.6、2.7 和 2.8 mm，以适应鼠尾的不同直径。中央白纸上为小鼠控制器和手术刀

状况，避免垫料污染伤口。笼下铺保温垫，使笼底板保持 32 ℃，笼内放置 2 块普通干食，正常饮水。笼篦子上只安置饮水瓶，不投入食物，以便观察笼内小鼠状况。

（4）实验动物：成年血友病 A 小鼠。

四、手术流程

（1）小鼠 2% 异氟烷吸入麻醉 5 min。

（2）将小鼠从麻醉箱中取出，立即俯卧于小鼠控制器中，将鼠尾由内向外插入尾孔板，向外拉，直至鼠尾卡住为止（图 32.2）。

（3）将小鼠控制器向右侧旋转，斜边向下，使左尾侧动静脉向上（图 32.3）。

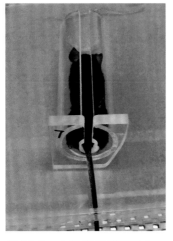

图 32.2　小鼠置于控制器中，尾插入尾孔板　　图 32.3　小鼠控制器斜边向下

（4）用手术刀按压在轨道中，划过鼠尾，将尾侧皮肤和血管划开一条 0.9 mm 深的切口（图 32.4）。

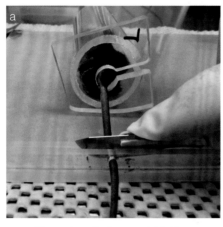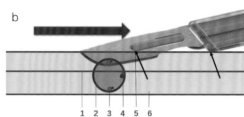

1. 刀槽；2. 鼠尾皮肤；3. 尾侧血管；4. 尾正中血管；5. 手术刀；6. 尾孔板
图 32.4 刀片在轨道中划过，切开尾侧皮肤和血管。a. 操作图；b. 示意图。红色箭头示刀片运行方向；2 个黑色箭头示刀片支撑点，以确保刀片运行深度

（5）将小鼠连同控制器一起转移至观测笼中。

（6）小鼠在数十秒后会自行苏醒，从控制器中爬出。鼠尾切割后，避免再触动伤口，令其自然流血（图 32.5）。

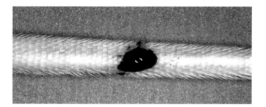

（7）开始计时，以小时为单位，记录死亡时间。对极度衰弱者，做翻正反射实验，无能力连续完成 3 次者，按死亡计算，立即安乐死。

图 32.5 尾侧划开后的出血状况

（8）存活者在 24 h 后行安乐死。

五、模型评估

（1）正常对照组（C57 小鼠）死亡率为 0，阳性对照组（血友病 A 小鼠）死亡率为 100%，治疗组死亡率取决于药效，血友病 A 小鼠给予凝血因子Ⅷ对照组死亡率为 0。

（2）待评估小鼠的身体状况分为 4 级：

Ⅰ级：活跃，正常饮食。

Ⅱ级：疲倦少动，动作缓慢，少饮食。

Ⅲ级：蜷缩颤抖，体毛竖起，少动，无饮食活动。

Ⅳ 级：死亡，或无力连续完成 3 次翻正反射。

六、讨论

（1）实验动物可以选用任何凝血功能缺陷小鼠。

（2）从麻醉箱中取出小鼠到操作完成，一般用时约 20 s。

（3）尾两侧动静脉并非分布在 3 点和 9 点处，而是约在 2:30 和 9:30 的位置。小鼠控制器的底座斜边是按照这个角度设计的。

（4）传统尾侧血管横断是用刀片直接切断尾侧血管。因为切开的深度很难控制，人为误差很大。有时划开位置在尾椎关节上，容易将尾完全横断。小鼠尾侧血管横断器严格保证了尾侧切开的深度，而且方法容易掌握，操作快速、精准。

（5）传统的手持刀片切割方法会压扁尾侧血管，偶尔出现压扁的肌肉断面封闭血管断面、阻止出血的现象。当鼠尾卡在圆形的尾孔内被刀刃弧面划开时，由于没有产生垂直切割压力，避免了上述现象的发生。

（6）使用前端为圆形的刀片，刀体在轨道上水平滑动时，圆弧刀刃划开小鼠皮肤和尾侧血管，由于为斜面作用，减少了组织被压扁的状况，避免因组织变形影响出血。

（7）小鼠死亡判断：因动物伦理，不能等动物完全死亡。在小鼠大量失血致身体虚弱，无法恢复，身体状况达到Ⅳ级时，即记为死亡并立即行安乐死。

（8）由于鼠种和周龄不同，小鼠尾中段直径略有不同，一般为 2.5 ～ 2.9 mm。每一批小鼠之间差异不大。

（9）由于鼠尾关节两端较尾椎中部粗大，将鼠尾拉入尾侧血管横断器中，当拉不动时，鼠尾关节恰好卡在横断器孔中，而横断器滑道正好对着鼠尾关节。在此处划开皮肤及皮下浅层组织，仅切断尾侧动静脉，不会伤及分布在尾椎中部的尾横动脉和静脉。避免了传统手切方式的不精准，减少了人为误差。

附：尾侧血管横断器和控制器设计

（一）设计背景

小鼠尾侧静脉出血是一个常用的出血模型。传统方法是术者手持刀片，在鼠尾直径 2.7 mm 处，尾侧横切一刀。切口深浅很难控制，对尾横动静脉是否造成损伤亦无法控制。在进行几十只小鼠尾部横切后，手累臂酸，更难以控制横切质量。

由于小鼠尾部结构变异性小，用规范的尾侧血管横断器，可以严格控制横切深度和鼠

尾横切的部位，同时避免损伤尾横动静脉。整个操作方便、快速、精准。

（二）解剖学基础

相关解剖知识参见《Perry 实验小鼠实用解剖》"第 21 章　尾部"。

小鼠尾部大部分侧面皮肤厚度约 0.9 mm，纵向走行的血管在每个截面不少于 12 根。浅层血管不少于 8 根。遇有交通支的截面，血管数量更多。尾侧静脉走行于 9—10 点和 2—3 点位置。有效地控制横切深度，可以避免伤及尾深血管系统；足够的横切深度，又可以保证尾侧静脉和动脉一起被切断，减少操作误差；准确的切断位置，可以保证不损伤尾横动静脉。

（三）尾侧血管横断器的设计

尾侧血管横断器参见《Perry 小鼠实验手术操作》"第 47 章　血管横断"。

（1）基础面板：采用厚度不低于 1 cm 的方形塑料板。足够的厚度以稳定操作，并宜于在一侧边缘安置尾孔板。

（2）尾孔板：1 cm 厚，与基础面板等长，固定在基础面板的一端；尾孔板中央滑道宽 1 mm，深 3 mm；尾孔板侧面横向钻孔，孔径 2.4 ～ 2.8 mm 不等。孔内切割深度 0.9 mm。

（四）控制器的设计

选一个圆筒形保定器，四方底座。右下角以约 30° 切出一条斜边，形成非等边五边形（图 32.6）。当小鼠正卧于保定器内，向右旋转放置，可使尾侧静脉向上。以此角度将鼠尾插入切割槽横孔中，可保证刀片划断尾侧血管，且确保尾正中动静脉无损伤。

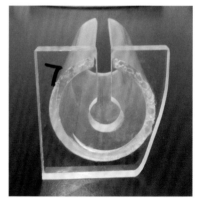

图 32.6　控制器

（五）手术刀

本章介绍的一次性手术刀与笔者设计的尾侧血管横断器配合使用，方可保证切割深度。鉴于目前控制器尚未面世，如果读者自行制作控制器，注意选用与之匹配的手术刀。如图 32.7 所示，此刀片具有一个塑料卡子，在设计尾孔板滑道时，使其正好顶在滑道的上沿上，确保刀锋进深 0.9 mm。

图 32.7　一次性 21 号手术刀。白色箭头示保护片，使用前去除；蓝色箭头示刀片；红色箭头示塑料卡子，用于顶住滑道以保证切割深度

第 33 章

尾尖出血①

刘彭轩

一、模型应用

小鼠断尾尖出血模型早在 20 世纪初就有记载，由于操作简单，成为广泛使用的评估出凝血功能的模型。在随后的几十年里，小鼠断尾尖出血模型被广泛应用于研究止血功能、血栓形成、出血性疾病、药物疗效等。随着分子生物学和基因工程技术的发展，该模型也被用于评估小鼠基因缺陷所导致的凝血障碍、评价新药的止血功能。

一般该模型多是用剪子剪下一截尾尖即可。在出凝血模型中，尾尖切除方法要求严苛，不同的切割方法，不同的切割位置必然导致不同的结果。因此，选择合理方案和适宜设备，是高质量完成模型的前提。本章介绍作者设计的小鼠尾端切割器（简称"切割器"）的使用。

二、解剖学基础

小鼠尾部解剖详见《Perry 实验小鼠实用解剖》"第 21 章　尾部"和《Perry 小鼠实验手术操作》"第 34 章　断尾"。

三、器械材料

（1）尾端切割器：其结构如图 33.1 所示，亦可参见《Perry 小鼠实验手术操作》"第 34 章　断尾"。

（2）通用器械材料：显微尖镊，21 号一次性手术刀，生理盐水保温管，37 ℃恒温垫，托板（薄金属制作，不小于 10 cm × 5 cm，以能托起小鼠身体为宜）。

---

① 共同作者：王成稷。

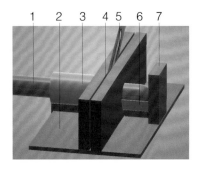

1. 鼠尾; 2. 底板; 3. 尾洞; 4. 滑道;
5. 手术刀; 6. 尾窗; 7. 挡板
图 33.1 尾端切割器示意

四、手术流程

实验设计在距尾尖 3 mm 处断尾。

（1）小鼠常规麻醉后，置于金属托板上。

（2）将尾尖端插入尾端切割器的尾洞，至尾尖抵达挡板时，停止插入，保持鼠尾位置不变（图 33.2）。

（3）将手术刀片从滑道中滑过，使刀片斜面在 3 mm 处划断鼠尾（图 33.3）（此时开始记录出凝血时间）。

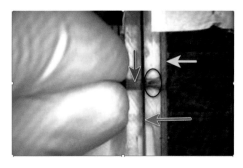

图 33.2 尾端切割器操作。黄色箭头示挡板；红色箭头示尾洞；绿色箭头示滑道；圈内为尾窗和计划划断的尾尖部分

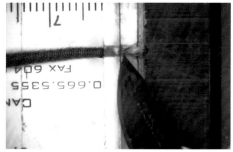

图 33.3 划断尾尖。底板上可见标尺，最小刻度为毫米，可以随时检测切下来的断尾长度

（4）不要触动鼠尾断端，马上将断尾小鼠连同金属托板一起安置在恒温垫上，将断尾浸入生理盐水保温管 2 cm。

（5）按照实验设计的观察时间，结束血液采集。

（6）断掉的尾尖用尖镊从尾窗中取出（图 33.4）。

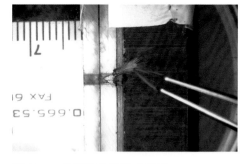

图 33.4 将断尾从尾窗中取出

五、模型评估

（1）采集血样用分光光度计检测血量。

（2）根据出血停止时间计算凝血时间。

六、讨论

（1）简单地切掉尾尖，有时会出现无血的异常现象。其原因在于用刀片垂直下切尾尖，会使尾部横向被压扁，断开的血管同时被压扁、回缩。尾尖处血压低，使得血流有可能被压扁的血管阻断，无法流出。

（2）由于鼠尾在孔洞中被划断，而且刀片以弧形划过鼠尾，消除了垂直下压的作用，可保证血管不被明显压扁。

（3）将尾尖顶到尾端切割器挡板，通过调整挡板位置可以准确设定划断的尾尖长度，在底板上有标尺，可以随时检测划断的尾尖长度。

（4）收集血液时，鼠尾腹面不可触及任何硬物（图 33.5），避免尾中央血管血流受阻。

（5）采血时要保持小鼠的正常体温。

（6）如果实验要求更多的血样，可以调整挡板位置，增加划断的尾尖长度。

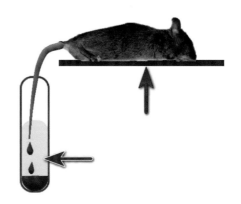

图 33.5　小鼠尾尖采血示意。鼠尾下面没有硬物阻碍血流。红色箭头示恒温垫；蓝色箭头示生理盐水

第 34 章

静脉附线血栓 ①

刘彭轩

一、模型应用

血栓形成是临床最常见的一类严重的心血管疾病，包括心肌梗死、脑梗死、深静脉血栓等。动物血栓模型可用于研究血栓发生机制、评价溶栓药物疗效，还可以采集大块血栓标本用于研究。

早先的动物血栓模型以家兔为对象，在其颈总动脉与对侧的颈外静脉之间连接一条导管，导管内置一条丝线，当血液通过导管时，血细胞、血小板黏附在丝线上，在几十分钟内可以收获一条附线血栓。随着动物实验技术的进步，这个模型在大鼠和小鼠身上得到普遍使用。其中，导管连接方法可参见《Perry 小鼠实验手术操作》"第 69 章 短路插管"；至于制取血栓的方法，同样是在导管内先预置一条丝线，到标本采集时间取出附线血栓即可。然而，由于这种附线血栓是在导管内而非血管内形成的，因此，该方法适用于血栓标本的采集，不适用于研究血栓形成机制。

本章介绍笔者设计的小鼠颈外静脉植线，是一种快捷的附线血栓制作方法。该方法无须血管插管和血管吻合等繁杂手术，也没有因动静脉短路对小鼠造成肺动脉高压等病理影响，且手术时间大大缩短，由几十分钟缩短至数分钟，小鼠机体损伤也小得多，是一个有望推广的新的附线血栓模型。

二、解剖学基础

颈外静脉（图 34.1）分支众多且相对细小，有关解剖结构可参阅《Perry 实验小鼠实

---

① 共同作者：王成襫。

216

用解剖》"第 6 章　静脉"和《Perry 小鼠实验手术操作》"第 71 章　静脉植线"。

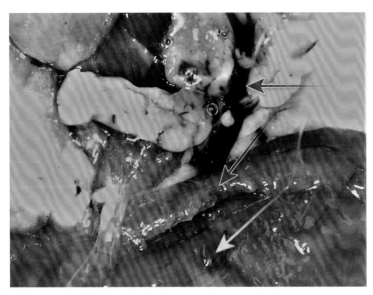

图 34.1　颈外静脉近心端解剖。红色箭头示颈外静脉；蓝色箭头示
胸肌前沿；黄色箭头示腋下静脉

三、器械材料

（1）设备：小动物活体荧光相机（检测用）。

（2）器械：皮肤剪，皮肤镊，显微尖镊，血栓压片板（检测用）。

（3）材料：7-0 丝线，生理盐水，内置丝线的 29 G 针头（图 34.2）。

图 34.2　内置丝线的 29 G 针头，可见丝线出针头 2 mm

置于针头内的 7-0 丝线不短于 6 cm，针孔露出丝线长度至少 2 mm（图 34.2）。针头连接 1 mL 注射器。如果一次实验用到多只小鼠，把丝线放在注射器内，线头从针头穿出。注射器和针头内灌充生理盐水，浸湿丝线备用。一个注射器和针头可以用于多只小鼠。

四、手术流程

1. 基本术式

基本术式操作原理如图 34.3 所示。

图 34.3 基本术式操作原理。a. 针头经胸肌进入颈外静脉，黄色部分示胸肌，灰色部分示锁骨；b. 针头从颈外静脉远心端穿出，穿出长度为 5 mm；c. 针头回抽 3 mm，针头内丝线在针孔处出现一个松弛的线环；d. 用镊子夹住线环；e. 镊子夹住线环保持不动，针头匀速拔出，丝线被留在血管内；f. 剪断针头侧线头，拔出折叠在静脉远心端内的线头，完成静脉内植线

（1）静脉植线颈外静脉线栓制作参见《Perry 小鼠实验手术操作》"第 71 章 静脉植线"。

（2）完成静脉植线后，将小鼠移至保温的小动物活体荧光相机暗箱内，保持麻醉状态静置 15 min，其间采集影像资料。荧光影像采集从手术结束到术后 15 min。

（3）采集附线血栓标本。小鼠安乐死。

2. 双线术式

为了获取更大的血栓或加快血栓形成速度，可以将 2 根丝线并排植入血管中。操作类似基本术式，器械和材料相同，但是准备的丝线露出针孔的长度不是 2 mm，而是 2 cm。具体手术流程如下（图 34.4）：

（1）前期手术流程同基本术式，只是当针头刺穿血管远心端时位置稍偏右侧。

（2）针头回抽形成第一个线环，用镊子夹住线环保持不动，针头退回血管内 6 mm。

（3）针头再次向前从第一针穿孔左侧刺穿静脉，针头刺出血管 5 mm。

（4）针头退回 3 mm，使针孔处的丝线形成第二个线环。

（5）镊子放开第一个线环，夹住第二个线环，并保持不动，针头抽回至血管内。

（6）镊子保持夹住第二个线环，针头进一步退出血管。

（7）剪断血管近心端丝线，注意血管外保留 3 mm 长的线头。

（8）用一根短线将颈外静脉远心端的 2 个线环结扎在一起。适当拉紧颈外静脉近心端的线头，使血管内的丝线被基本拉直。双线头在胸肌上打结。

（9）小鼠保持麻醉状态，移至小动物活体荧光相机暗箱内进行定时摄影，方法与基本术式相同。

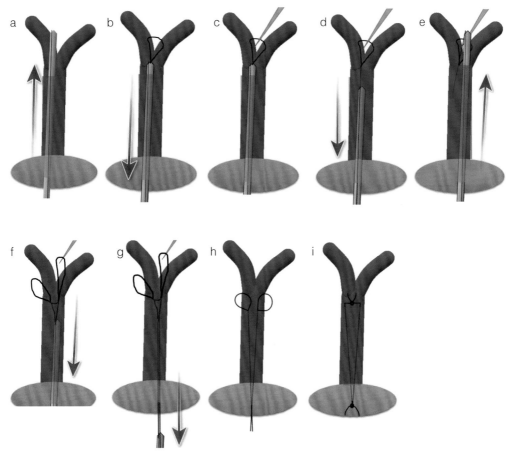

图 34.4　双线术式操作原理。a. 针头通过胸肌刺入颈外静脉，从其远心端刺出；b. 针头回抽 3 mm，留下线环；c. 镊子夹住线环；d. 针头退回 6 mm；e. 针头再从第一个针孔左侧穿出血管；f. 用镊子夹住第二个线环。针头回抽；g. 针头完全抽出血管和胸肌；h. 剪断线头，整理线环；i. 为防线头进入血管内，将两个线环和肌肉外线头分别结扎在一起

五、模型评估

1. 荧光影像 1（适用于单只小鼠）

（1）小鼠术后立即移入小动物活体荧光相机暗箱内，避光。

（2）取仰卧位，维持麻醉状态和正常体温。一般 15 min 时附线血栓体积可达顶峰，并维持稳定至少 2 h。

（3）设置不同激发波长和吸收波长以获得背景荧光和血栓荧光，每分钟拍摄一张活体荧光影像（图 34.5），共计 15 张，可得到血栓形成曲线。

2. 荧光影像 2（适合于多只小鼠单一时间点对比）

（1）术后 15 min，迅速连同血栓一起完整采集血栓区的颈外静脉（图 34.6）。

（2）荧光相机拍照（图 34.7）。

  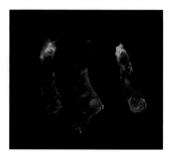

图 34.5　小鼠颈外静脉附线血栓 15 min 荧光影像。红色和黄绿色为血栓影像　　图 34.6　3 只小鼠含有附线血栓的左颈外静脉解剖　　图 34.7　3 只小鼠含有附线血栓的左颈外静脉荧光影像

3. 附线血栓称重

（1）术后 15 min，小鼠保持麻醉状态，重新暴露颈外静脉。

（2）结扎颈外静脉两端，连同附线血栓一起剪下颈外静脉。

（3）小鼠安乐死。

（4）划开颈外静脉，将血栓连同丝线一起取出，用生理盐水洗掉黏附的血细胞。测量附线血栓长度（图 34.8）。

（5）抽出丝线称重。

4. 附线血栓体积的测定

（1）制作压片板（图 34.9）：准备标准病理载玻片 2 片，两端各放置一片 0.1 mm 厚的盖玻片。

（2）将称重后的新鲜血栓放在下面的载玻片中部。

 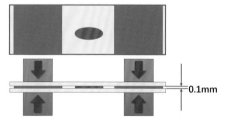

图 34.8　新鲜采集的附线血栓，背景标记单位为毫米　　图 34.9　血栓压片板示意。上为俯视图，下为侧视图。浅蓝色为载玻片。深蓝色为盖玻片，厚 0.1 mm。棕色为被压扁的血栓组织。灰色为夹持器，夹紧上、下载玻片

（3）将另一片载玻片压在血栓上，压紧固定（图 34.10）。由于上、下载玻片两端之间有 0.1 mm 厚的盖玻片，所以两片载玻片之间的间隙为 0.1 mm。

（4）显微镜下拍照，测量被压扁的血栓面积，血栓体积＝面积 × 厚度。

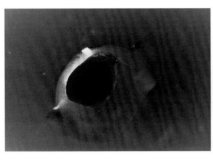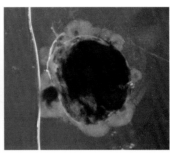

图 34.10　血栓压片。a. 压制前；b. 压制后

六、讨论

（1）附线血栓的采集：结扎颈外动脉两端，阻断血流，可以避免血流冲出，混乱视野。剪开血管，连同丝线一起取出。

（2）手术过程和拍照过程中必须保持小鼠正常的体温和适宜的麻醉深度，以稳定血流速度，避免血栓形成中的人为误差。

（3）颈外静脉远心端的表面筋膜组织和淋巴结无须清理，保留这些组织有利于封闭针孔，避免出血。

（4）通过胸肌穿刺，可以避免拔针出血。肌肉可以有效地封闭针孔。

（5）不推荐用 B 超检测血栓体积，因为 B 超接触动物身体血栓部位，明显影响血流，人为干扰血栓形成过程。

（6）理想的麻醉方式为异氟烷吸入麻醉。如果条件不具备（手术台或小动物活体荧光相机暗箱内没有连接吸入麻醉系统），也可以使用常规腹腔注射麻醉，但是要严格控制麻醉深度，确保小鼠血压平稳。避免因麻醉程度不稳定，导致血压差异过大，影响血栓形成过程。

（7）在做抗凝药物实验时，注射器内的生理盐水改用药液，药液浸泡丝线。针头穿刺前，将丝线从针孔拉出 3 cm 长，剪断前端，保留 1 cm 刚刚被拉出针孔的丝线，确保丝线浸润足够的药液。

（8）在将针头刺入颈外静脉前，先用镊子向下压迫胸肌，使颈外静脉压在锁骨上，血液流动被阻断，血管充盈，直径可达 1 mm，便于血管穿刺。

（9）针头偶然刺穿颈外静脉远心端，发生小量出血，可用棉签压迫止血（图34.11）。如果发生意外大出血，此动物只能放弃。

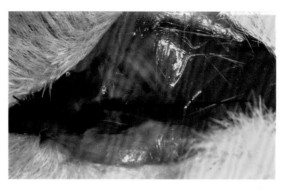

图 34.11　小量出血可用棉签压迫止血

第 35 章

深静脉血栓①

刘彭轩

一、模型应用

临床深静脉血栓是一种严重的血管疾病。由于长期卧床或长途飞行久坐，在下肢的静脉系统中有可能产生深静脉血栓，一旦血栓脱落，可能引起肺栓塞等严重并发症。

小鼠后腔静脉血栓模型是模拟深静脉血栓形成过程的实验模型。该模型的意义在于：

① 研究血栓形成机制：通过后腔静脉血栓模型，研究者可以深入了解血栓形成的机制，这对于深静脉血栓等血栓相关疾病的预防和治疗非常重要。

② 评估药物疗效：使用该模型可以测试不同药物和治疗方法对血栓形成的影响，从而筛选出潜在的治疗候选物和药物。

③ 探究遗传和环境因素：通过比较不同小鼠株系或特定的转基因小鼠，可以研究在血栓形成中遗传和环境因素的影响。

④ 研究预防措施：通过模拟血栓形成过程，研究者可以测试预防措施，包括抗凝剂、血管扩张剂等，以减少血栓形成的风险。

二、解剖学基础

小鼠后腔静脉是腹部最大的静脉，由左、右髂总静脉汇合而成，向前走行入胸腔。与本模型密切相关的分支有髂腰静脉、生殖静脉和腰静脉。后腔静脉结扎点，雄鼠在右髂腰静脉分支后（图 35.1），雌鼠在生殖静脉分支后（图 35.2）。

设计的静脉血栓形成部位在结扎点远心侧，这一段有数支腰静脉从背部肌肉中出来，在后腔静脉的背侧汇入（图 35.3）。小鼠仰卧开腹时看不到腰静脉，需要提起后腔静脉方

---

① 共同作者：肖双双。

可暴露。腰静脉分布不规则，有 3～4 条，有同名动脉伴行。为了避免个体差异造成的影响，需要截断这一段所有的腰静脉（图 35.4）。

图 35.1　雄鼠腹腔局部解剖。黄色箭头示左肾静脉；紫色箭头示髂腰静脉；蓝色箭头示后腔静脉；红色箭头示腹主动脉；横线示后腔静脉结扎位置

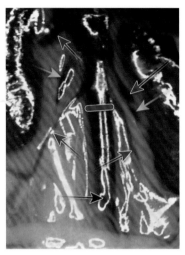

图 35.2　雌鼠腹腔局部解剖。黑色箭头示后腔静脉；蓝色箭头示肾静脉；黄色箭头示髂腰静脉；红色箭头示生殖静脉；横线示后腔静脉结扎位置

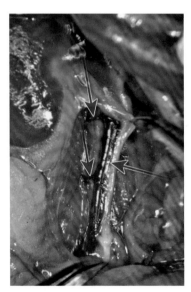

图 35.3　小鼠腰静脉解剖。镊子夹住后腔静脉筋膜，向左上拉起，暴露腰动静脉。红色箭头示后腔静脉；蓝色箭头示腰静脉

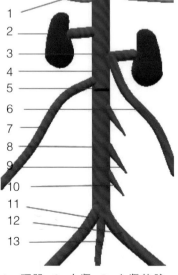

1. 膈肌；2. 右肾；3. 左肾静脉；4，8. 后腔静脉；5. 结扎点；6. 左髂腰静脉；7. 右髂腰静脉；9，10. 腰静脉；11. 右髂总静脉；12. 左髂总静脉；13. 尾正中静脉
图 35.4　与手术相关的雄鼠静脉解剖示意

三、器械材料与实验动物

（1）设备：显微镜，恒温手术板，保温垫。

（2）器械材料：手术剪，皮肤镊，显微镊，持针器，拉钩，8-0 缝合针，6-0 丝线。

（3）实验动物：C57 小鼠，雄性，8 周龄。

四、手术流程

（1）小鼠常规麻醉。

（2）腹部备皮，仰卧固定于恒温手术板上。腰部垫高 1 cm，常规腹部消毒。

（3）沿腹中线常规开腹（参见《Perry 小鼠实验手术操作》"第 17 章　开腹"）。

（4）安置拉钩暴露腹腔。

（5）在小鼠身体左侧垫温湿生理盐水纱布，用湿棉签将肠管整体拨至纱布上，翻转纱布覆盖肠管。暴露后腔静脉。

（6）用显微镊分离并牵引后腔静脉筋膜向右上，暴露腰静脉。

（7）将 8-0 缝合针从腰静脉下方穿过（图 35.5）（参见《Perry 小鼠实验手术操作》"第 51 章　缝针结扎"），结扎腰静脉（图 35.6）。同法结扎所有腰静脉。

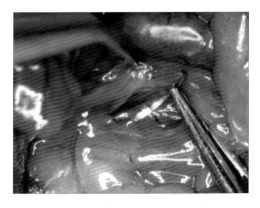 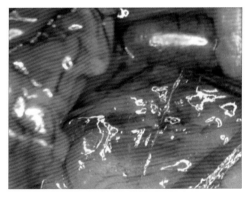

图 35.5　缝合针直接从腰静脉下方穿过，无须分离腰静脉

图 35.6　腰静脉结扎时，在靠近结扎点处打结。注意不可向上提拉，以免拉断血管

（8）于后腔静脉结扎位点轻轻提起周围的结缔组织，暴露腹主动脉。注意雄鼠和雌鼠后腔静脉结扎位点的差异。

（9）用显微镊分离腹主动脉与后腔静脉，使动静脉之间出现较宽的空隙。

（10）右手持显微镊将 6-0 缝合线穿过动静脉之间的空隙，从后腔静脉下方穿过，打死结。

（11）将脏器组织还纳至腹腔，并往腹腔滴注适量生理盐水润湿腹腔，用皮肤夹关腹。

（12）将小鼠安置于保温垫上苏醒。

（13）苏醒后将其置于正常室温环境 1 h，然后维持保温环境 5 h。提供普通鼠食和饮水。

（14）术后 6 h 取栓。

五、模型评估

（1）术后开腹取栓并称重（图 35.7）。

（2）有效抗血栓药物以此模型为药效筛选平台，区别血栓药物治疗组和正常对照组血栓生成结果（图 35.8）。

（3）随时活体 B 超检查血栓形成状态。

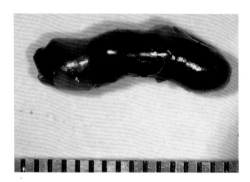 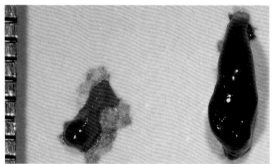

图 35.7　术后 24 h 后腔静脉血栓标本　　图 35.8　术后 6 h 血栓标本。左为抗血栓药物治疗组，右为正常对照组

六、讨论

（1）分离腹主动脉及后腔静脉时，尽量避免使用尖锐的手术器械。

（2）腰静脉也可以用单极电烧灼器烧断，优点是快速，体内不留异物。缺点是容易不同程度地伤及其下方的肌肉和伴行动脉。

（3）术后数小时的保温环境，有助于血栓形成。

（4）血栓质量称取应及时，以避免因标本干燥而减轻质量，同时要用滤纸吸干表面体液，以避免虚增质量。

（5）称取质量时，可以将血栓连同静脉一起称取，避免在剥离静脉时导致血栓破碎。

（6）B 超检测要慎重，避免影响血流和血栓的完整性。

第 36 章

动静脉短路附线血栓①

王成稷

一、模型应用

血液中的血小板和纤维蛋白等血液内固态物质附着在丝线上，可以形成附线血栓。用一条内置丝线的导管沟通颈总动脉和颈外静脉，血液从颈总动脉流入对侧的颈外静脉，会有附线血栓形成。

附线血栓模型是一种常用的实验动物模型，从最初的兔模型、大鼠模型发展到现在的小鼠模型，用于研究血栓形成和血栓相关疾病的发病机制以及评估抗血栓治疗的效果。

（1）了解血栓形成的影响因素、调控机制以及相应的信号通路。

（2）评估抗血栓药物：附线血栓模型可以用于评估抗血栓药物的效果。

（3）研究血栓相关疾病：血栓是导致心脑血管疾病的重要原因，如心肌梗死、脑卒中等。通过建立附线血栓模型，可以模拟这些疾病的发生过程，研究预防和治疗措施。

二、解剖学基础

两侧纵向走行颈总动脉没有大的血管分支，颈外静脉有数条分支汇入（图 36.1）。

---

① 共同作者：刘彭轩。

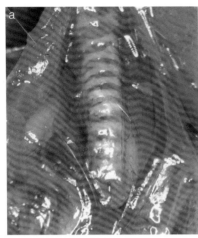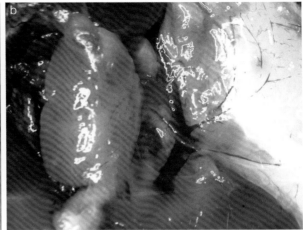

图 36.1　颈动脉解剖。a. 小鼠颈总动脉染料灌注照，未见明显的血管分支；b. 左侧颈外静脉，可见数根分支汇入

三、器械材料

（1）通用器械材料：活体荧光相机，恒温手术板，单极电烧灼器，显微尖镊，尖齿弯镊，皮肤剪，8-0 缝合线（结扎线），9-0 缝合线（连通管内置线），31 G 针头（穿刺颈总动脉）、组织胶水。

（2）自制器械：

① 颈总动脉垫片（制作方法参见《Perry 小鼠实验手术操作》"第 50 章　垫片断血"）。

② 连通管：连接动脉和静脉的连通管，由 3 cm 硅胶管制成，其内径与 PE 10 聚乙烯管（以下简称"PE 10 管"）外径相同。PE 10 管与硅胶管两端相连，且深入 1 cm。PE 10 管的端头连动脉端的切成 45°，连静脉端的切成 15°。硅胶管内穿一条 7-0 缝合线，缝合线在动脉端露出 3 mm，在静脉端缩入 3 mm。

四、手术流程

（1）小鼠常规麻醉，颈前区备皮，仰卧固定于手术板上。

（2）上门齿拉线固定，使头呈后仰位，后颈垫高 1 cm，四肢胶带固定。

（3）常规术区皮肤消毒。

（4）颈中线皮肤切开，位置和大小如图 8.9 所示。安置拉钩。

（5）铺无菌中孔纱布，用生理盐水湿润。

（6）沿颈中线划开皮肤，用 2 支棉签分离清理浅筋膜，暴露颈前肌肉（图 36.2）。

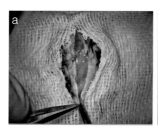

图 36.2　划开皮肤（a），暴露颈前肌肉（b）

（7）暴露右颈总动脉（参见《Perry 小鼠实验手术操作》"第 15 章　颈总动脉暴露"），分离颌下腺。

（8）分离右胸骨舌骨肌和胸骨乳突肌，烧断胸骨端肌腱，向上翻起右胸骨舌骨肌，暴露下面的右颈总动脉（图 36.3）。

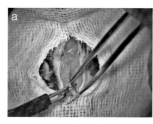

图 36.3　烧断胸骨端肌腱（a），暴露右颈总动脉（b）

（9）分离浅筋膜，在皮肤切口左侧安置拉钩，暴露左颈外静脉（参见《Perry 小鼠实验手术操作》"第 14 章　颈外静脉暴露"）（图 36.4a）。钝性分离颈外静脉至少 2 mm（图 36.4b）。

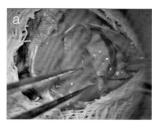
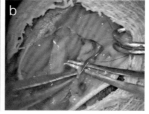

图 36.4　暴露左颈外静脉（a）并进行钝性分离（b）

（10）在颈外静脉下预置两条结扎线（图 36.5）。

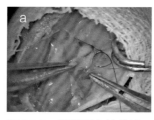
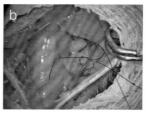

图 36.5　预置两条结扎线

（11）钝性分离右颈总动脉约 3 mm，并将垫片放置其下以阻断血流（参见《Perry 小鼠实验手术操作》"第 50 章　垫片断血"）（图 36.6）。

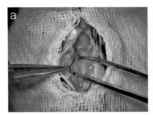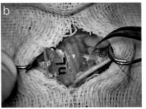

图 36.6　分离右颈总动脉（a）并放置垫片（b）

（12）用针头在血流被阻断的颈总动脉远心端向心方向 30° 刺穿血管前壁，将连通管动脉端头向心刺入针孔，进入颈总动脉 5 mm（图 36.7）。滴少量胶水固定血管与连通管动脉端。

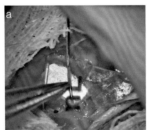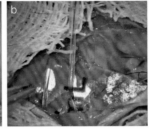

图 36.7　针头（a）和连通管（b）刺入颈总动脉位置和方向

（13）轻轻拉动垫片，放少量血液进入连通管，以确认血液是否能通畅流过。然后用血管夹夹闭连通管（图 36.8）。

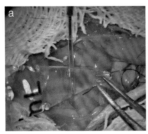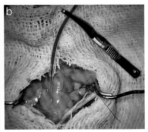

图 36.8　血液顺利流入连通管后（a），夹闭连通管（b）

（14）调整血管夹的位置，方便将连通管静脉端插入颈外静脉。

（15）临时放开血管夹，垫片松动少许，务必使血液流到连通管静脉端顶端。

（16）立即夹闭血管夹阻断血流。

（17）将连通管静脉端穿过远心端预置结扎线环。

（18）左手持显微镊向远心端拉紧颈外静脉，右手持弯镊将连通管静脉端头向心方向刺入颈外静脉（图 36.9），深入 5 mm。

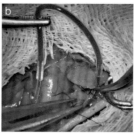

图 36.9　连通管静脉端穿过线环（a）刺入颈外静脉（b）

（19）扎紧远心端结扎线，固定连通管在颈外静脉外的位置；扎紧近心端结扎线，固定连通管在静脉内的位置（图 36.10）。

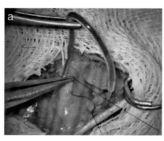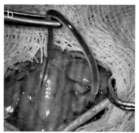

图 36.10　扎紧颈外静脉远心端（a）和近心端（b）的结扎线

（20）拆除血管夹，开始计时（图 36.11）。

（21）将小鼠放置在小动物活体荧光相机暗室内，保持麻醉保温状态，全身屏蔽，仅暴露连通管。

（22）连续拍摄，每分钟 1 张。

（23）15 min 后，立即实施快速安乐死。

（24）直接拔出连通管，夹住丝线缓慢匀速从连通管中抽出（图 36.12）。

图 36.11　拆除血管夹

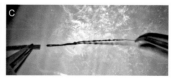

图 36.12　取出附线血栓

（25）用分析天平称取血栓质量。

（26）拍摄血栓大体照片。

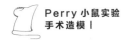
五、模型评估

（1）称取血栓质量。

（2）血栓大体影像分析。

（3）荧光影像分析：根据血栓形成速度绘制血栓生成曲线，评价抗血栓药物药效。

（4）组织学评估：将血栓进行组织切片和染色处理，评估血管内血栓的形态学特征，如血栓组织结构、血栓附着情况等。

六、讨论

（1）麻醉方式选择：如果小动物活体荧光相机内可连接吸入麻醉系统，首选吸入麻醉，否则，选择腹腔注射麻醉。

（2）根据研究需要决定实验时间。一般 15 min 后，血栓形成速度明显减慢。

（3）根据研究需要，可以适当改变连通管长度，以获得不同数量的血栓。

（4）实验全程需要保证小鼠体温正常，以避免因为麻醉导致的体温下降，血循环速度降低，影响血栓形成速度。

（5）药物测试，除了常规给药方法之外，还可以将药液浸湿连通管内的缝合线，以无药液浸湿的缝合线为对照。

（6）放松活扣少许，让少量血液进入导管，以证实血流通畅。如发现管中有气泡，需要再放出少许血液，冲出管内气泡。

（7）连通管静脉端不用缝合线结扎，改用组织胶水固定更快捷。

（8）如果操作技术不甚熟练，连通管容易出现凝血块。为避免这类状况发生，事先在连通管内灌满生理盐水。在步骤 12 后，省略步骤 13。固定连通管后，直接做静脉插管。

（9）上述操作，在静脉插管之前，如果连通管内生理盐水部分缺失，需放松血管夹少许，让少量血液进入连通管，直至连通管内的生理盐水前端到达连通管静脉端，确保连通管内无气泡，方可进行静脉插管。

（10）如果能够用拉钩充分暴露颈总动脉，可以不剪断胸骨舌骨肌。

（11）连通管务必处于原始状态，如果不能保证镊子不夹扁连通管，必须改用管镊。

活体血管窗

第五篇

第 37 章

薄骨脑窗[①]

刘彭轩

一、模型应用

颅骨暴露一般用于颅脑手术。由于小鼠颅骨非常薄，可以通过颅骨隐约直视大脑表浅血管。颅骨窗模型便于观察大脑表层，适于研究脑血管病、脑缺血、神经损伤等。将顶骨打开，可以更清晰地观察大脑，但这种操作对小鼠的损伤巨大，一般仅用于特定的终末实验。

为了长期清晰地观察脑部，小鼠薄骨脑窗模型应运而生，被磨薄的颅骨仍然保持颅腔的密闭，薄化的颅骨透明度与去除颅骨相近，因此，该模型广受欢迎。

二、解剖学基础

小鼠颅顶区解剖可参见"第 2 章　颅骨开窗"和《Perry 小鼠实验手术操作》"第 11章　颅骨暴露"。小鼠颅顶区表面是皮肤和体毛，其下有一层浅筋膜，再往下是颅骨（图 37.1）。从顶骨表皮到硬脑膜厚度约为 600 μm，颅骨厚度不足 200 μm。顶骨（图 37.2）面积大，左、右各一，相交于矢状缝，是最常用于磨薄的区域。

---

① 共同作者：王成稷。

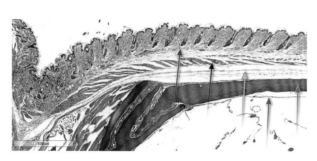

图 37.1　小鼠颅骨病理切片，H-E 染色。紫色箭头示皮肤和真皮下层；黑色箭头示皮肌；绿色箭头示浅筋膜；红色箭头示硬脑膜；蓝色箭头示颅骨（辛晓明供图）

图 37.2　小鼠顶骨大体解剖。虚线内为顶骨

三、器械材料

器械材料参见《Perry 小鼠实验手术操作》"第 11 章　颅骨暴露"。

四、手术流程

手术流程参见《Perry 小鼠实验手术操作》"第 11 章　颅骨暴露"。

五、模型评估

（1）薄骨厚度标准：轻触表面如软纸塌陷（骨脊处除外），撤除压力可自动弹回，恢复原有状态。

（2）薄骨完整标准：硬脑膜完整。

（3）薄骨光学标准：抛光后透光性好（图 37.3），可以清晰地直视大脑皮质浅表血管。

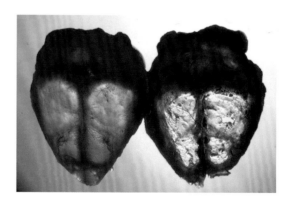

图 37.3　左侧颅骨未经打磨，右侧为打磨后的薄颅骨，透光度明显不同

六、讨论

（1）控制打磨的颅骨的厚度很关键。打磨不足则保留太多颅骨，影响透明度；打磨过

度会破坏硬脑膜，出现脑脊液外溢，进而损伤软脑膜，发生大量出血，导致手术失败。

（2）打磨时，手的稳定非常重要。手腕需要依托台面，以得到良好的支撑。

（3）打磨时，左手拇指、中指和无名指三指配合，固定鼠头。右手横握电钻，用钻头侧面切削打磨颅骨。

（4）打磨时向下的压力要适宜。压力过大容易磨穿颅骨，过小会导致打磨时间过长，产热过多。

（5）打磨时需大面积平扫，避免专注于一点。

（6）额骨区域容易出血，打磨时需慎重。

（7）打磨时注意时间的控制。每次打磨时间不可超过半分钟，其间用生理盐水冲洗降温；打磨总时长一般为 5 min。

（8）小鼠麻醉后，在其双眼涂眼膏以保护角膜。

（9）做影像观察时，颅骨表面可以滴纯净矿物油，提高透明度。激光散斑扫描时可以用矿物油，但不可用耦合剂。

（10）如果属于终末实验，头顶打湿不必消毒，用生理盐水即可。

（11）擦除头顶的浅筋膜后，常见脑脊液自颅骨内面溢至顶骨表面（图 37.4）。

（12）骨层被磨除时，偶有硬脑膜的小血管破损，有少量点状出血，混同脑脊液溢出，属于常见现象。出血一般很快停止（图 37.5）。

（13）打磨后抛光是为了平滑薄骨表面，使透过薄骨的图像更清晰。

（14）薄骨效果以能清楚看到大脑表面的血管为佳，如图 37.6 所示，左侧颅骨未打磨，右侧为磨薄区域，血管较左侧清晰可见。

 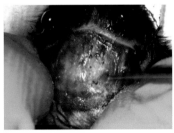 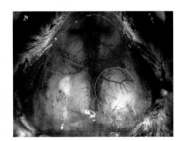

图 37.4　圈示渗出的脑脊液　　图 37.5　图示颅骨散在出血点　　图 37.6　磨骨与否对比。右侧圈内为薄骨区

第 38 章

皮窗^①

刘彭轩

一、模型应用

小鼠背部皮肤折叠窗口模型（dorsal skin-fold chamber，DSFC）（简称"皮窗模型"）是一个有 70 多年历史的小鼠小血管直视经典模型，是根据小鼠皮肤薄、背部皮肤移行性大的特点创建的。将活体皮肤拉起，切除一侧，能从皮肤内面观察血管网的血流状况，包括红细胞和白细胞运行、贴附及血流速度等；模型小鼠可以保持存活，以供多日连续观察。

由于传统的皮窗模型（图 38.1）可以大面积、长期观察活体血流，被广泛用于血管和血液病、出凝血等基础医学和药学研究。但该模型的缺点是，皮窗由钢板、金属螺钉和螺母、玻璃片构成，庞大而沉重，其质量可达小鼠体重的 1/4，严重影响小鼠手术损伤的恢复，并给术后存活造成沉重负担。尽管如此，数十年来，这个模型仍在沿用。

在本章中，将介绍作者独家研发的轻便的新型皮窗模型（图 38.2），其所用材料的质量只有传统材料的十几分之一，且可以在体拆开放平，手术时间也较传统方法节省数倍。本章还将详细介绍这种新型模型构件的制作方法。

图 38.1　传统的皮窗模型

图 38.2　改进后的新型皮窗模型

---

① 共同作者：王成禝。

二、 解剖学基础

小鼠背部皮肤血管走行于真皮下层，皮肌表面。血管由两侧向背中线走行，在中线汇通，以直径小于 50 μm 的小血管左右吻合成网状（图 38.3，图 38.4）。两侧血管分布非常对称，动静脉伴行规律。背部前段和中段动脉来自腋动脉。

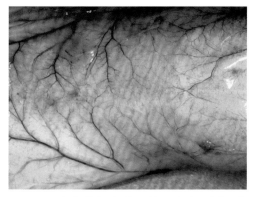 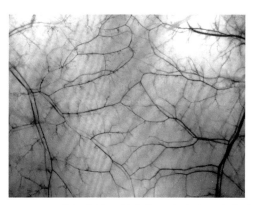

图 38.3　小鼠背部皮肤翻转，左为尾侧，右为头侧，中央为背中线　　图 38.4　背部中线区域血管左右吻合，高倍镜下可见动静脉伴行

三、器械材料

（1）设备：附带透照底光的手术显微镜，吸入麻醉系统。

（2）通用器械材料：持针器，环镊，显微齿镊，显微剪，压痕环，5-0 黑丝线缝合针，18 G 3 cm 注射器针头，脱毛剂，组织胶水。

（3）自制器械：不锈钢丝皮窗弓，皮窗影像板。制备方法附于本章末。

部分器械材料如图 38.5 所示。

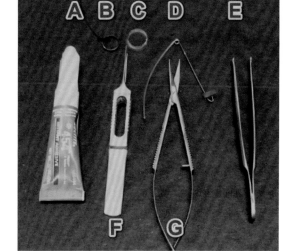

A. 组织胶水；B. 压痕环；C. 皮窗；D. 窗弓；E. 环镊；F. 显微齿镊；G. 显微剪
图 38.5　部分器械材料

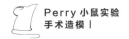

四、手术流程

1. 术前准备

（1）术前 24 h 小鼠背部用脱毛剂脱
毛。

（2）小鼠常规吸入麻醉满意后，从
麻醉箱移至带吸入麻醉头罩的手术板上。

（3）俯卧位安置（图 38.6）。

2. 窗弓安装

窗弓的安装如图 38.7 所示。

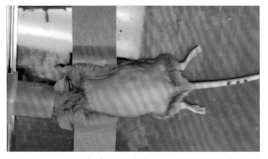

图 38.6　小鼠俯卧于手术板上，示脱毛备皮区域

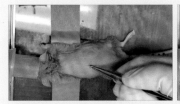

（1）在背弓隆起最高处，用环
镊沿背中线做一个夹痕。

（2）在前后 1.8 cm 处再各
做一个夹痕。

（3）将 18 G 针头从后夹痕处
刺入皮下。

（4）针头走行于皮下，从前夹
痕处穿出皮肤。

（5）将窗弓游离端从针孔插
入针头。

（6）将窗弓游离端完全插入针
头。

（7）从皮下拔出针头。

（8）窗弓游离端随针头拔出被
安置于背部皮下，其游离端露
出皮肤。

（9）用镊子将窗弓游离端垂直
插入弓弦上的硅胶块内 5 mm。

（10）完成窗弓在皮下的安置。 （11）在中央夹痕处，用环镊 （12）用5-0丝线将中央夹痕
将皮肤和窗弓钢丝夹在一起。 处皮肤和窗弓钢丝缝合固定在
一起，勿剪线头。

（13）用保留的线头将一小塑 （14）抽出塑料棒，留下一个 （15）将窗弓与皮肤固定。用
料棒打结。 线环。 大头针从左向右穿过窗弓前端硅
胶块和皮肤。

（16）用同样方法固定窗弓后 （17）将微型大头针穿一个硅 （18）皮窗在皮下安置完毕。
端。 胶垫片，在窗弦中部从右向左
刺穿皮肤和中部硅胶块。

（19）透光检查窗弓内两侧皮
肤血管走行分布。准备移到显
微镜下安置皮窗。

（20）在手术板上安置窗弓支架。
（21）将小鼠右侧卧位安置于窗弓支架上，开启保温和面罩
吸入麻醉系统。
（22）将皮窗弓上的中央线环挂到窗弓支架的固定钩上，收
紧固定钩。
（23）连同小鼠和弓架一起安置于手术显微镜下。

图 38.7 窗弓的安装

3. 皮窗安装

（1）开启显微镜底灯照明，透照小鼠皮窗。图 38.8 显示小鼠安置在皮窗影像板上，
底灯开启，可见背窗透光。

（2）用直径 9 mm 的金属环在背弓中央的左侧皮肤上按压环痕（图 38.9）。

（3）沿环痕剪除皮肤，初步形成皮肤缺损区。右侧皮肤内面暴露，因无左侧皮肤遮蔽，血管清晰可见（图 38.10）。

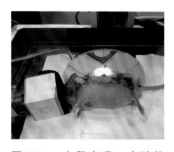 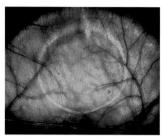 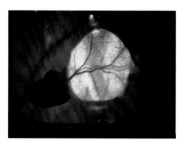

图 38.8　小鼠在吸入麻醉状态下侧卧于皮窗影像板上　　图 38.9　浅色的按压环痕在显微镜下清晰可见　　图 38.10　中央圆形亮区为左侧皮肤剪除区，可见右侧皮肤血管。其左侧暗色片状物为被剪除的左侧皮肤

（4）向缺损区内滴入 1 滴生理盐水，浅筋膜吸收水分瞬间膨胀呈果冻状。用显微齿镊夹住并提起膨胀的浅筋膜，贴皮肌剪除（38.11）。

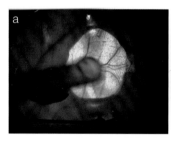 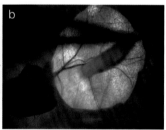

图 38.11　剪除浅筋膜。a. 滴入生理盐水使浅筋膜膨胀；b. 夹起拟剪除的浅筋膜

（5）向缺损区内再滴 2 滴生理盐水，以免安置皮窗时出现气泡。

（6）将皮窗插入缺损区内（图 38.12a）。其中皮窗的内缘插入皮肤中，外环卡在皮肤外。

（7）用纸捻从皮窗边缘吸干缺损区内的生理盐水（图 38.12b），使皮窗紧贴左侧皮肤内面。

（8）用组织胶水将皮缘内面和皮窗内缘的外部黏合（图 38.12c）。

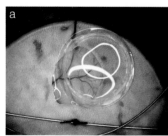 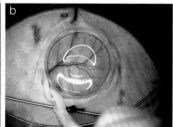 

图 38.12　皮窗的安装。a. 准备插入的皮窗；b. 纸捻吸干皮窗下方的生理盐水；c. 安置完毕的皮窗

4. 背窗使用

（1）小鼠麻醉状态下，右侧卧安置于皮窗影像板上，开启电热盘，连接吸入麻醉面罩。

（2）将皮窗环挂到窗弓支架的固定钩上，收紧固定钩。

（3）将皮窗影像板放置于显微镜下，调整透照光，这时皮肤血管清晰可见（图38.13）。

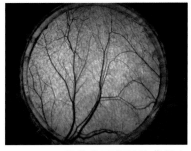

图38.13　显微镜下所见的背部血管影像

（4）模型做好后，可以在任何时间用显微镜进行观察、拍照、录制皮肤血管视频。影像研究后，小鼠脱离气体麻醉，单笼喂养（图38.14a）。

（5）需要时，可以将弦中部的缝合线拆除，窗弓放平。还可以大范围移动左侧皮肤，利用皮窗观察左侧腹壁，甚至可以透过腹壁观察部分内脏。若两次观察时间间隔较长，也可以把窗弓放平，降低小鼠术后不适（图38.14b）。

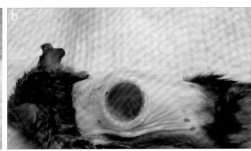

图38.14　处于清醒状态的小鼠。a. 术后苏醒的小鼠，可自如活动；b. 窗弓平放状态的小鼠

五、模型评估

（1）模型建立后，正常小鼠皮窗内血管图像清晰，血流速度正常（图38.15）。

（2）小鼠清醒后，数日内活动自如。

六、讨论

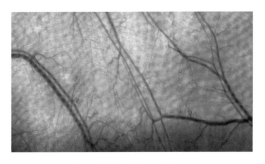

图38.15　高倍镜下的背皮血管

新型皮窗模型为作者独创，较传统模型具有明显优势：

（1）手术对小鼠机体损伤小，没有传统方法中用3个粗大的螺钉贯穿皮肤，再经多条

缝合线缝合对机体造成的损伤。

（2）新模型手术简单快捷，10 min 内可以完成，大大缩短了手术时间。

（3）新模型支架可以随时放平，有利于小鼠术后的长期喂养。

（4）窗弓质量轻，仅为传统金属窗框的 1/10，大大改善了术后模型器具对小鼠的损伤。

（5）对比：在图 38.16 中，左侧是传统皮窗架，由两片金属板和 3 个螺钉和螺母组成。右侧是不锈弹簧钢丝做的皮窗弓，采取皮下支撑的方法。

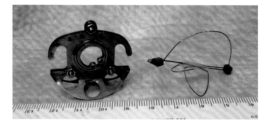

图 38.16　传统皮窗装置和新装置的比较。左为传统装置，右为新装置

（6）本章介绍的背弓两端用硅胶块相连接，也可以只在背弓尾端用硅胶块。

（7）在弓弦中央穿一块硅胶块，可以避免用针线缝合固定皮肤与中部弓弦，直接用一个微型大头针将皮肤与硅胶块钉在一起即可。

（8）用微型大头针将皮肤与两端硅胶块钉在一起，可避免缝合操作，节省时间，便于拆卸。

附：皮窗影像装置制作

皮窗影像装置分为 4 个部分：

（1）窗弓：可以将小鼠背部皮肤支撑成弓形。

（2）皮窗：在皮弓区域皮肤安置的透明窗，可以直接观察对侧皮肤内面的血管。

（3）水平影像板：侧卧安置小鼠，令其背窗可以在垂直透照显微镜下获取影像。

（4）垂直影像板：仰卧安置小鼠，令其背窗可以在水平透照显微镜下获取影像。

（一）窗弓

1. 装置要求

（1）窗弓可将背部皮肤撑起 1.4 cm。

（2）窗弓轻便，质量不超过 0.4 g。

（3）窗弓可随时拆装。

2. 材料与制作

（1）选择 3 个硅胶块，尺寸为 2 mm × 2 mm × 3 mm。

（2）用作弓弦的不锈钢丝直径 0.64 mm，长 55 mm，两端回弯成 U 形，中间长度为

33 mm。两端和中间各插入一块硅胶块。

（3）作为弓背的不锈钢弹簧钢丝直径 0.37 mm，长 58 mm，如图 38.17 所示弯曲成弓。可以随时拔出、插入。根据实验需要，也可以附加支撑架。如图 38.16 所示。

（二）皮窗

1. 装置要求

（1）材料透明度高，轻便，不含有自发荧光，便于做荧光影像学研究。

（2）与皮肤连接紧密。

（3）方便固定在皮窗影像板上。

2. 材料与制作

（1）准备一块无荧光透明塑料圆盖片，直径 1.3 cm，厚 0.1 mm。

（2）准备一个塑料环，直径 1.1 cm，厚 0.5 mm，高 2 mm。将塑料环粘在塑料片上（图 38.18）。

（三）水平影像板

水平影像板可以使小鼠侧卧，用于垂直透照显微镜观察。

1. 装置要求

（1）皮窗对应部位透明，可以通过显微镜透照光。

（2）具有小鼠保温装置。

（3）可连接吸入麻醉系统。

（4）具备皮窗固定设施。

2. 材料与制作

（1）材料：电热盘；拉钩 1 个，长 3 mm；铁板 1 块，尺寸为 10 cm × 10 cm × 0.3 cm；硅胶块。

（2）制作：图 38.19 显示了水平影像板的结构组成。

① 圆柱体影像底板。直径 10 cm，中心透空处（图 38.20C）直径 1.5 cm。

② 影像板前端固定一块硅胶块，有拉钩（图 38.20A）通过，可以随时调整拉钩松

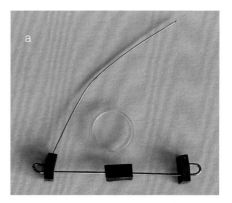
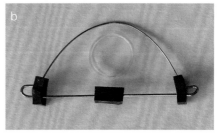

图 38.17　窗弓。a. 弓状钢丝插入前；b. 弓状钢丝插入后，形成窗弓，中间圆形的是"窗户"

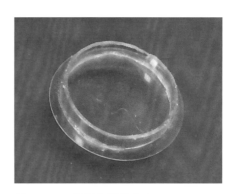

图 38.18　已制作好的皮窗

紧程度。

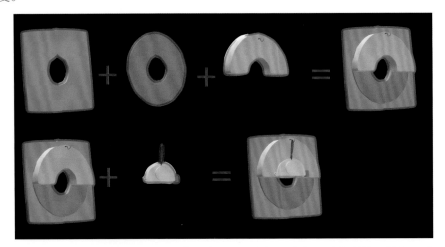

图 38.19　水平影像板的结构组成。蓝色圆孔方板为底盘，具有磁性；橙色圆孔圆盘为电热盘，温度可调；灰色半圆盘为窗弓支架，上面装有 1 个拉钩，用于挂牵引固定线；上图为水平影像板组装示意。下图中黄色弓形图为活体背窗弓示意（图中省略小鼠身体），其中央浅灰色圆形为皮窗。下图最右侧为小鼠安置在水平影像板后（小鼠省略），可见窗弓通过拉钩固定在影像板上

③影像板与铁板之间有电热盘（图 38.20D）。

④一侧连接吸入麻醉面罩（图 38.20B）。

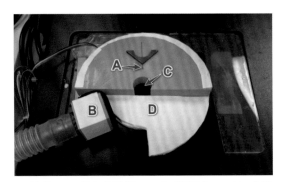

A. 拉钩；B. 吸入麻醉管口；C. 透照窗口；D. 小鼠侧卧处，下为电热盘

图 38.20　皮窗水平影像板

（四）垂直影像板

垂直影像板，可以使小鼠仰卧，用于水平透照显微镜观察。

1. 装置要求

（1）皮窗部分透明，可以通过显微镜透照光。

（2）连接气体麻醉系统。

（3）具备皮窗固定设施。

2. 材料和制作

用三维打印机打印 3 个塑料组件：卧床、支架和麻醉面罩。

（1）卧床和支架（图 38.21，图 38.22）：中间有裂隙，可以将背窗插入。支架上有穿孔，可以将背窗硅胶块用穿钉固定在支架上。

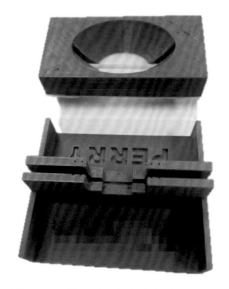

图 38.21　卧床（上）和支架（下）

图 38.22　拍摄影像时，小鼠仰卧其上，背窗从下面的支架透出

（2）气体麻醉面罩：小鼠头部可以完全进入面罩，面罩上端连接气体麻醉套管。

（3）组装后小鼠头部在面罩内，背窗下插固定在支撑架内，横向有透照光供水平活体显微镜观察（图 38.23）。

图 38.23　使用中的垂直影像板

第 39 章
肠系膜窗①

刘彭轩

一、模型应用

研究血管和血液疾病时，观察活体血流是非常重要的手段。在小鼠模型中，常用的观察部位有四个：脑表面、皮窗、提睾肌和肠系膜。其中肠系膜血管没有皮肤、骨骼和肌肉覆盖，清晰度最高；不利之处在于，虽然靠近肠的部位脂肪较少，但肠系膜血管大部分被肠系膜脂肪所覆盖，年龄越老、越肥胖的小鼠，这个现象越严重，所以，此模型多选用周龄小的小鼠。

小鼠肠系膜窗可用于药物研究，评估药物对血管的作用（如血管扩张性能）及抗炎效果等，也可以通过对小鼠肠系膜血管直接观察测试新药的潜在效果和安全性。更多的是用于肠系膜血栓，尤其是三氯化铁损伤所致的肠系膜血栓的研究。

肠系膜血管需要在显微镜下透照观察，这就需要一套暴露、展开肠系膜的设施。本章着重介绍笔者研发的专用设施的设计和使用。关于肠系膜血栓模型，可参见《Perry 小鼠实验给药技术》"第 66 章　肠系膜下注射"。

二、解剖学基础

肠系膜是脏腹膜对折而成，成扇形延展，最终从两侧将肠管包裹起来。其夹层内有肠系膜血管走行，肠系膜动静脉规则伴行。肠系膜血管被大量肠系膜脂肪包绕（图 39.1）。

肠系膜动脉有两个来源：肠系膜前动脉发自腹主动脉；肠系膜后动脉发自右髂总动脉。

---

① 共同作者：王成襄。

这两条肠系膜动脉呈放射状规则走行于肠系膜中，于距离肠壁约不足 1 mm 处分成左、右肠动脉，有同名静脉伴行（图 39.2）。左、右肠动静脉从两侧包绕肠管。在左、右肠动静脉抵达肠壁之前，肠系膜两层分开，形成了一个不足 1 mm 高的狭窄间隙——血管跨肠间隙（图 39.2 中黑线穿过的位置，图 39.3）。在老龄、肥胖小鼠，这个间隙常被肠系膜脂肪部分覆盖。幼鼠此处脂肪极少，得到的血管图像比较清晰。

图 39.1　肠系膜血管解剖。可见肠系膜内有大量脂肪和规则分布的肠系膜血管

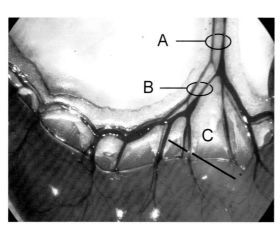

A. 肠系膜动静脉；B. 肠动静脉；C. 黑线穿过区域示血管跨肠间隙

图 39.2　5 周龄小鼠肠系膜远心端血管

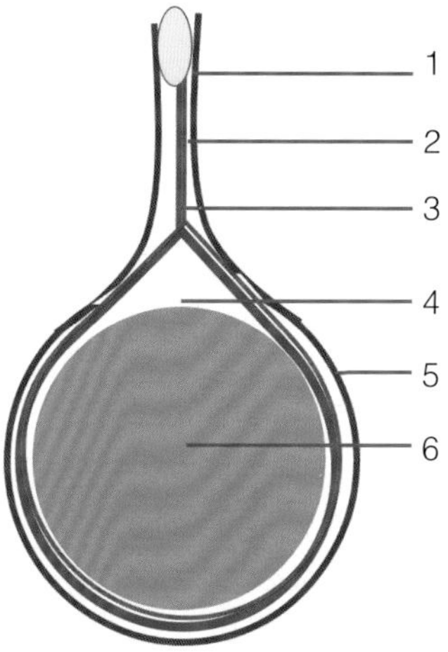

1. 肠系膜脂肪；2. 肠系膜静脉；3. 肠系膜动脉；4. 血管跨肠间隙；5. 肠系膜；6. 肠管

图 39.3　肠系膜血管跨肠区示意

三、器械材料

（1）通用器械材料：具备透照功能的显微镜；薄滤纸，在特定位置剪一个 1 mm² 的方形孔洞作为观察窗口；组织胶水；温生理盐水。

（2）自制器械：小鼠肠系膜影像架（图 39.4）。影像架的尺寸很重要，尤其是载玻片垫脚（图 39.4b 中的 B），其高度应为小鼠侧卧时腹部厚度的 1/2，与腹中线在同一水平面。如果小鼠过小，需要适当垫高卧位。

a   b

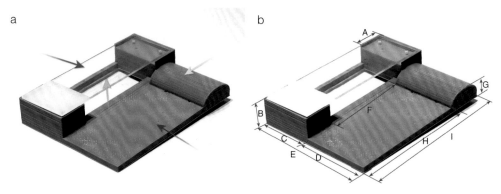

A. 15 mm; B. 13 mm; C. 27 mm; D. 33 mm; E. 60 mm;
F. 44 mm; G. 9 mm; H. 58 mm; I. 79 mm

图 39.4　小鼠肠系膜影像架。a. 黄色箭头示"枕头"；蓝色箭头示铺肠的普通病理标本载玻片，其下方透空，以透过显微镜底光(浅蓝色箭头所示)；红色箭头示小鼠卧位，其下面设置保温垫，以维持小鼠体温。b. 影像架尺寸

四、手术流程

（1）小鼠常规麻醉，腹部备皮，仰卧置于肠系膜影像架上。

（2）沿腹正中线开腹（参见《Perry 小鼠实验手术操作》"第 17 章　开腹"）。

（3）▶将小鼠右侧卧，腹部顶在病理载玻片内侧面（图 39.5）。

（4）用 2 支生理盐水湿棉签夹出小段肠管，铺平在载玻片上，呈圆形摊开（图 39.6，图 39.7）。

　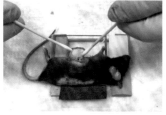　

图 39.5　开腹后，使小鼠侧卧于影像架上

图 39.6　用湿棉签将小肠从腹腔内托出，平铺在载玻片上。观察区域必须在透空区上方

图 39.7　将一段小肠平摊在载玻片上，拉直肠系膜血管

（5）用平镊将肠管提起，将组织胶水用针头沾在载玻片的肠系膜无血管区域，共两处。然后放下肠管，使肠系膜固定于载玻片上（图 39.8）。

（6）用生理盐水湿棉签整理肠管，使胶水尽可能将肠系膜与载玻片大面积粘在一起（图 39.8d）。

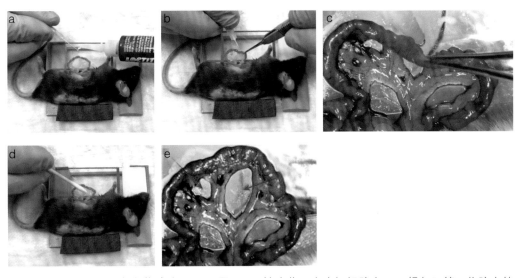

图 39.8　将肠系膜固定在载玻片上。a. 用 31 G 针头蘸一小滴组织胶水；b. 提起肠管，将胶水粘在载玻片的肠系膜无血管区；c. 将肠系膜放下；d. 用生理盐水湿棉签整理；e. 完成固定的肠系膜，蓝色箭头示点胶水处

（7）用薄滤纸覆盖肠管，将观察区暴露在滤纸窗口下（图 39.9）。

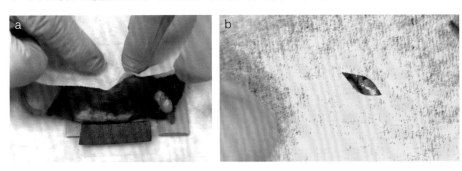

图 39.9　制作观察区。a. 用薄滤纸覆盖；b. 将滤纸窗口对准目标血管

（8）马上在滤纸上滴温生理盐水，使滤纸被浸湿，肠管和肠系膜随之显现出来（图 **39.10**）。注意保持肠管湿润并注意保温。

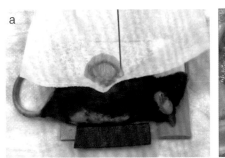

图 39.10　润湿肠管和肠系膜。a. 滴加生理盐水；b. 肠管和肠系膜显现

（9）关闭显微镜顶灯，开启底灯，聚焦于窗口区（图39.11）。

（10）检测模型成功后，立即开始活体影像检测、记录或其他操作。

（11）活体影像检测结束后，用棉签轻推肠管，即可将肠管从载玻片上取下，清理肠系膜上的固态胶水，将肠管还纳腹腔。

（12）分层缝合腹壁和皮肤切口。伤口常规消毒。

（13）小鼠保温苏醒后，返笼。

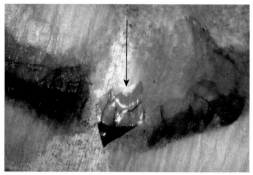

图 39.11　显微镜底光透照。箭头示滤纸窗口

五、模型评估

（1）模型成功的条件：活体影像检测过程中，① 麻醉中的小鼠保持正常体温；② 检测肠管和湿滤纸温度正常；③ 显微镜下可以清楚观察肠系膜血管；④ 高倍镜下可见肠系膜内血流速度正常。

（2）影像检验：肠系膜跨血管间隙注入三氯化铁后，设时间定点拍照、录像。测量血栓区面积变化（图39.12）。

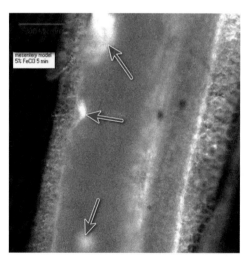

图 39.12　慢速化学烧伤模型。肠系膜跨血管间隙内注射 5% 三氯化铁 5 min 后，可见肠系膜静脉内血栓呈点片状形成，如箭头所示

六、讨论

（1）由于模型实验时间较长，需注意维持小鼠体温。影像板不足以保证体外肠系膜血管的温度，在不允许不断滴加温生理盐水的情况下，可以考虑增加灯烤，必须控制好温度，方可保证肠系膜血管内的正常血流状况。

（2）小鼠周龄对肠系膜脂肪数量影响非常明显。老龄小鼠脂肪多于幼鼠，3 周龄小鼠脂肪明显少于成年小鼠，2 周龄小鼠脂肪更少（图 39.13）。

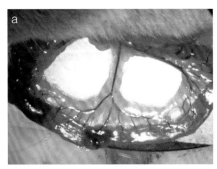
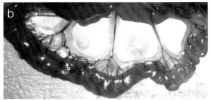

图 39.13　周龄对小鼠肠系膜脂肪的影响。a. 成年小鼠（8 周）肠系膜脂肪一直延伸到血管跨肠间隙；b. 3 周龄小鼠肠系膜脂肪分布和厚度都明显小于成年小鼠；c. 2 周龄小鼠肠系膜脂肪极少

第 40 章

提睾肌窗^①

刘彭轩

一、模型应用

　　小鼠提睾肌窗模型的建立始于 20 世纪 50 年代，后被广泛应用。该模型可以用于细小血管活体病理生理研究、血管疾病和血液病的活体观察检测、相关药物的影像学评估，还可以作为开发新活体血管影像技术的优选平台。

　　小鼠提睾肌有 3 个显著特点：① 肌肉薄，透明度高；② 面积相对较大；③ 有丰富的血管，走行规范。因此，提睾肌是观察活体血流的极佳部位。提睾肌窗模型也存在不足——只能用于雄性小鼠。

　　为了在提睾肌血管上观察活体血流，必须将提睾肌暴露在显微镜下。为此，除了需要专门的设备以维持小鼠活体的基本生理环境之外，还需要有透视光源以供观察血流。然而，目前市场上尚无完整的配套产品，各实验室需要自行制作一些辅助设备才能建立此模型。

　　本章介绍利用作者研制的小鼠提睾肌平台进行细小血管活体研究的操作流程，并附有作者设计的提睾肌影像设备的制作方法。

二、解剖学基础

　　小鼠提睾肌（图 40.1，图 40.2）是终端腹肌，位于腹腔最后部，成袋状，外面被阴囊包裹，形成非固定腹腔。非固定腹腔与固定腹腔之间没有隔

图 40.1　上箭头示小鼠提睾肌系膜，下箭头示进入固定腹腔的提睾肌，内面翻转

① 共同作者：王成襏。

阂，故睾丸和附睾可以随时从固定腹腔进出。附睾与提睾肌之间由一条纵向走行的提睾肌系膜相连，这限制了睾丸和附睾的活动范围。提睾肌内表面覆盖一层上皮细胞，外表面有一层提睾肌外筋膜覆盖。提睾肌外覆盖阴囊皮肤。

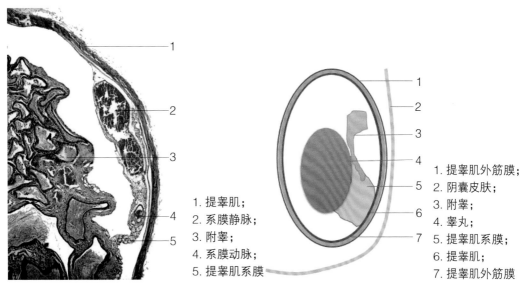

1. 提睾肌；
2. 系膜静脉；
3. 附睾；
4. 系膜动脉；
5. 提睾肌系膜

1. 提睾肌外筋膜；
2. 阴囊皮肤；
3. 附睾；
4. 睾丸；
5. 提睾肌系膜；
6. 提睾肌；
7. 提睾肌外筋膜

图 40.2　小鼠提睾肌解剖。a. 组织切片；b. 示意图

提睾肌本身由 2～3 层不同方向走行的肌层组成，其与内表面的内皮层之间有提睾肌血管走行（图 40.3）。提睾肌动脉有两个来源：① 来自阴部内动脉，血管走行于肌层之间；② 来自附睾动脉。附睾动脉发出的提睾肌动脉先走行在提睾肌系膜内，然后进入提睾肌。这两个来源的血管末端在提睾肌上通过毛细血管和微小血管互相吻合。提睾肌动脉有同名静脉伴行，但走行不甚规则。不同的鼠种其血供特点各有不同。例如，在 C57 小鼠中，多以阴部内动静脉来源占优势。而在血友病 A 小鼠中，则多以附睾动静脉来源占优势。

1. 提睾肌静脉；2. 提睾肌内皮层；3. 提睾肌动脉；4. 提睾肌层
图 40.3　小鼠提睾肌病理切片，H–E 染色

三、器械材料

（1）设备：手术显微镜，活体显微镜，吸入麻醉系统，提睾肌影像板（制作方法附于本章末）。

（2）器械材料：单极电烧灼器，显微尖镊，显微弯钝镊，皮肤镊，皮肤剪，30 G 钝针头，1 mL 注射器，纤维签，石蜡膏，PBS 缓冲液。

四、手术流程

根据提睾肌血管解剖和实验目的的不同，其暴露方法有三种：提睾肌纵切、环切和不切开。目前流行的且本文着重介绍的方法是提睾肌纵切法，该方法适用于阴部内动脉优势供血的小鼠（图 40.4）。纵向剪开提睾肌，向两侧铺开，提睾肌内面向上，由下向上透照光观察。图 40.5 为提睾肌展开过程示意。下面以左侧提睾肌为例介绍建模方法。

图 40.4　阴部内动脉优势供血小鼠的提睾肌

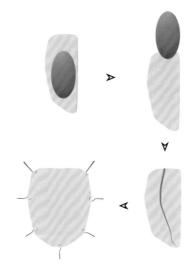

图 40.5　提睾肌展开过程示意。睾丸推出阴囊，剖开并展开提睾肌

1. 提睾肌暴露

（1）小鼠术前 24 h 阴囊皮肤用脱毛剂备皮。

（2）小鼠常规麻醉，仰卧固定于专用手术盘上，尾固定于后背，双后肢水平外展固定。

（3）常规皮肤消毒后，将小鼠连同手术盘一起移至显微镜下。

（4）压迫前腹部，使睾丸坠入阴囊。

（5）固定腹部压迫带，使睾丸保持于阴囊内。

（6）左侧阴囊皮肤纵向剪开 1 cm，暴露皮下组织和提睾肌（图 40.6）。

（7）用 30 G 钝针头刺入外筋膜，注入 0.2 mL PBS 缓冲液，令提睾肌周围结缔组织为 PBS 缓冲液所充斥，外筋膜呈果冻状后很容易被撕除（图 40.7a）。

（8）用显微镊撕开并充分暴露外筋膜（图 40.7b）。

（9）用纤维签贴在提睾肌外筋膜表面上并旋转，卷除所有提睾肌表面的外筋膜（图 40.7c）。

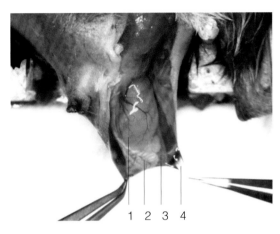

1. 睾丸；2. 附睾；3. 提睾肌；4. 提睾肌外筋膜

图 40.6　提睾肌暴露。图中被镊子夹持并拉长的提睾肌外筋膜已注入 PBS 缓冲液

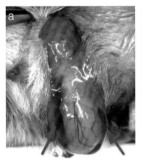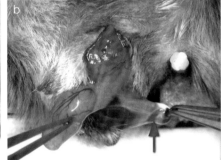

图 40.7　清除外筋膜。a. 外筋膜在注入 PBS 缓冲液后呈果冻状，箭头示外筋膜；b. 被撕开的外筋膜，如箭头所示；c. 用纤维签卷除外筋膜。蓝色箭头示纤维签；红色箭头示被卷起的外筋膜

2. 提睾肌安置

（1）小鼠安置于提睾肌影像板上，在提睾肌上滴加 PBS 缓冲液以保持表面湿润（图 40.8）。

（2）在 6 点处提睾肌无血管区挂显微钩，拉紧（图 40.9）。

（3）放开腹部压迫带。

（4）于提睾肌尖端少血管区，用电烧灼器纵向点烧，形成一个小口（图 40.10a）。

（5）用显微弯钝镊由切口进入阴囊，将附睾与提睾肌分开（图 40.10b）。

（6）用电烧灼器沿此分离区，选择没有大血管的区域，纵向烧断提睾肌，形成电刀切割的效果。

（7）继续向上扩大提睾肌切口，达到提睾肌全长的 50%（图 40.10c），在近睾丸部位停止。

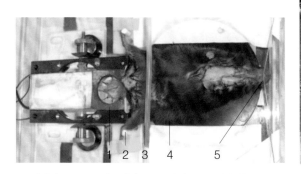

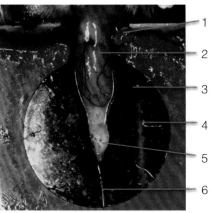

1. 影像盘；2. 后肢固定架；3. 腹部压迫弹力带；4. 影像板保温板；5. 上门齿固定弹力线

图 40.8 小鼠安置于提睾肌影像板上。照片为手术完毕，提睾肌已经铺开在影像盘上

1. 液体硅胶和挡板，以防缓冲液外溢，确保提睾肌浸泡在缓冲液内；2. 透过提睾肌看到的睾丸；3. 影像盒提睾肌铺开窗；4. 显微钩；5. 附睾；6. 显微钩拉线

图 40.9 6 点处的提睾肌挂在显微钩上，拉紧

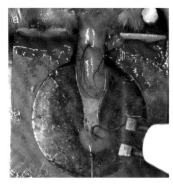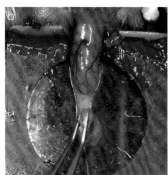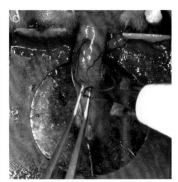

图 40.10 提睾肌开口。a. 电烧灼器点烧一个小口；b. 显微弯钝镊插入提睾肌与附睾之间；c. 向前烧开 50% 的提睾肌

（8）在切开的右侧提睾肌边缘 9 点处挂上显微钩（图 40.11a），稍拉紧拉线，能够保持钩不脱落即可。

（9）同样方法在左侧提睾肌边缘 3 点、4 点半和 7 点半处挂上显微钩（图 40.11b），拉开提睾肌。

（10）用镊子托起附睾，充分暴露提睾肌系膜和血管，用电烧灼器烧断由附睾尾向提睾肌走行的血管以及提睾肌系膜（图 40.12a）。

（11）烧断连接睾丸和提睾肌的睾丸系膜（图 40.12b），并继续向上延伸，直至未暴露的睾丸系带区停止。

（12）用镊子侧面压迫睾丸下沿，将睾丸和附睾推向固定腹腔（图 40.13a）。

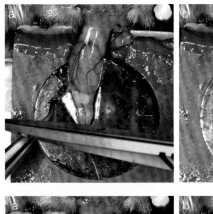

图 40.11 在切开的提睾肌边缘挂上显微钩。a. 9 点处挂上显微钩；b. 3 点和 4 点半处已挂上显微钩，4 点半处显微钩尚未拉紧

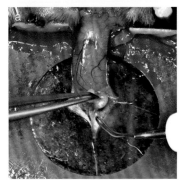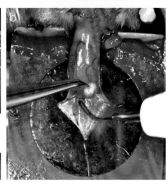

图 40.12 血管和系膜的处理。a. 烧断血管；b. 烧断提睾肌系膜

（13）睾丸在压迫下滑至影像盒边缘，直至因残存的提睾肌系膜牵拉而无法继续前行时停止压迫（图 40.13b）。

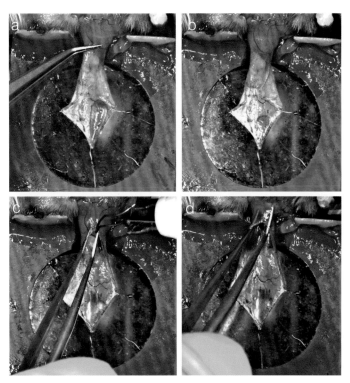

图 41.13 将附睾和睾丸推出影像盒。a. 用镊子侧面压迫睾丸下沿；b. 睾丸无法下行时停止压迫；c. 用电烧灼器切开提睾肌；d. 附睾和睾丸完全被推出影像盒

（14）再次将镊子垫在提睾肌下，用电烧灼器继续纵向切开提睾肌直至影像盒边缘（图 40.13c）。

（15）继续烧断残存的少许提睾肌系膜，使附睾和睾丸完全被推出影像盒（图 40.13d）。

（16）将 10 点处的提睾肌边缘用 L 形微型钉插入影像盒内壁（图 40.14a）。

（17）同样方法固定 2 点处的提睾肌边缘（图 40.14b）。

（18）挂上全部显微钩，拉紧 5 个显微钩，铺开提睾肌（图 40.14c）。

（19）将 PBS 缓冲液注入影像盒，浸没提睾肌（图 40.15）。

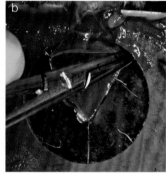
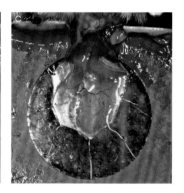

图 40.14　铺展提睾肌。a. 用 L 形微型钉将 10 点处提睾肌边缘固定于硅胶壁；b. 将 2 点处提睾肌边缘固定于硅胶壁；c. 拉紧调整 5 个显微钩，使提睾肌展平

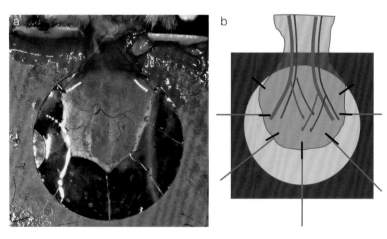

图 40.15　展平的提睾肌。a. 在 PBS 缓冲液中展平的提睾肌；b. 提睾肌展平示意，示提睾肌血管、2 个 L 形微型钉和 5 个显微钩在影像盒内的分布位置

五、模型评估

提睾肌窗模型手术成功的标准：① 术中没有出血；② 提睾肌没有意外破损；③ 提睾肌

展平松紧度适宜，没有遗留皱褶，没有肌肉痉挛；④ 小鼠生命体征没有异常改变；⑤ 提睾肌血流速度没有减缓；⑥ 缓冲液恒温，且无浑浊、无漏出；⑦ 稳定观测时间至少可以持续 1 h；⑧ 提睾肌图像清晰（图 40.16）。

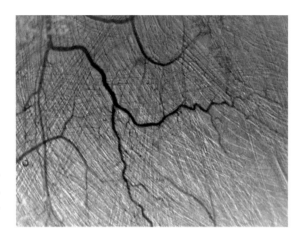

图 40.16　显微镜下提睾肌放大影像。小血管清晰可见，细小的平行线条为提睾肌纤维，可见 3 个走向，显示重叠的 3 个单层肌细胞组成的提睾肌

六、讨论

1. 环切暴露和不切开完整暴露

（1）提睾肌环切暴露（图 40.17）：附睾动脉优势供血的小鼠，适宜采用提睾肌环切暴露。环形剪开提睾肌，向四周铺开，提睾肌内面向上。注意不可烧断来自附睾的血管。如有需要，可以将来自阴部内动静脉的血管与提睾肌前沿一起烧断，将提睾肌与腹肌完全分离。

（2）提睾肌不切开完整暴露（图 40.18）：有些实验严格要求不允许损伤任何提睾肌血管，同时聚焦于局部血管。据此，采用不切开提睾肌，通过提睾肌内照明的方式来观察提睾肌局部血管。操作方法简述如下：

图 40.17　提睾肌环切暴露。箭头示附睾血管

① 将睾丸、提睾肌挤压出体外。

② 选择无明显血管区用微型钩固定和拉宽提睾肌。

③ 将光导纤维从后腹腔插入睾丸囊内（图 40.18b），调整光导纤维的位置，照明需要观察的血管。

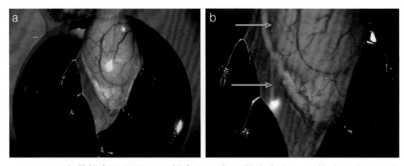

图 40.18　完整提睾肌暴露。a. 提睾肌固定于影像盒内；b. 箭头示光导纤维

2. 提睾肌纵向切开术式讨论

（1）在提睾肌暴露操作中，将睾丸挤压到阴囊时，必须按压前腹部。因为依据睾丸在腹内的位置，若按压后腹部会适得其反。

（2）显微钩牵拉提睾肌的力度需适宜。力度小，提睾肌无法铺平，有皱褶；力度过大，提睾肌会发生间断痉挛。

（3）用单极电烧灼器切割提睾肌可以避免出血。基本沿着腹面中线切割，同时要避免损伤较大血管。

（4）在提睾肌接触硅胶皿部位涂抹一层硅胶膏，可以防止缓冲液以虹吸现象外泄。

（5）缓冲液的配制可以模仿体内组织液成分。对于要求不是非常严格的实验，可以用PBS 缓冲液取代。

（6）严格的实验，缓冲液内需要充入二氧化碳气体。

（7）缓冲液输入硅胶皿之前，可以通过保温管使之温度维持在 36 ℃。

（8）显微镜需要用光屏蔽，基本只有显微镜底光可以进入镜头，以保证影像质量。

（9）在手术和影像拍摄过程中，小鼠保持吸入麻醉，同时影像板的保温板应处于开启状态。控制小鼠体温，有助于维持正常血循环速度。

（10）小鼠尾巴反向摆放，避免干扰显微镜底光。

（11）小鼠前肢无须固定，但是双大腿需要 180° 水平分开，固定在后肢固定架上。充分暴露提睾肌。

（12）小鼠上门齿挂钩固定，可以有效防止在手术和影像过程中体位后移。

（13）手术完成后，将小鼠连同影像板 – 影像盒一起完整转移到活体显微镜下。必须迅速完成吸入麻醉面罩的换接，以避免小鼠苏醒。

（14）影像拍摄结束后，小鼠安乐死。

（15）精致复杂的全套配套设备，诸如保温系统、温缓冲液灌注系统、体外体液循环系统、显微镜蔽光系统、激光损伤系统等，因篇幅所限，下面仅做概括介绍。

附：提睾肌影像设备制作

（一）背景

活体提睾肌血管血流实验观察需要条件如下：

（1）提睾肌保持正常或接近正常生理状态：36 ℃，模拟体液浸泡环境，尽量保持正常血液循环状态。

（2）满足光学观测条件：提睾肌单层透光条件，提睾肌充分展开状态，周围避光。

（二）提睾肌影像设备

1. 影像板的构造

影像板包括底盘、保温板、透明底板、磁力贴、影像盒、后肢固定架、门齿拉线、紧腹带等构件（图 40.19）。

1. 保温板；2. 透明底板，磁力支架部位底板设有磁力贴；3. 硅胶皿；4. 载玻片；5. 磁力支架
图 40.19　提睾肌影像板示意。紫线示紧腹带；白线示门齿拉线

（1）底盘：方形透明塑料盘，尺寸为 20 cm × 20 cm × 1 cm；局部粘贴磁力贴，以固定影像盒磁力支架。

（2）保温板：在保温板下面设有一条纵沟（图 40.19 中未标出），用于摆放小鼠的尾巴。

（3）后肢固定架：在底盘两边各有 2 根，用于固定小鼠的后爪。

（4）影像盒（图 40.20）：影像盒包括硅胶皿、温度控制系统、磁力支架和载玻片等。

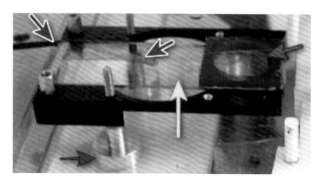

图 40.20　影像盒。红色箭头示电热丝；蓝色箭头示磁力支架；黄色箭头示载玻片；紫色箭头示硅胶皿

① 硅胶皿（图 41.21）：安装 5 个显微钩，显微钩后连尼龙线。尼龙线穿过硅胶皿壁，可以牵拉调节显微钩在皿中的位置；另外还有 2 个 L 形微型钉。硅胶皿贴附于载玻片前端。

② 温度控制系统：电热丝连接于影像板下方，后接恒温控制器。

③ 磁力支架：将载玻片固定于影像板底盘。

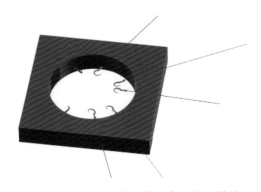

图 40.21　硅胶皿示意。其上有 5 个显微钩、2 个 L 形微型钉

2. 影像盒的制作

（1）将 5 mm 厚的细胞培养硅胶皿（图 40.22a）贴在载玻片前端。

（2）将电热丝敏感探头贴在载玻片后端背面，后连接控制盒。

（3）将 5 个显微钩（图 40.22b）分别连接带 7-0 尼龙线的缝合针，由内向外从硅胶皿穿出，显微钩留在皿内，缝合针与缝合线保持连接，将缝合针的前 3/4 剪断，保留后 1/4，用于防止缝合线被从皿内方向拉出。

（4）显微钩分别设置在 3:00、4:30、6:00、7:30、9:00 处。

（5）取 8 mm 显微针，在 5 mm 处弯曲制成 L 形微型钉（图 40.22c）。将 2 个微型钉分别设置在硅胶皿 2 点和 10 点处。

（6）用 2 个磁力拉钩支脚夹住载玻片两侧。

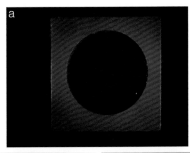

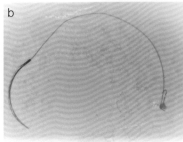
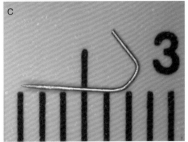

图 40.22　影像盒的部分组件。a. 细胞培养硅胶皿；b. 显微钩（缝合针尚未剪断）；c. L 形微型钉

消化系统模型

第六篇

第 41 章

肝、胆、胰脉管解剖①

王成稷

本书多章涉及肝、胆、胰脉管。围绕胆总管，有上游的肝管系统、旁侧的胰管系统，还有下游的十二指肠乳头部等。涉及的模型有肝纤维化模型、肝缺血再灌注模型、多种肝肿瘤模型、胰腺炎模型、胆囊癌模型等。

这部分解剖非常重要，只有清晰了解胰管解剖，才能有的放矢地在肝纤维化模型中设计确切的胆总管结扎部位，掌握对胰腺的影响程度。

本章按照胆汁生成、排出的顺序，分肝管、胆总管和胰管三个部分依次介绍。

一、肝管系统

肝内的胆小管汇合成肝管（hepatic duct），肝管出肝叶，汇入肝总管（common hepatic duct）。

汇入肝管系统的还有胆囊管（cystic duct），胆囊管由胆囊（gall bladder）发出，有收集和排放胆汁的功能。胆囊管中的胆汁是双向流动的，使胆囊成为肝向十二指肠排放胆汁的调节器。胆囊夹在肝中叶和肝左中叶之间，发出胆囊管汇入肝中叶肝管。

在小鼠中，当所有肝管都汇入肝总管时，即为胆总管（common bile duct）的起始部位。

每块肝叶都有肝管汇入肝总管，左肝管和左中肝管汇合形成肝总管的起始端。其向后走行，依次有中肝管、右肝管和尾状肝管汇入，完成肝总管的全长（图 41.1）。

---

① 共同作者：刘彭轩。

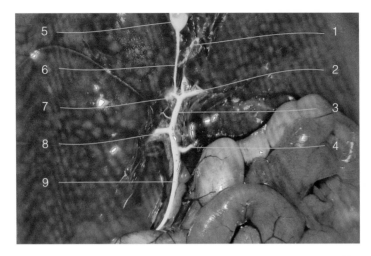

1. 左中肝管；2. 左肝管；3. 肝总管；4. 尾状肝管；5. 胆囊；6. 胆囊管；
7. 中肝管；8. 右肝管；9. 胆总管

图 41.1　小鼠肝管乳胶灌注解剖

二、胆总管

胆总管（图 41.2）起始于肝总管远心端，终止于十二指肠乳头部，开口于十二指肠内。乳头部有胆总管壶腹括约肌控制胆总管的开闭。胆总管全长约 8 mm，沿途有数支胰管汇入，汇入方式和位点变异颇大。

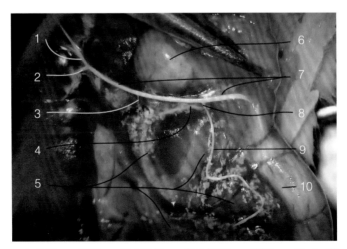

1. 肝总管；2. 肝管；3. 胃支胰管；4. 脾支胰管；5. 胰腺；6. 胃；7. 胆
总管；8. 合并胰管；9. 十二指肠支胰管；10. 十二指肠

图 41.2　胆总管乳胶灌注解剖

三、胰管

胰腺分为 3 叶，即胃叶、脾叶和十二指肠叶。每叶各有 1 支胰管，收集小叶间导管内的胰液排入胆总管，它们分别称为胰管胃支、脾支和十二指肠支。这 3 支胰管汇入胆总管的形式有很大差异，有的直接进入胆总管，有的合并后进入胆总管。当单独进入胆总管时，进入顺序是胃支 —脾支 —十二指肠支；当合并后进入胆总管时，可以是胃支先汇入脾支，再进入胆总管（图 41.3），也可以是十二指肠支与脾支汇合后进入胆总管（图 41.2）。胃支比较细小，脾支和十二指肠支都比较粗大且长，这与 3 叶胰叶的大小相匹配。

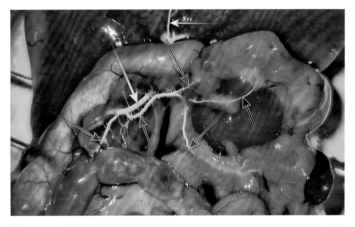

图 41.3　小鼠胆管系统乳胶灌注解剖。黄色箭头示胆总管；红色箭头示十二指肠支胰管；蓝色箭头示脾支胰管；黑色箭头和紫箭头示 2 条胃支胰管；白色箭头示肝总管

第 42 章

袖胃切除^①

刘金鹏

一、模型应用

2 型糖尿病的并发症——肥胖症是很常见的疾病，手术减重也是常用的有效减重的方法。手术减重通过切除大部分胃，使胃与十二指肠、食管的直径相当，人为地减小胃的容量，从而达到控制食物摄入量、少食多餐，进而能减轻体重，达到治疗糖尿病的目的。但是手术减重会造成损伤，因此，研究怎样减少手术减重所带来的损伤至关重要。

小鼠袖胃切除模型就是模拟手术减重，为相关研究提供样本，例如，可以检测小鼠袖胃切除后的体重变化，以及 2 型糖尿病小鼠袖胃切除后的血糖变化等。

二、解剖学基础

有关胃的解剖参见《Perry 实验小鼠实用解剖》"第 8 章 消化系统"。

胃（图 42.1）于腹腔中，前口为贲门，连接食道后端；后口为幽门，连接十二指肠前端。胃前部为皮区，后部为腺区。右侧为胃小弯，左侧为胃大弯。

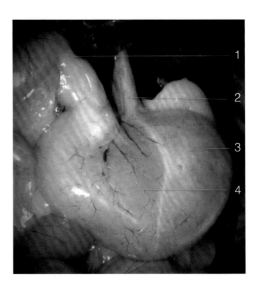

1. 十二指肠；2. 食管；3. 胃皮区；4. 胃腺区
图 42.1 小鼠胃局部解剖

---

① 共同作者：刘彭轩。

三、器械材料

（1）设备：吸入麻醉系统。

（2）器械材料：眼科剪，眼科镊，皮肤剪，皮肤镊，持针器，7-0 带线缝合针（用于缝合胃），5-0 带线缝合针（用于缝合腹壁和皮肤）。

四、手术流程

（1）小鼠术前禁食 12 h。

（2）常规吸入麻醉，腹部备皮。

（3）仰卧位固定，术区常规消毒。

（4）在距左肋缘下 5 mm 处顺着左肋走向做 1 cm 切口（图 42.2），分层剪开皮肤和腹壁。

（5）将胃按压出腹腔（图 42.3）。

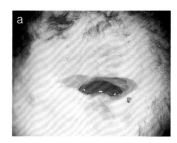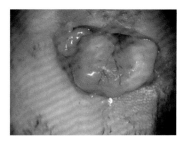

图 42.2　在左肋缘下开腹。a. 切口照片；b. 开腹位置示意　　图 42.3　胃的暴露

（6）完全暴露食管和十二指肠，沿着十二指肠和食管的方向切掉胃的 2/3（图 42.4），用湿棉签清理胃的内容物。

（7）用 7-0 缝合线缝合胃的切口，使用连续缝合的方法从一端的切口开始缝合，距切口 2 mm 处进针缝合到另一端，从另一端距切口 2 mm 缝合到起始端，再从起始端缝合到末端（图 42.5），缝合后剩余胃的直径与十二指肠的直径相当。

（8）将胃复位，逐层缝合手术切口。

（9）术后，小鼠饲养时可以自由饮水，每天 20% 的安素溶液灌胃 4 次，连续一周后恢复正常鼠粮。

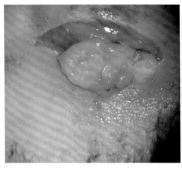 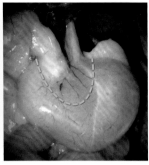 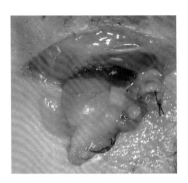

图 42.4　胃的切除。a. 胃切除 2/3 的手术照；b. 切除部位示意。　图 42.5　缝合胃部切口
虚线示切除线

五、模型评估

（1）体重变化：对术后小鼠进行体重监测，观察其体重变化情况。袖胃切除会导致小
鼠进食减少，从而可能导致体重下降。

（2）食物摄入量：记录小鼠术后的食物摄入量，与术前进行比较。袖胃切除会减少小
鼠的食物摄入量，因此该指标的变化可以反映手术效果。

（3）血生化水平：测定小鼠术前和术后的血糖水平、胰岛素水平和血脂水平，袖胃切
除会影响小鼠的血糖代谢、胰岛素分泌和脂肪代谢。

（4）组织学评估：对袖胃切除小鼠的胃组织和其他器官进行组织学检查，观察手术对
组织结构的影响。

六、讨论

（1）清理胃内容物时，注意不要使胃内容物流入腹腔内，避免因此引起腹腔感染。

（2）暴露食管和十二指肠时，注意不要造成食管、十二指肠以及胃的机械损伤，如夹
伤、拽伤等钝挫性损伤。

（3）缝合胃的切口时，每针之间的距离不可过疏，防止胃液从手术切口处溢出，往复
缝合 3 次，确保没有胃内容物能够溢出。

（4）胃缝合时采用钛夹方法：用钛夹沿着十二指肠和食管的方向夹住胃，然后沿着钛
夹的外侧切去胃的 2/3，再用 6-0 缝合线沿着钛夹连续缝合胃的手术切口，把钛夹缝合在
胃上。由于钛夹坚硬且保留在腹腔之内，容易损伤腹腔内的器官与腹膜，所以笔者不推荐
该方法，完全用手工缝合应作为袖胃切除的首选方法。

（5）小鼠术后自由饮水，连续灌胃 1 周，在胃部伤口愈合后，再喂食鼠粮，防止小鼠
自由采食过多，致胃胀破而死。

第 43 章

小肠旷置①

刘金鹏

一、模型应用

代谢手术主要通过减少能量的摄入和吸收来减重降糖，该手术还可以改变神经系统摄食中枢的活动，因此，进一步研究代谢手术减重降糖等改变代谢的机制具有很大的科研及临床价值。作为研究的基础，多种代谢手术动物模型被构建并用于相关科学研究，尤其小鼠代谢模型在研究中有着不可替代的地位。

小鼠基因背景明确，容易获得，且其解剖结构与人类的高度相似，一般将小肠旷置 2/3、空回肠侧侧吻合有效减少了食物在小肠中的运程，减少营养的吸收，从而达到减重降糖的目的。

二、解剖学基础

关于肠的解剖参见《Perry 实验小鼠实用解剖》"第 8 章　消化系统"，肠管解剖照如图 43.1 所示。

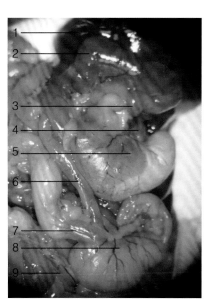

1. 肝；2. 空肠；3. 十二指肠；4. 食管；5. 胃；6. 回肠；7. 结肠；8. 盲肠；9. 直肠

图 43.1　肠管解剖

---

① 共同作者：刘彭轩。

三、器械材料

吸入麻醉系统，眼科剪，眼科镊，2-0 湿丝线，7-0 圆针显微缝合线。

四、手术流程

（1）小鼠禁食 12 h，不禁水。

（2）常规吸入麻醉。

（3）腹部备皮，仰卧位固定四肢。

（4）腹部常规手术消毒。

（5）在距剑突后 2 cm 处沿着腹中线向后开腹，做 1.5 cm 切口（参见《Perry 小鼠实验手术操作》"第 17 章　开腹"）。

（6）用温湿纱布覆盖切口（图 43.2），将小肠移至体外温湿纱布上，暴露十二指肠和盲肠及回盲部。

（7）用 4 cm 缝合线从胃幽门沿着十二指肠附着在肠壁上测量长度并标记尾端位置。

（8）用 10 cm 缝合线从回盲部出发，沿着回肠附着在肠壁上测量长度并标记尾端位置（图 43.3）。

（9）在盲肠方向距十二指肠系膜 4 cm 处，沿着肠管向盲肠方向在肠壁上做 1 cm 纵向切口，暴露肠腔。

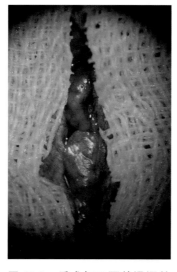

图 43.2　手术切口覆盖温湿纱布　　图 43.3　缝合线沿着肠壁测量长度并标记位置

（10）在距离回盲部 10 cm 处，沿着肠管向胃的方向在肠壁上做 1 cm 纵向切口，暴露肠腔（图 43.4）。

（11）将两处切口用 7-0 缝合线以连续缝合的方式在肠管切口外膜做侧侧吻合，使 2 处肠腔相通（图 43.5～图 43.7）。

（12）在空肠的吻合点后方将空肠直径结扎，使其缩窄 1/2。

（13）将肠管复位，逐层缝合手术切口。

（14）术区皮肤消毒。待小鼠保温苏醒后返笼。

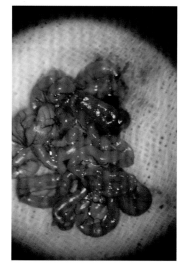 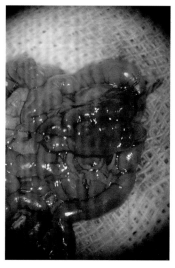

图 43.4　在肠壁做 1 cm 切口　　　图 43.5　单侧肠壁吻合

图 43.6　肠壁吻合完成

图 43.7　手术效果示意。左为胃，右为盲肠。小肠侧侧吻合。主要食物从吻合口捷径短路下行

五、模型评估

（1）术后逐日测量小鼠体重，观察小鼠排便变化。

（2）术后观察小鼠有无腹膜炎体征，排除手术感染。

六、讨论

（1）将小肠移出体外时动作需要轻柔一些，避免造成肠管的钝性机械损伤和肠系膜撕裂伤。

（2）C57 小鼠的小肠长约 40 cm，小肠旷置 2/3 左右。

（3）空回肠做侧切口时，切口要平直，便于肠管切口吻合；缝合时肠管内膜要留在肠管内，不能使内膜外翻暴露在腹腔中，以免感染；缝合时也要注意将肠管切口在肠腔内处于张开的状态，形成通道，不能使肠腔内的切口接触，以免切口愈合。

（4）做空回肠侧侧吻合之前一定要将小鼠禁食，以使小肠排空，以免做切口时肠管内容物污染切口。肠壁切开后需要用湿润的棉签清理肠腔内的内容物。

（5）小鼠术后用安素、奶粉等流食灌胃至少 3 天，在吻合处切口很好愈合后，再喂食常规饲料。

（6）在空肠的吻合点后方将空肠直径结扎，使其缩窄 1/2，可以促进食糜由空回肠侧侧吻合的通道进入回肠，以提升手术造模的效果，但是对肠管会造成一定的损伤。

（7）肠管长度必须用湿润的缝合线沿着肠管走向贴在其外壁测量。干缝合线不够柔软，无法随肠管弯曲。

第 44 章

肝部分切除再生^①

田松

一、模型应用

  肝是人体内最重要的代谢器官之一，因肝损伤引起的肝疾病很常见，对人们的身体健康影响严重。造成肝损伤的因素有很多，包括化学性、代谢性、药物性、酒精性及环境因素等。如果长期肝损伤则会进一步发展为肝纤维化、肝硬化、肝癌及肝功能衰竭。

  构建恰当的肝损伤动物模型，是研究肝损伤发病机制，探索新的治疗方法的基础。通过建立实验性肝损伤动物模型，研究肝病发生的机制与靶点，筛选出较优的保肝药物，探索保肝的作用原理，具有重要的现实意义。

  常用的动物肝损伤模型涉及大小鼠、兔、犬和猪，小鼠具有易获得、安全、可重复、经济等多方面的优势，是最适合建立肝损伤模型的模式动物。

  肝具有很强的再生能力，肝细胞在受损情况下迅速进入细胞周期，促进肝细胞再生以恢复到原肝体积。肝部分切除后的再生性使肝部分切除再生模型成为肝再生研究的首选方法；该模型可模拟临床中因治疗肝癌等疾病时进行的肝部分切除手术，对研究肝再生的机制有重要作用。小鼠肝再生能力较强，有研究发现小鼠 70% 肝被切除后，7 天内可恢复至原来质量的 90%。在小鼠的肝部分切除再生模型中，肝组织切除比例有 30%、50%、70%、80%、90%、95%、97% 等，其中 30% 为切除左外叶，50% 为切除中叶、左中叶、右叶，70% 为切除左外叶、左中叶及中叶，90% 为切除左外叶、中叶和右叶，只保留尾状叶中的乳状突，而肝切除超过 90% 以上的动物死亡率较高，切除较少则肝的再生发展过程不明显，不利于开展研究，目前应用较多的为 70% 肝切除。（注：上述肝叶所占百分比均为近似值。）

---

① 共同作者：李维、刘彭轩。

二、解剖学基础

小鼠肝分叶方法不一，为方便统一命名，本章根据《Perry 实验小鼠实用解剖》中所介绍的，将肝分为左外叶、左中叶、中叶、右叶、尾状叶 5 块（图 44.1）。小鼠不同肝叶的质量如表 44.1 所示。

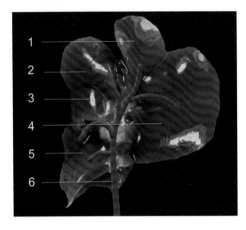

1. 左中叶　2. 中叶　3. 右叶　4. 左外叶
5. 尾状叶　6. 门静脉
图 44.1　小鼠肝解剖

表 44.1　小鼠不同肝叶质量及占比

小鼠编号	小鼠体重/g	左外叶/mg	左中叶/mg	中叶/mg	右叶/mg	尾状叶/mg	肝总质量/mg	(左外叶+左中叶+中叶)/肝总质量
1	24.43	380.8	104.5	211.5	187.2	233.6	1117.6	62.3%
2	24.86	326.7	101.7	204.6	216.8	239.5	1089.3	58.1%
3	25.32	426.5	120.5	208.2	177.1	166.2	1098.5	68.7%
4	24.55	377.5	106.1	209.6	182.9	208.5	1084.6	63.9%
5	24.03	344.8	74.7	172.3	157.8	206.6	956.2	61.9%
质量均值/	24.64	371.3	101.5	201.2	184.4	210.9	1069.2	63.0%
各肝叶/肝总质量	—	34.7%	9.5%	18.8%	17.2%	19.7%	100%	—

三、器械材料与实验动物

（1）设备：吸入麻醉系统。

（2）器械材料：眼科剪，眼科镊，15 cm 长 2-0 编织线 3 根，异氟烷，另有部分器械及耗材如图 44.2 所示。

（3）实验动物：C57 小鼠，体重 23 ~ 26 g，周龄均一。

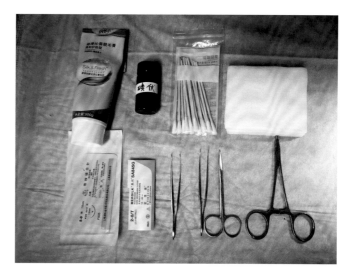

图 44.2　部分器械及耗材。上排左起：脱毛膏、碘伏、棉签、纱布；下排左起：5-0 缝合线、2-0 编织线、眼科镊（2 把）、眼科剪、持针器

四、手术流程

（1）小鼠常规吸入麻醉，腹部剃毛。

（2）仰卧于手术台，四肢纸胶带固定，垫高背部，术区常规消毒。

（3）于剑突后缘纵行向后分层剪开皮肤和腹壁约 0.5 cm（图 44.3）。

（4）双手食指放于小鼠胸腔两侧，拇指放于腹部正中，中指放于腹部两侧，同时挤压腹腔和胸腔（图 44.4），使肝左中叶、中叶及左外叶被挤压出体外。

（5）将 2-0 编织线套入肝中叶（图 44.5），尽量靠近肝叶根部结扎并切除肝中叶，注意勿结扎胆囊。

（6）同样的方法分别结扎并切除左中叶和左外叶，造成 70% 的肝切除，剪断多余线头。

图 44.3　腹部切口

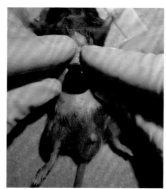

图 44.4　小鼠肝挤压手法

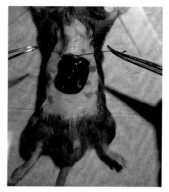

图 44.5　使用 2-0 编织线结扎并切除肝

（7）分层缝合腹壁和皮肤，终止吸入麻醉。待小鼠苏醒后放入笼中，术后常规饲养。

五、模型评估

（1）肝再生速度评价：于手术后 0、1、3、5、7 天分别处死小鼠，取下肝尾状叶和右叶，称重，计算肝重与体重之比，即肝体比（图 44.6）。

（2）病理检测：将肝于各时间点取材，10% 中性福尔马林固定，留做病理用。

① H-E 染色进行病理观察分析（图 44.7）。在各时间点肝的病理形态没有显著差异，肝小叶中肝细胞排列正常，肝窦连接紧密，肝组织上没有看到明显的炎症反应。

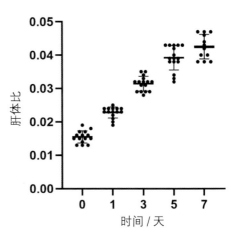

图 44.6 术后肝体比变化

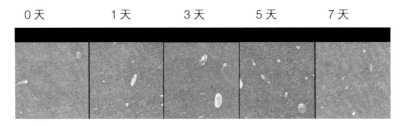

图 44.7 术后肝组织 H-E 染色变化

② Masson 染色进行纤维化程度观察。如图 44.8 所示，在各时间点肝没有发生明显的纤维化。

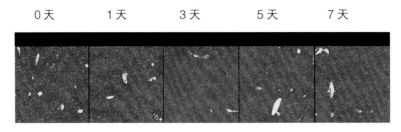

图 44.8 术后肝组织 Masson 染色变化

③ Ki-67 染色进行肝再生观察。从 Ki-67 染色结果来看，肝组织在切除后的再生能力第 1 天最强，从第 3 天开始逐渐下降，到第 7 天时已观察不到（图 44.9）。统计结果如图 44.10 所示。

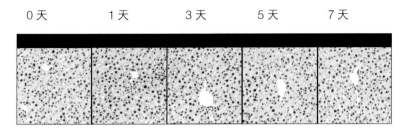

0 天　　　1 天　　　3 天　　　5 天　　　7 天

图 44.9　术后肝组织的 Ki-67 染色变化

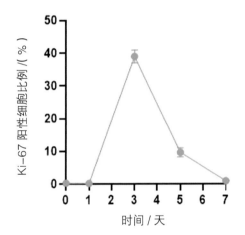

图 44.10　术后肝组织 Ki-67 染色结果统计

六、讨论

（1）切口的大小需把握好，切口太大会使肠管被挤出；切口太小则肝不易被挤出。

（2）一般注射麻醉药物经肝代谢，不适宜于肝手术。切除 70% 肝后，因对麻醉药的代谢障碍，易引起小鼠死亡。此手术过程较快，使用异氟烷麻醉后在数分钟内完成手术，小鼠可以很快苏醒，死亡率低。故选择吸入麻醉。

（3）使用编织线结扎肝时尽量靠近肝叶根部，以做到每一只小鼠手术创伤尽量相同，尽量减小手术误差，使模型数据更稳定。

（4）在进行术后肝取材时应将所有肝叶取出，应特别注意肝尾状叶易被胃组织遮盖而被遗漏。

第 45 章

肝硬化①

于镇榕

一、模型应用

肝硬化是临床常见疾病。小鼠肝硬化模型成模方法繁多，有化学法、免疫法、动物（血吸虫）法、酒精法、营养法、转基因法、病毒感染法和手术法等，各有优缺点。其中手术法主要分为肝缺血再灌注法、胆总管结扎法和肝管结扎法。

胆总管是小鼠消化系统中肝分泌的胆汁的释放通道，同时也是胰腺分泌的胰液的释放通道。胆总管结扎肝硬化模型是研究胆汁淤积引起的肝损伤疾病的经典模型，该模型造模方法简单快速，模型成功率高，代表性强，但初学者常因结扎位置不准确而导致小鼠在造模后 3 ~ 5 天内死亡，或因结扎方式不恰当而导致模型成模率偏低。

二、解剖学基础

胆总管解剖可参见"第 41 章　肝、胆、胰脉管解剖"。胆总管由肝总管延续，终止于十二指肠壶腹部（图 45.1）；为淡黄色透明管状组织，且伴行营养血管。胆总管下半段通常有大胰管汇入，胰管（图 45.2）走行于胰腺内，开口于胆总管。

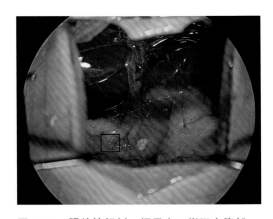

图 45.1　胆总管解剖。框示十二指肠壶腹部

① 共同作者：刘金鹏、于乐兴、李维、王成稷、刘彭轩；协助：顾凯文。

肝总管（图 45.3）由肝左管（被埋在肝左动脉及系膜下方）、肝右管、肝尾状叶管、肝中管和肝左外管汇入而成。胆囊管（图 45.4；图 45.5）常有解剖变异，有的直接连接肝总管，也有的连接肝中管。胆总管上有 2 个胰腺管开口，结扎位置直接影响胰腺的分泌出口。▶

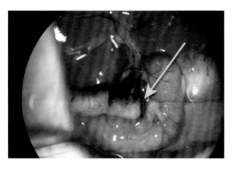

图 45.2　小鼠胰管解剖。将胆总管前端结扎，伊文思蓝胆总管逆向灌注，可见部分胰腺蓝染。结扎胆总管的位置，决定了逆向进入胰腺的胆汁量

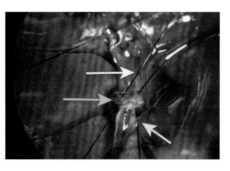

图 45.3　肝管解剖。白色箭头示肝中管；蓝色箭头示肝右管；黄色箭头示肝尾状叶管

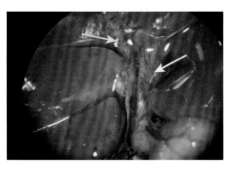

图 45.4　胆囊管解剖。黄色箭头示胆囊管与胆囊动脉；白色箭头示肝左动脉

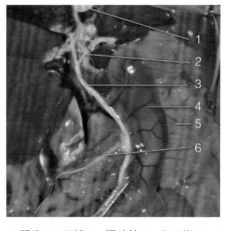

1. 胆囊；2. 肝管；3. 胆总管；4. 十二指肠；5. 胰腺；6. 胰管

图 45.5　小鼠胆总管灌注。从胆囊灌注造影剂，下方可见微血管夹夹闭胆总管远心端（王成稷供图）

三、器械材料

吸入麻醉系统，显微镜，可调式开睑器，开睑器固定架，手术镊，显微镊，显微剪，眼科剪（图 45.6）。

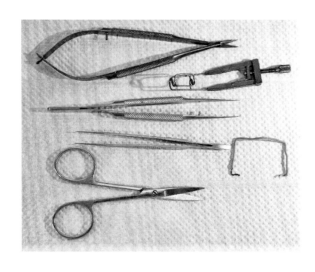

图 45.6　部分手术器械。从上到下依次为显微剪、可调式开睑器、手术镊、显微镊、眼科剪。右为开睑器固定架

四、手术流程

1. 胆总管结扎 ▶

（1）小鼠常规麻醉，腹部备皮。

（2）仰卧位四肢固定于手术板上。

（3）腹部术区常规手术消毒。

（4）以第1至第3节荐椎在腹部的投影处为起点，沿腹中线向上分层划开皮肤和腹壁至剑突处（参见《Perry 小鼠实验手术操作》"第 17 章　开腹"）。

（5）用开睑器撑开腹壁切口，暴露肝（图 45.7）。

（6）用生理盐水润湿棉签，将肝左中叶、左外叶与中叶向上翻起，使其贴于膈肌上，暴露胆总管（图 45.8）。

（7）在胆总管中段钝性分离，使胆总管从胰腺组织表面游离出来。并将一条 8-0 缝合线从胆总管下方穿过（图 45.9）。

（8）以手术方结结扎胆总管（位置在胆总管中段，距胆总管起始部约 3 mm）（图 45.10）。

45.7　暴露肝

（9）术后腹膜层连续缝合，皮肤褥式缝合或单纯间断缝合。

（10）完成胆总管结扎操作。

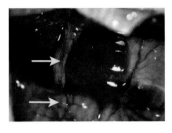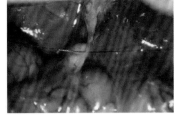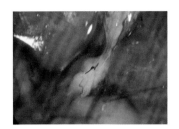

图 45.8　暴露胆总管，如箭头
所示

图 45.9　穿过的缝合线，示胆
总管结扎部位

图 45.10　结扎胆总管

2.肝管结扎▶

（1）同 "1.胆总管结扎"（1）～（3）。

（2）沿着胆总管向肝方向寻找肝管，可见几条淡黄色透明肝管（图 45.3）。

（3）用显微镊将肝管周围结缔组织及血管分离，将 8-0 缝合线穿过肝管下方（图
45.3）。

（4）以手术方结结扎肝管（以右肝管与尾状叶肝管为例）（图 45.11）。

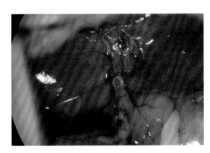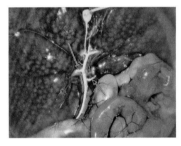

图 45.11　肝管结扎。a.肝管结扎照；b.肝管、胆总管乳胶灌注，示意
肝管结扎位置。蓝色箭头示右肝管；黑色箭头示尾状肝管（王成稷供图）

（5）术后缝合，完成肝管结扎。

五、模型评估

（1）造模 5 天左右，小鼠出现黄染现象（图 45.12）。而单纯结扎肝右管的小鼠观测不
到黄染现象。

（2）采集肝组织观察（图 45.13）。

（3）血清生化指标检测（图 45.14）：可以检测血清中谷丙转氨酶（ALT）、谷草转氨酶
（AST）、碱性磷酸酶（ALP）、总胆红素（TBIL）和谷氨酰转移酶（GGT）的含量。

（4）组织病理观察（H-E 染色）（图 45.15）。

图 45.12 胆总管结扎致黄
染的小鼠

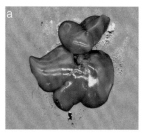

图 45.13 肝组织。a. 空白对照组；b. 胆总管结扎模型，图中显示胆囊明显膨大，肝叶明显变黄，质地较脆硬；c. 肝管结扎模型，图中显示只有结扎肝管所属的肝叶有硬化的表现，其他肝叶质地与空白对照组无明显区别

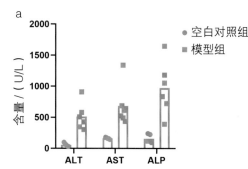
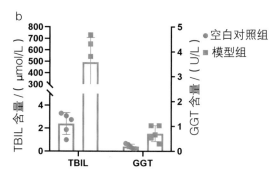

图 45.14 空白对照组小鼠与胆总管结扎模型小鼠的血生化指标

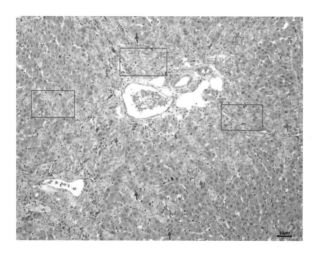

图 45.15 镜下可见肝门管区及肝实质内微胆管大量增生，增生的微胆管上皮细胞单层排列，形成大小不一的管腔样结构；增生的微胆管上皮细胞呈立方状至低柱状，胞质淡粉染，胞核淡蓝染，呈圆形至卵圆形（蓝色箭头及方框）。增生的微胆管分布于汇管区及肝实质，破坏了肝小叶正常的组织结构，有的区域可见肝细胞胞核固缩、坏死（红色箭头）。在肝门管区小叶间结缔组织轻度增生，小叶间血管周围、肝细胞坏死灶内可见淋巴细胞、库普弗细胞等炎症细胞浸润

六、讨论

（1）胆总管结扎不宜距离肝过远，要确保没有结扎到主要胰管后面，避免大量胆汁经胰胆管进入胰腺，引发严重急性胰腺炎，导致小鼠死亡。

（2）胆总管结扎也不宜过于靠近肝，留出的一段胆总管会在成模过程中逐渐变粗大，以容纳肝持续分泌的胆汁，同时胆囊也会逐步变得肿大，允许少量胆汁进入前部的胰腺。若预留的胆总管不够，可能会导致后期小鼠出现严重的腹部积液（胆囊或胆管破裂，胆汁进入腹腔），甚至死亡。

（3）肝管结扎时，由于肝管旁伴行肝叶组织的动脉，应使用无损伤带针缝合线（圆针，10-0，3/8 弧度）从肝总管下方缝过，结扎肝总管，不要用镊子分离肝总管，以免损伤其周围血管。为保精密操作，手术需在显微镜下进行，充分暴露、清楚辨别隐藏在结缔组织中的肝管和血管。用湿棉签向下拨动十二指肠壶腹部，拉直肝总管，可目测判断肝总管的中间位置。

（4）根据研究要求和两种模型的特点选择适宜模型（表 45.1）。

表 45.1　两种模型的特点

	胆总管结扎模型	肝管结扎模型
术后并发症和死亡率	高	低
技术要求	低	高，需要显微手术
阳性体征	强	弱
所需器材	少	多
适用范围	检测病理改变等短期研究	观察药效等长期研究

注：阳性体征包括术后体重下降、黄染、血清生化指标改变；术后并发症包括胆囊炎、腹水、急性胰腺炎。

（5）小鼠胰管解剖变异表现在 3 叶胰叶的胰管分合和进入胆总管位置的变化。单纯结扎胆总管中部，一般可以避免影响大胰管的排液。但是如果需要降低个体差异的影响，需在显微镜下确认胰管走行，以决定结扎位置，本模型选择在胃支胰管与十二指肠－脾支胰管之间结扎。

第46章

脾切除①

杜霄烨

一、模型应用

脾是机体最大的淋巴器官、成熟淋巴细胞定居的场所。与淋巴结对来自淋巴液的抗原产生应答不同，脾主要对血源性抗原产生应答。它是机体内发生特异性免疫、发挥免疫吞噬作用以及捕获抗原、识别抗原和诱发免疫应答的主要场所，同时又兼具机体储血、造血、清除衰老红细胞和血小板的功能。

临床上，除外伤性脾破裂、自发性脾破裂严重时需要选择脾切除外，门静脉高压症合并脾功能亢进患者也常选择该手术。同时，在治疗原发免疫性血小板减少症时，脾切除也是该病的二线治疗方案之一。

脾切除后，短期内会使机体免疫功能下降（不是免疫功能丧失，与胸腺摘除等不同），同时多伴有血小板增多，但这些症状会随着机体其他脏器的代偿作用而逐渐消失。

小鼠脾切除后同样会有上述症状，故该模型可模拟免疫功能低下状态，常用来做复合模型。

与胸腺摘除手术、注射免疫抑制剂等造模相比，该造模方法优点归结如下：① 避免开胸，手术简单，损伤较小；② 没有免疫抑制剂引起的药物副作用；③ 为非选择性手术，同时降低 T 细胞、B 细胞和巨噬细胞数量；④ 免疫功能为非永久丧失，仅部分降低，且能缓慢恢复。

二、解剖学基础

正常小鼠脾在腹内左肋缘后，紧贴腹壁内面，透过腹壁可见（图 46.1，图 46.2）。脊

---

① 共同作者：刘彭轩。

288

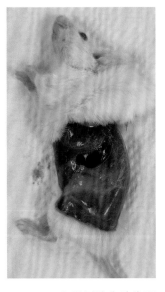

图 46.1　小鼠侧卧位脾位置 （红圈处）　图 46.2　小鼠俯卧位脾位置（红圈处）

侧有系膜与胃、胰相连，与肠管之间有脂肪分布。其两端各有两条较大的静脉及伴行动脉自脊侧发出，走行于脾系膜内（图 46.3，图 46.4）。

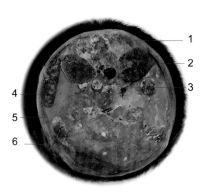
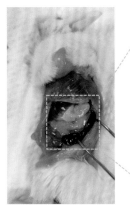
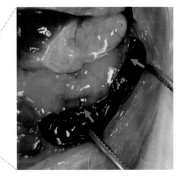

1. 脊柱；2. 肾；3. 肠道；4. 脾；5. 脂肪；
6. 肝
图 46.3　小鼠腹部截面照（俯卧位由尾向头视图）。术中用棉签从脾下方将脂肪和脾一同旋转带出

图 46.4　脾两端血管（绿色箭头所示）

三、器械材料

吸入麻醉系统，无菌剪，无齿镊，无菌棉签，皮肤缝合线，电凝器（图 46.5）。

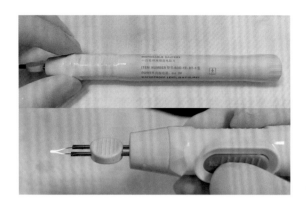

图 46.5　上为电凝器，下为电热尖完全加热状态，电热丝呈亮白色

四、手术流程

（1）小鼠常规吸入麻醉，左腹部备皮。仰卧位固定，术区消毒。

（2）避开腹壁血管，在左腹部切口，切口尺寸略大于棉签头（图 46.6，图 46.7）。

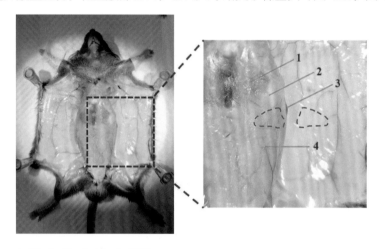

1. 肝；2. 胃；3. 脾；4. 肠管

图 46.6　开腹示意。两个蓝色虚线区域（左为腹壁，右为皮肤）为棉签探入大致范围，其中腹壁侧在胃大弯下脂肪区。开腹时两个蓝色虚线区域相对重合，在该范围内分层剪开时，要注意避开血管

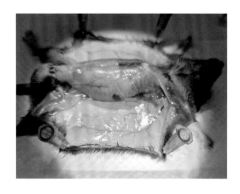

图 46.7　开腹侧面示意。箭头示脾

（3）将消毒干燥后的棉签斜下探至胃大弯下，小幅度轻轻旋转，边转边向外牵引，即可将脾带出（图 46.8 ▶）。

（4）边轻提脾边使用电凝器沿脾脊线轻轻刮开连接脾与胰腺的系膜，使其分离。

（5）遇到两端大血管时，用电凝器轻轻烧断血管。

（6）脾被摘除（图 46.9，图 46.10 ▶）。摘除脾的过程中，肝脾系膜及脾胃系膜会自然撕裂。

（7）常规分层缝合腹壁和皮肤切口，皮肤创面消毒（图 46.11）。

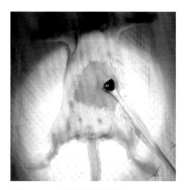 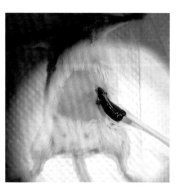

图 46.8　脾用棉签引出　　　　图 46.9　脾被逐步分离

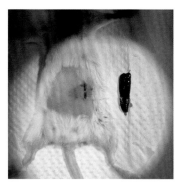 

图 46.10　脾被完全分离　　　图 46.11　缝合的伤口和摘除的脾

（8）将小鼠置于保温装置内直至完全苏醒。

（9）小鼠恢复行动后转移至干净的饲养环境中，单笼饲养。

五、模型评估

血常规：造模恢复后每周（或根据实验需求）取血进行血常规检测，红细胞、白细胞

较正常对照组 / 假手术组显著下降。第一周因小鼠失血量较大，建议只采血一次。随着时间的推移（一般 8 ～ 10 周后），血液中红细胞、白细胞逐步上升接近正常对照组 / 假手术组。

六、讨论

（1）开腹时注意避开左腹内 / 外侧皮动静脉及腹壁前动静脉（图 46.12，图 46.13）。

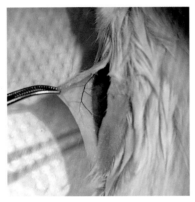 

图 46.12　切口左侧的左腹内侧皮
动静脉　　图 46.13　切口右侧的左腹外侧皮
动静脉

（2）开腹后如果直接用镊子将脾夹出，容易误夹胰腺，造成损伤，建议使用干棉签将脾牵引出来。湿润的棉签过于光滑，不易带出组织，不建议使用。棉签插入位置以胃大弯与脾之间为佳，逆时针旋转即可将脾带出。

（3）带出脾时注意不要将其直接拉出，需缓慢操作，边分离边逐步带出。脾两端动静脉血管较小，为了避免出血，不要扯断血管，也不要直接切断或剪断，而应使用电凝器直接烧断。电凝器充分加热后轻点血管即可，注意避免伤到胰腺、腹壁和皮肤切口。

（4）术后小鼠免疫力下降，需保持干净，避免感染。

（5）不同品系、不同批次小鼠红细胞、白细胞下降程度不同，恢复速度和程度也不同，所以须使用同批次小鼠做正常对照和假手术对照。

呼吸系统模型

第七篇

第 47 章

急性肺损伤①

戚文军

一、模型应用

研究呼吸系统疾病时，常需要借助动物模型来评价处理手段或干扰药物的有效性、安全性及重复性。急性肺损伤（acute lung injury，ALI）的病理生理过程复杂，在动物水平上准确模拟人类 ALI 病理生理变化是研究有效治疗方法的基础。

脂多糖（lipopolysaccharide，LPS）是革兰氏阴性菌细胞壁外膜的主要成分，它可以诱发小鼠急性肺炎。目前多采用腹腔内注射或气管给予 LPS 来制作 ALI 小鼠模型。腹腔内注射创伤较小，但药物靶向性不足。气管给药包括气管切开插管、雾化吸入和经口气管插管三种方式。气管切开插管是目前最常用的 ALI 手术建模方法，但是该方法需要切开气管，手术创伤大；雾化吸入诱导药物分布比较均匀，但诱导时间长，所需药量大；经口气管插管操作简单快速，无损伤，成模稳定。

本章介绍无创的经口气管插管给予 LPS 建造小鼠急性肺损伤模型的方法。

二、解剖学基础

小鼠会厌位于气管与食管入口的交界处，是呼吸道的重要部位。会厌的主要功能是调节空气的流向，避免食物或其他异物进入呼吸道。小鼠气管靠腹侧、食管靠背侧，在进行气管插管及气管给药时，可沿会厌略偏向腹侧插入气管。小鼠气管由 U 形环状软骨构成，向下延伸分成左、右两支主支气管，随后分成进入各叶肺部的小支气管。小鼠的肺可分为 5 叶，左 1 右 4，分别为左叶、右上叶、右中叶、右下叶和腔后叶（图 47.1，

---

① 共同作者：田松、刘彭轩。

图 47.2）。

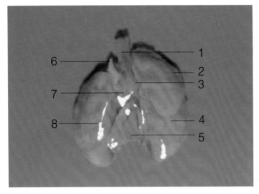

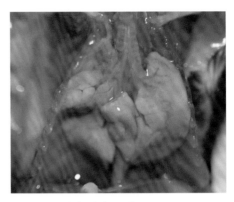

1. 气管；2. 右上叶；3. 右主支气管；4. 右中叶；
5. 右下叶；6. 腔后叶；7. 左主支气管；8. 左叶

图 47.1　小鼠肺背面观

图 47.2　小鼠肺腹面观

在肺部，支气管不断分支，形成细小的支气管，最终到达肺泡。肺泡是小鼠呼吸系统的最小结构单位，由单层扁平上皮细胞和周围的基底膜组成。肺泡周围被微血管包围，血液和空气之间通过血气交换实现氧气的吸入和二氧化碳的排出。

三、器械材料

（1）仪器：显微镜，血生化仪，酶标仪，吸入麻醉系统。

（2）器械材料：眼科镊，1 mL 注射器，18 G 平头针头，100 μL 平头微量注射器，LED 体外透照灯，小鼠悬挂固定器（图 47.3），异氟烷，脂多糖（用生理盐水配制成 0.5 mg/mL 的溶液）。

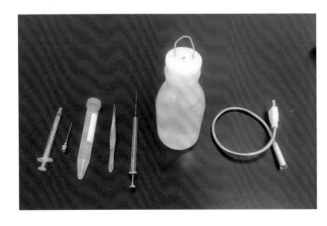

图 47.3　主要器械及耗材。由左至右：1 mL 注射器、18 G 平头针头、15 mL 离心管、眼科镊、100 μL 平头微量注射器、小鼠悬挂固定器、LED 体外透照灯

四、手术流程

（1）按照小鼠体重，准备好装有脂多糖溶液的 100 μL 平头微量注射器，吸入剂量为 1 mL/kg。先吸入 20 μL 空气，再吸入脂多糖溶液，针头向下放置待用。

（2）小鼠以 3% 异氟烷吸入麻醉。

（3）达到较深度麻醉后，迅速将小鼠从麻醉箱中取出，将上门齿固定在小鼠悬挂固定器上，并将光源对准小鼠颈部（图 47.4）。

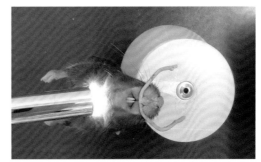

图 47.4　光源对准小鼠颈部（俯视图）

（4）▶用眼科镊拉出舌头，探视咽喉部，在光源照射下小鼠气管开口处为一亮点（图 47.5），且随着小鼠呼吸会横向开合，若观察不到亮点可调整视线角度，直至看到开合的气管开口便可进行下一步操作。

（5）经口将 100 μL 平头微量注射器针头插入气管（图 47.6），针顶端停止在透光亮点处，快速注入注射器里的全部脂多糖溶液和空气。

图 47.5　小鼠咽喉部探视照，可见透光亮点

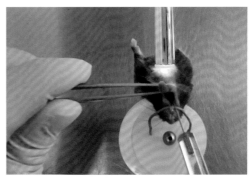

图 47.6　插入微量注射器

（6）从固定器上摘下小鼠，保持竖直状态，轻轻左右摇晃 20 s，使液体从气管、支气管深入肺部，此时小鼠苏醒。

（7）转入饲养笼内饲养。

五、模型评估

1. 细胞计数

（1）分离颈前组织，暴露气管（图 47.7）。

（2）小鼠安乐死后，立即经口插入 18 G 平头针头注射器至气管，距离门齿 2 cm 处固定（图 47.8）。

图 47.7　暴露气管

图 47.8　插入注射器固定气管

（3）将 3 mL PBS 缓冲液（预温至 37 ℃）分 3 次进行全肺灌洗，每次反复冲洗 3 遍，回收支气管肺泡灌洗液（bronchoalveolar lavage fluid，BALF）进行细胞计数，计算细胞浓度。

通过测量诱导后不同时间点小鼠 BALF 中白细胞浓度和体积，计算白细胞总数。白细胞在诱导初期呈下降趋势，后逐渐升高，至 4 h 左右达到峰值，随后逐渐下降。

2. 细胞因子检测

ALI 是一种由严重感染、休克、创伤等心源性以外的因素导致的以肺泡上皮及毛细血管内皮细胞损伤、炎症因子诱导和中性粒细胞积聚为特征的疾病，细胞因子检测能够在一定程度上反映疾病的炎症状况。使用 ELISA 实验板对 BALF 中的 IL-6 和 TNF-α 进行检测。

检测结果可以发现 BALF 中的 IL-6、TNF-α 在诱导后开始逐步升高，在 2 h 左右达到峰值，然后呈波动变化。

3. 直接观察

肉眼观察可见诱导后小鼠出现较为明显的肺水肿及肺淤血，正常对照组给予等量生理盐水灌注无明显变化（图 47.9）。

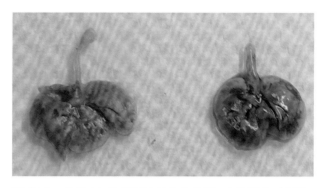

图 47.9　术后 4 h 肺组织取材大体拍照。左为正常对照组，右为模型组

4. 组织病理学评价

于诱导后不同时间点安乐死小鼠，取肺组织做大体拍照，并做病理切片后行 H-E 染色，观察肺损伤情况。结果发现模型组可见肺泡内出血、炎症浸润、肺组织水肿（图 47.10）。

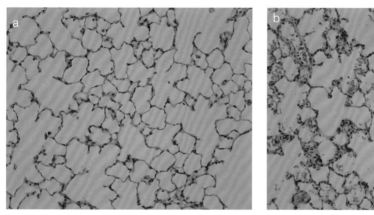
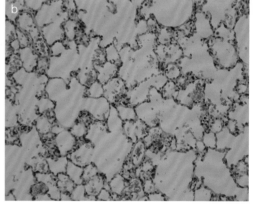

图 47.10　肺组织病理切片（H–E 染色，200×）。a. 正常对照组；b. 模型组（手术后 6 h）

5. 肺湿干比

于术后 6 h 安乐死小鼠，取下完整肺组织（从左、右支气管前方去掉气管），使用干纱布稍吸干肺表面血液后称重，计为肺湿重；将肺组织以锡箔纸包裹，放入 65 ℃烘箱，48 h 后称重，记为肺干重，并计算肺湿干比。发生急性肺损伤后肺部发生出血和水肿，会使肺湿重明显增加，肺湿干比增加。

6. 肺通透性检测

于肺损伤给药 6 h 后通过颈外静脉注射伊文思蓝（EB）染料（浓度 4 mg/mL，注射剂量 10 μL/g 小鼠）。注射 30 min 后取血，提血清，剪开胸腔，行右心室灌流，取出双肺组织并去掉气管，使用干纱布擦干肺组织后称重拍照（图 47.11），以每 100 mg 肺组织加入 1 mL 甲酰胺浸泡肺匀浆，37 ℃孵育 24 h，1106 g 离心后取上清液，测量上清液 EB 的浓度，同时测量血清中 EB 含量做校正。

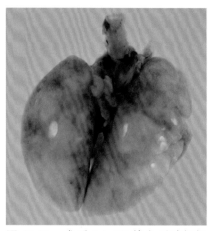

图 47.11　术后 6 h EB 染色后肺组织大体照

六、讨论

1. 准确气管插管这一关键操作技术需要注意的事项

（1）用微量注射器吸取诱导药物前可吸入 20 μL 空气，药物注射完成后继续推注空气，使诱导药物更加深入肺组织，保证诱导效果。

（2）务必在亮点处插入微量注射器，插入后可明显感触到气管的环状结构，如插到气管外，需更换动物进行诱导。

（3）注入诱导液体后，将小鼠以竖直状态左右轻摇 20 s，目的是避免诱导液体随呼吸排出气管，影响诱导效果。

2. 容易发生的错误以及预防和挽救措施

（1）用眼科镊夹舌头时注意用力不要太大，避免造成舌面破损出血，影响细胞计数和细胞因子检测。

（2）采用吸入麻醉，小鼠在离开麻醉气体后会很快苏醒，故诱导操作务必迅速，不宜超过 30 s。为避免苏醒后重新麻醉，必须熟练操作。

七、参考文献

1. XU Y, ZHU J, FENG B, et al. Immunosuppressive effect of mesenchymal stem cells on lung and gut CD8+ T cells in lipopolysaccharide-induced acute lung injury in mice[J]. Cell proliferation, 2021, 54(5): e13028.

2. NGUYEN N, XU S, LAM T Y W, et al. ISM1 suppresses LPS-induced acute lung injury and post-injury lung fibrosis in mice[J]. Molecular medicine, 2022, 28(1): 72.

3. WANG M, ZHONG H, ZHANG X, et al. EGCG promotes PRKCA expression to alleviate LPS-induced acute lung injury and inflammatory response[J]. Scientific reports, 2021, 11(1):

11014.

4. BROWN R H, WALTERS D M, GREENBERG R S, et al. A method of endotracheal intubation and pulmonary functional assessment for repeated studies in mice[J]. Journal of applied physiology, 1999, 87(6): 2362-2365.

5. SPARROWE J, JIMENEZ M, RULLAS J, et al. Refined intratracheal intubation technique in the mouse, complete protocol description for lower airways models[J]. Glob j anim sci res, 2015, 3: 363-369.

6. ZHU P, WANG J, DU W, et al. NR4A1 promotes LPS-induced acute lung injury through inhibition of Opa1-mediated mitochondrial fusion and activation of PGAM5-related necroptosis[J]. Oxidative medicine and cellular longevity, 2022: 2022.

7. ZHOU W, SHAO W, ZHANG Y, et al. Glucagon-like peptide-1 receptor mediates the beneficial effect of liraglutide in an acute lung injury mouse model involving the thioredoxin-interacting protein[J]. American journal of physiology-endocrinology and metabolism, 2020, 319(3): E568-E578.

第 48 章

肺纤维化 [①]

徐一丹

一、模型应用

肺纤维化属于肺间质病，导致肺纤维化的原因很多，如矿物（如石棉）、粉尘、化疗药物、放射损伤、有害气体吸入等，接触鸽粪、动物皮毛、发霉枯草等引起的外源性过敏性肺泡炎也可导致肺纤维化。

鉴于样本难以获得以及肺纤维化相关机理研究、相关药物测评的需求，稳定的肺纤维化模型具有重要的应用价值。

胚胎成纤维细胞生长因子（TGF-β）和博来霉素（bleomycin）是常用的诱导剂，用于制备小鼠肺纤维化模型。它们具有不同的作用机制和特点。

（1）TGF-β 诱导：TGF-β 是一种细胞因子，具有促纤维化的作用。它能够刺激成纤维细胞的增殖和胶原蛋白的合成，从而导致肺纤维化。

① 优点：TGF-β 诱导的肺纤维化模型能够很好地模拟肺纤维化的发病机制，因为 TGF-β 在肺纤维化过程中起着关键的调节作用。

② 缺点：TGF-β 诱导的纤维化过程相对较缓慢，需要较长的时间来形成明显的纤维化损伤。

（2）博来霉素诱导：博来霉素是一种抗生素，具有强烈的纤维化诱导作用。它通过引起氧化应激、DNA 损伤和炎症反应等多种机制来诱导肺纤维化。

① 优点：博来霉素诱导的肺纤维化模型发病快、纤维化损伤明显，适用于短期实验或需要快速建立纤维化模型的研究。

② 缺点：博来霉素可能引起较强的肺损伤和炎症反应，需要谨慎控制剂量，以免过度损伤肺组织。

---

① 共同作者：刘金鹏、刘彭轩。

本章介绍使用盐酸博来霉素诱导的小鼠肺纤维化模型。

二、解剖学基础

从胸骨前窝正中向下颌方向做一个约 10 mm 切口，可见表皮下方皮下筋膜和腺体。分离左、右胸骨舌骨肌后，可暴露气管（图 48.1）。肺部解剖详见《Perry 实验小鼠实用解剖》"第 9 章　呼吸系统"。

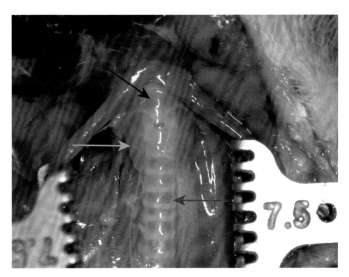

图 48.1　小鼠气管解剖。黑色箭头示甲状软骨；蓝色箭头示被拉开的胸骨舌骨肌；绿色箭头示甲状腺；红色箭头示气管

三、器械材料

（1）器械：眼科直剪，眼科直镊，微量进样针，小鼠手术台（轻便材质），5-0 带线缝合针（角针，3/8 弧度）。

（2）材料：1.75 mg/mL 盐酸博来霉素，剂量为 3.5 mg/kg。避光，现用现配。

四、手术流程

（1）常规注射麻醉小鼠。颈前区备皮。仰卧位固定于手术台上，术区消毒。

（2）沿颈中线从锁骨水平线向前做 1 cm 长的皮肤切口（参见图 8.9，图 48.2）。

（3）钝性分离颌下腺后缘，暴露覆盖气管的胸骨舌骨肌（图 48.3）。

（4）钝性分离左、右胸骨舌骨肌，暴露 0.5 mm 长气管（图 48.4，图 48.5）。

（5）用微量进样器沿环状软骨间隙向心方向刺入气管，注入盐酸博来霉素（图 48.6）。

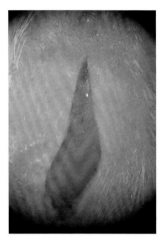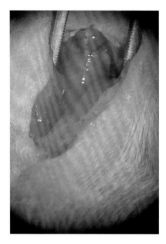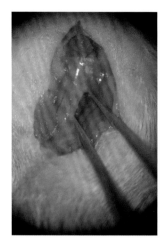

图 48.2　皮肤切口　　　　图 48.3　暴露胸骨舌骨肌(两　　图 48.4　分离胸骨舌骨肌
　　　　　　　　　　　　　　镊尖之间的部分)

（6）移除注射器后将小鼠连同固定板一起竖立，中指轻轻固定小鼠下颌，以手腕
纵轴为中心，"顺时针 - 逆时针 - 顺时针 - 逆时针"旋转固定板（图 48.7），以便于药
物快速分布至肺中。

（7）将胸骨舌骨肌及颌下腺复位。缝合皮肤，切口消毒。

（8）将小鼠以头高尾低的体位保温待苏醒。苏醒后返笼，普通饲喂。

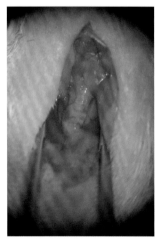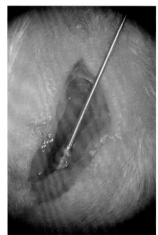

图 48.5　暴露气管　　　　图 48.6　针头刺入气管，注　　图 48.7　旋转小鼠示意
　　　　　　　　　　　　　射博来霉素

五、模型评估

（1）组织病理学评价：在建立小鼠肺纤维化模型后，可以于不同时间点取肺组织做大

体拍照（图 48.8），并取组织做病理切片后行 Masson 染色，观察肺纤维化情况。在术后
28 天的病理切片中，可观察到大量纤维组织（图 48.9）。

（2）功能性评估：使用肺功能测定仪等设备，评估小鼠肺功能的变化，如肺活量、
气流速度和肺弹性等指标，以了解肺纤维化对肺功能的影响。

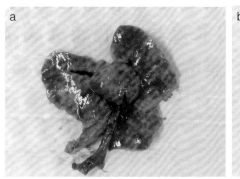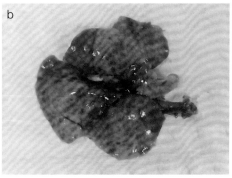

图 48.8　注入的红色染料在肺部的分布表现。可见大量无灌注区域呈白色、条索状分布。
a. 腹面照；b. 背面照

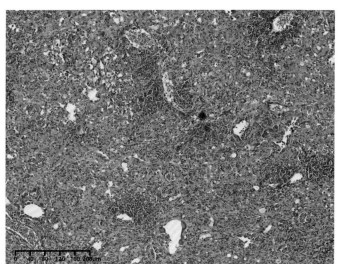

图 48.9　肺纤维化小鼠术后 28
天病理切片，Masson 染色。
可见大量纤维组织

六、讨论

（1）注射盐酸博来霉素的剂量不宜过大，控制在 50 μL 以内，以免阻塞气道导致小
鼠窒息死亡。

（2）在注射麻醉状态下进行直视下盐酸博来霉素注射时，进针位置应尽可能偏后，
但不能深入支气管，避免气管内产生的液体影响实验效果。

（3）注射盐酸博来霉素时需要快速推动注射器，使药物尽量深入肺部，加之左右旋

转，利用离心力尽快使药物快速分布至肺中（图 48.10）。

（4）注射盐酸博来霉素时，注射器内留一段空气柱，注射时快速推动注射器，可以使药物更好地分散于肺部。

（5）不建议使用喷雾注射器，喷雾可以使药物更好地分散，但是小鼠呼吸时很有可能将药雾呼出体外，导致吸入的药量不足而不成模。

（6）博来霉素诱导肺纤维化可以通过全身给药和局部给药两种方法达成。全身给药模型建立时间长，由肺部血管入侵；局部给药时间短，由肺泡入侵。

（7）选择性灌肺可做短时间的自身对照。灌注针头一直插入左支气管灌注，保持右肺没有博来霉素直接进入。该方法灌注需要更高的操作技巧，且须控制灌注量。图 48.13 和图 48.14 分别显示了左肺灌注和全肺灌注效果。

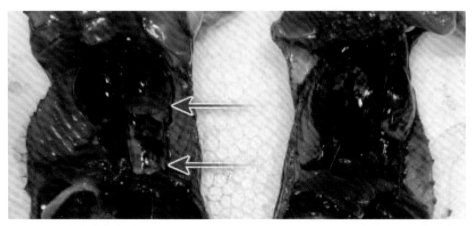

图 48.10 小鼠肺灌注对比。25 g 小鼠使用 50 μL 0.8% 伊文思蓝溶液灌注。背面胸腔开放，去除食管，暴露肺，取头上尾下灌注体位。左为灌注后未旋转小鼠；右为旋转小鼠。箭头示未旋转小鼠的肺叶底部灌注不良。液体单纯凭借重力在非旋转情况下难以顺利进入肺叶底部

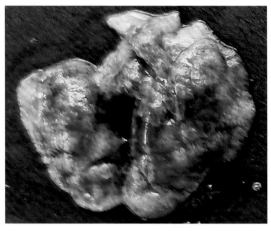

图 48.11 左肺灌注快绿
（吴旺华供图）

图 48.12 全肺灌注快绿（吴旺华供图）

第 49 章

肺动脉高压^①

范小芳

一、模型应用

肺动脉高压是指由各种原因引起肺血管结构和／或功能改变，以肺血管阻力进行性升高为特点，血流动力学符合诊断标准的病理生理综合征，是一种常见病、多发病，且具有很高的致残率和病死率。

该病的主要病理特征为肺动脉血管收缩和肺血管重构，引起肺细小动脉缩窄甚至阻塞。临床上表现为肺血管阻力增加，肺动脉压力升高，最终导致心力衰竭，甚至死亡。经右心导管法是测定肺动脉压力的金标准，是临床肺动脉高压的确诊依据。随着基因敲除技术等的发展应用，小鼠已作为制备肺动脉高压常用的实验动物。

常用的小鼠肺动脉高压模型制备方法有：

（1）野百合碱诱导（monocrotaline-induced）法：通过给小鼠注射野百合碱等特定药物，引起肺血管内皮细胞的损伤和肺动脉高压的发生。

（2）长期低氧诱导（chronic hypoxia-induced）法：将小鼠长期置于低氧环境中，以模拟高海拔地区或慢性呼吸系统疾病中的低氧环境，诱导肺动脉收缩和肺动脉高压的发生。SU5416 是血管生长因子受体抑制剂，低氧诱导的同时配合使用该化合物，可以抑制动物肺部血管新生，建立更稳定的肺动脉高压模型。

（3）手术分流（operative shunt）法：采用体循环动脉–肺动脉分流术、动–静脉分流术、心内分流术、肺叶切除术、手术栓塞法或动脉缩窄法等增加肺动脉阻力，诱导肺动脉高压的发生。

（4）基因工程动物模型：通过基因突变、基因敲除或基因过表达（genetic mutation，

---

① 共同作者：刘彭轩。

knockout or overexpression）技术，制造小鼠肺动脉高压模型。例如，可以通过敲除或突变特定基因，如 *BMPR2* 基因，模拟家族性肺动脉高压。

无论用哪种方法造模，都需要通过测量肺动脉压来评价造模结果，因此，肺动脉血压测量手术成为造模不可或缺的组成部分。目前，由于技术限制，小鼠的肺动脉压尚不能直接测量，常用右心室压来代替。

小鼠体型小，静脉管腔细、血管壁薄，若不明确小鼠解剖结构及定位，在测压时极易穿破静脉壁或者损伤心室造成手术失败，所以，测量肺动脉压成为造模的瓶颈。本章介绍低氧诱导造模和右心室压检测手术。

二、解剖学基础

小鼠右侧颈外静脉至肺动脉的血流通路：

小鼠颈外静脉（图 49.1）是最大的浅静脉，位于颈部皮下胸骨乳突肌的外缘，于胸骨乳突肌深面斜向内后走行，在锁骨上方穿深筋膜，与腋静脉汇合形成锁骨下静脉。

锁骨下静脉在胸腔内移行为前腔静脉，移行处呈约 90° 转折。在距锁骨后缘约 1 cm 处，前腔静脉与后腔静脉血液回流汇入右心耳，然后经房室瓣入右心室（图 49.2）。

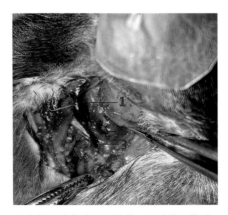

1. 右侧颈外静脉；2. 锁骨；3. 锁骨下静脉
图 49.1 小鼠右侧颈外静脉解剖

1. 右侧前腔静脉；2. 右心耳；3. 右心室；
4. 主动脉；5. 肺动脉；6. 左心耳；7. 左心室
图 49.2 小鼠胸腔解剖

三、器械材料与实验动物

（1）设备：常压低氧舱，PowerLab 生物信号采集处理系统等。

（2）器械：1.4F Millar 单压力导管或压力 – 容积（P-V）导管，手术剪，弯头眼科镊，眼科剪，无损伤分离镊（图 49.3）。

（3）材料：16 G 针头，26 G 针头，5-0 丝线（生理盐水浸湿），鼠台，剃毛器，棉签，棉球，胶带，1% 戊巴比妥钠，生理盐水，SU5416。

（4）实验动物：C57BL/6J 小鼠，雄性，体重 22～25 g，周龄 12～14 周。

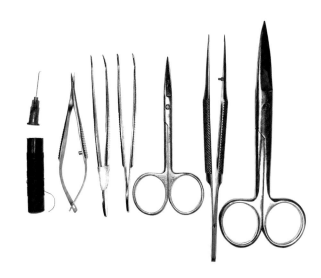

图 49.3 常用的手术器械。由左至右依次为 16 G 针头（上）、5-0 丝线（下）、显微剪、弯头眼科镊、眼科剪、无损伤分离镊、手术剪

四、手术流程

（一）低氧性肺动脉高压模型的建立

（1）模型组：将小鼠置于自制常压低氧舱（图 49.4）中，舱内充入高纯度的 N_2，并通过智能 O_2-CO_2 控制系统实时监测舱内 O_2 浓度，调节 O_2 浓度维持在 9%～11%，CO_2 浓度 < 3%；舱内湿度保持在 85% 左右，小鼠自由进食与饮水，每天缺氧 23 h，正常空气 1 h。室内照明每 12 h 明暗交替，连续 4～5 周。SU5416 皮下注射 20 mg/kg，每周 1 次。

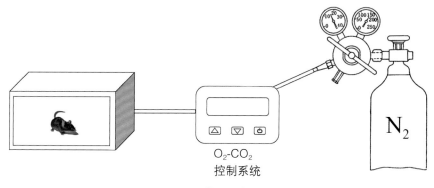

O_2-CO_2
控制系统

N_2

图 49.4 常压低氧舱示意

（2）正常对照组：将小鼠置于室内空气中，无 SU5416 注射，其余与模型小鼠相同。

（二）颈外静脉右心导管法测定右心室压力（右心功能）

1. 仪器与特制器械准备

（1）将导管连接到 PowerLab 生物信号采集处理系统，打开 PowerLab 软件界面，选择导管类型后进行设备调零、定标。

图 49.5 弯头眼科镊（调整镊头开口大小）

（2）用胶带缠绕弯头眼科镊的柄（图 49.5），使镊头开口略比预分离的颈外静脉长约 0.2 cm。

（3）将 26 G 注射器针头的针尖部分折成 90°，制成钩针（图 49.6），用于引导静脉插管。

图 49.6 自制钩针

2. 动物准备

（1）小鼠常规吸入麻醉。颈部术区剃毛，仰卧保定于手术台上。剃毛区常规消毒。

（2）用眼科剪行颈部正中切口约 1 cm，暴露右颈外静脉（图 49.7）。

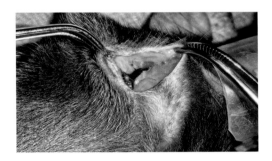

图 49.7 暴露右侧颈外静脉

（3）游离长 0.5 ~ 0.7 cm 的颈外静脉，在其下方穿过两根 5-0 丝线备用。

3. 血流动力学测量

（1）将弯头眼科镊置于游离的颈外静脉下方，先阻断近心端血流（图 49.8），使颈外静脉保持充盈状态。

（2）远心端予以 5-0 丝线结扎。

（3）用显微剪在靠近颈外静脉远心端结扎处朝近心端剪一个 V 形口，长度不超过血管直径的 1/2，V 形口与血管长轴成 30° ~ 45°。

（4）用钩针在切口处挑起颈外静脉近心端血管壁，将导管头端沿 V 形口向近心端方向滑入血管（图 49.9）。撤出钩针，将传感器或电极区域完全插入血管后，用置于近心端备用的 5-0 丝线将导管连同血管轻轻打一个结，以防止导管进入右心房后血液涌出。

图 49.8　分离的右侧颈外静脉，用弯头眼科镊先阻断回心血流　　图 49.9　即将插入导管的手术照。图示镊子位置、钩针方向、结扎线位置

（5）撤除弯头眼科镊，左手轻提远心端结扎线，将颈外静脉拉直，右手将导管往近心端方向送入。导管路径为：右侧颈外静脉—右锁骨下静脉—右前腔静脉—右心耳—房室瓣—右心室。

① 导管进深约 1.0 cm，在锁骨位置处遇到第一个阻力，此时轻轻拉回导管，将导管头端略朝上再往前插，使导管跨过锁骨。

② 导管推进至约 1.6 cm 时进入胸腔，可能遇到第二个阻力，此时需使导管朝小鼠内侧、头端略向下以顺利进入胸廓。

③ 推进至约 2.0 cm 时进入右心耳位置，此时可见导管的跳动频率与小鼠心率一致。

④ 推进 2.5 ～ 3.0 cm 时可进入右心室，并能记录到典型的右心室波形或压力－容积环（P-V loop）。

（6）调整导管在右心室内的位置，直到出现稳定的右心室压波形或者稳定标准的压力－容积环。

（7）收紧近心端丝线，固定导管与颈外静脉。

待波形稳定后，记录右心室压或压力－容积环，进行数据分析。

五、模型评估

1. 右心室收缩压

基本血流动力学数据包括心率（heart rate）、右心室舒张末期压（REDP）、右心室收缩压（RVSP）。RVSP 反映右心室排空时的肺动脉压力，使用 Millar 单压力导管测得的正常对照组小鼠与模型组小鼠的 RVSP 值采用均值 ± 标准差（$\bar{x} \pm s$）表示，采用 GraphPad Prism 8 统计学软件进行数据分析，两组数据比较采用独立样本 t 检验。模型组小鼠 RVSP 值显著高于正常对照组，前者为 34.5 ± 4.9 mmHg，后者为 22.7 ± 5.7 mmHg，$P < 0.01$，$n=15$。

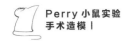
2. 右心室肥大指数

右心室压检测结束后，经腹主动脉取血并安乐死小鼠，取出心脏，用预冷生理盐水或 PBS 缓冲液清洗。沿房室沟剪去左、右心耳及大血管根部，再沿前、后室间沟将右心室游离壁分离；将分离出的右心室壁（RV）及左心室壁 + 室间隔（LV+S）置于滤纸上吸干水分，用精密天平称量，计算右心室肥大指数：

$$右心室肥大指数 = \frac{RV}{LV+S} \times 100\%$$

可以发现模型组小鼠右心室肥大指数显著高于正常对照组，前者为 30.0% ± 4.9%，后者为 23.1% ± 3.8%，$P < 0.01$，$n=15$。

3. 压力 - 容积环评估小鼠右心室功能

每只小鼠选取 8 ～ 10 个连续心脏周期用于分析压力 - 容积环数据（图 49.10，图 49.11），除了基本血流动力学数据外（心率、REDP、RVDP），还可以分析计算右心室功能的参数，包括心排血量（cardiac output，CO）、右心室搏功（SW）、右心室射血分数（RVEF）、心室顺应性（ventricular compliance）、动脉有效弹性（Ea）、前负荷再充盈搏功 (PRSW)、心脏舒张末期容积指数（EDV）及 dP/dt_{max}、dP/dt_{min} 等。通过对小鼠后腔静脉阻塞导致前负荷改变形成典型的压力 - 容积环统计分析显示，模型组小鼠 RVSP、dP/dt_{max}、EDV、Ea 显著大于正常对照组，而 CO、SW、RVEF、心室顺应性显著低于正常对照组，差异均有统计学意义。

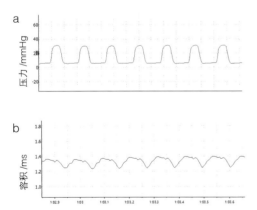

图 49.10　缺氧 4 周 C57/BL 小鼠右心室压力 - 容积环。a. 右心室压力通道；b. 右心室容积通道

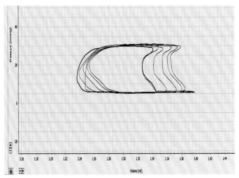

图 49.11　右心室压力 - 容积环

4. 模型其他评价方法

组织病理学评价：取小鼠肺组织经包埋、切片，随后进行病理 H-E 染色和 Masson 染

色，观察肺动脉血管重构情况，可见模型组小鼠肺动脉血管明显重构。

心脏多普勒超声检查可以对心脏结构和功能进行评估，了解心脏的大小、收缩情形等。

六、讨论

（1）小鼠颈外静脉 V 形切口开口小，导管插入血管中比较困难，可将 26 G 注射器针头针尖部分折成 90°，制成钩针来辅助导管插入血管。相关操作可参见《Perry 小鼠实验手术操作》"第 76 章　针钩导入"。

（2）小鼠颈外静脉和腋静脉汇合形成锁骨下静脉，锁骨下静脉在胸腔内移行为前腔静脉，移行处呈约 90° 转折，此处距颈外静脉近心端结扎处约 1.5 cm，插管时易在此处顶住前腔静脉侧壁。

（3）用近心端丝线将导管连同血管轻轻打一个结，注意结扎勿过紧，以防阻碍进管操作。

（4）小鼠颈外静脉管壁薄，分离时动作需轻柔，插管过程中遇阻力时切忌盲目用力前插，可轻轻拉回再尝试前插并调整导管方向至阻力消失后再前进，否则极易穿破静脉或心壁。

（5）小鼠静脉波、右心房波、右心室波呈典型的阶梯状曲线，可据此结合进管深度判断导管所达部位。进入右心房后，可见导管的跳动频率与小鼠心率一致，印证导管到达正确部位。

（6）在右心室舒张期房室瓣打开时可以将导管送入右心室，此时手部可明显感觉到突空感。

（7）Millar 单压力导管或 P-V 导管头端为精密压力感受器，遇到阻力时切勿硬插，否则极易损坏导管。

（8）在过去 30 年中，压力 – 容积环的研究已逐渐成为研究心肌收缩能力、心室顺应性、心脏做功和其他在体相关功能参数的"金标准"。压力 – 容积环通过一个心动周期中心室压力变化对应容积的改变绘制而成，描述了心室活动各时相中压力和容积这两个变量的变化过程和相互关系。压力 – 容积环可以动态了解心功能，且不受心率、负荷的影响，可以反映相对独立的心功能参数。由于小鼠右心室壁较薄且右心室腔内有隔缘肉柱，导管容易触壁，有时不能很典型地记录压力 – 容积环（图 49.12，图 49.13），此时可轻微旋转导管方向、调整好导管头端的位置。

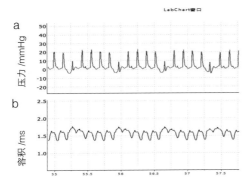

图 49.12　常见的导管头端触壁时显示的小鼠右心室压力。a. 右心室压力通道；b. 右心室容积通道

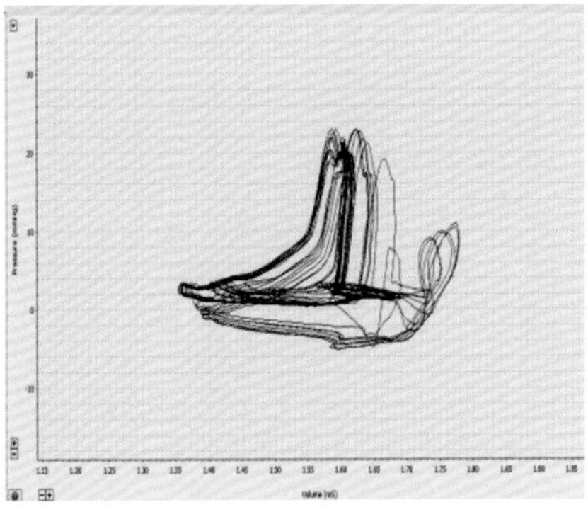

图 49.13　常见的导管头端触壁时显示的小鼠右心室压力 – 容积环

（9）通过阻塞后腔静脉回流改变前负荷时，后腔静脉夹闭需限制在几秒钟内，以避免引起心搏骤停。

（10）如果使用 P-V 导管，可以在获得压力 – 容积环的初始测量值后，取手术剪沿小鼠腹中线开腹，用湿棉签将肠管轻推向一侧，并轻轻擦去后腔静脉表面的筋膜组织，使其充分暴露，再用无损伤分离镊短暂夹闭后腔静脉。通过阻塞后腔静脉回流改变前负荷形成典型压力 – 容积环的变化，来分析右心室收缩末期压力和舒张末期压力的关系。

七、参考文献

1. TIAN Q, FAN X*, MA J, et al. Critical role of VGLL4 in the regulation of chronic normobaric hypoxia-induced pulmonary hypertension in mice[J]. The FASEB Journal, 2021, 35(8): e21822.

2. FAN J, FAN X*, GUANG H, et al. Upregulation of miR-335-3p by NF-κB transcriptional regulation contributes to the induction of pulmonary arterial hypertension via APJ during hypoxia[J]. International journal of biological sciences, 2020, 16(3): 515-528.

* 本文作者。

泌尿系统模型

第八篇

第 50 章

肾纤维化 ①

马元元

一、模型应用

肾纤维化是肾在对抗慢性损伤、组织修复过程中，细胞外基质在肾中过度增生与沉积，纤维组织代替正常肾组织的过程，它会导致慢性肾功能不全，最终发展为肾功能衰竭。

目前肾纤维化动物模型有单侧输尿管结扎模型、肾毒血清肾病模型、基因缺陷动物及5/6 肾切除模型。其中单侧输尿管结扎模型是非免疫损伤诱发肾纤维化模型，应用最多且操作方法简便，可用于肾间质纤维化发生、发展机制及各种延缓或阻断肾纤维化新药的研究。

二、解剖学基础

小鼠输尿管（图 50.1）发自肾盂，止于膀胱；行于背侧腹膜外，在接近膀胱处进入腹腔，连接膀胱。其周围有脂肪包裹，并跨越髂腰动静脉腹面。

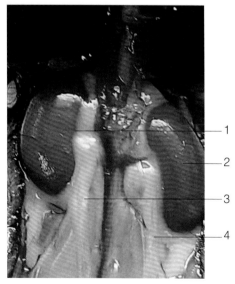

1. 右肾；2. 左肾；3. 右输尿管；4. 左输尿管

图 50.1 肾和输尿管解剖

---

① 共同作者：刘彭轩、杨亦冉、张慧敏、刘金鹏。

三、器械材料

（1）仪器：恒温手术台。

（2）器械：眼科剪，眼科镊，持针器，扩张器。

（3）材料：1 mL 注射器，脱毛膏，棉签，7-0 缝合线，5-0 缝合线。

四、手术流程

（1）小鼠腹腔注射麻醉。

（2）术区备皮，仰卧固定于恒温手术台上。术区常规消毒。

（3）在腹中线划开腹部皮肤和腹壁（参见《Perry 小鼠实验手术操作》"第 17 章 开腹"）。

（4）拨开肠管，暴露左肾，沿肾门向后暴露左输尿管（图 50.2a）。

（5）▶用 2 根 7-0 缝合线穿过壁腹膜，从输尿管深面穿过后结扎（图 50.2b），1 根近 肾下缘，1 根在其后方约 0.5 cm 处。

（6）剪断两结扎线间输尿管（图 50.2c）。

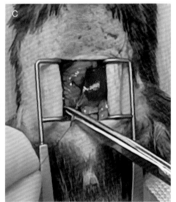

图 50.2　输尿管处理。a. 暴露；b. 结扎；c. 剪断

（7）用 5-0 丝线分层缝合腹壁和皮肤切口。

（8）常规伤口消毒。

（9）将小鼠放于 37 ℃保温垫上复苏，苏醒后放回笼内饲养观察。

五、模型评估

（1）剖腹探查左肾，发现左肾肿胀，内有大量尿液潴留（图 50.3）。

（2）同时取肾做石蜡切片并进行 Masson 染色、H-E 染色、Ⅰ型胶原蛋白（COL1）和平滑肌肌动蛋白（α-SMA）免疫组织化学染色（图 50.4，图 50.5），均发现肾间质纤维化，即表示造模成功。

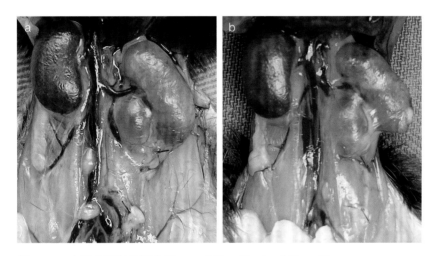

图 50.3　小鼠术后剖腹探查照。a. 术后 7 天；b. 术后 10 天

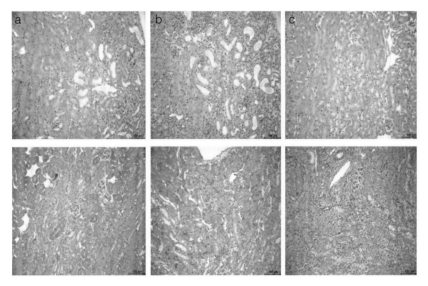

图 50.4　小鼠肾病理切片。a. 正常对照；b. 术后 7 天；c. 术后 10 天。上排为 H-E 染色，下排为 Masson 染色

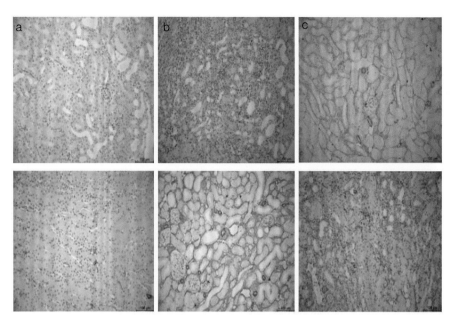

图 50.5　小鼠肾免疫组织化学染色病理切片。a. 正常对照；b. 术后 7 天；c. 术后 10 天。上排为 COL1 染色，下排为 α-SMA 染色

六、讨论

（1）一侧输尿管结扎，另一侧可作自身对照。

（2）该模型的肾纤维化是以肾间质纤维化为主，肾小球病变较轻。该模型可在短期内手术诱导肾间质纤维化，7 天会有明显纤维化，10 天后可形成严重纤维化。

（3）术后 7、10 天检测血肌酐、尿素氮，结果接近正常值，主要是由于右侧肾正常，维持血肌酐、尿素氮指标正常。

（4）操作注意事项：

① 需要准确找到输尿管，可从肾门向下寻找，辨认乳白色的细长的输尿管，不需要分离结缔组织，直接用缝合针由输尿管下方穿过后打结，避免过度损伤壁腹膜。

② 两根结扎线间距要合适，因为在剪开两线间的输尿管时，若间距过小，线结易滑脱，若间距过大，打结操作空间小，不易操作。

③ 在结扎输尿管时，注意打结松紧合适，因为过松会导致结扎失败，过紧导致输尿管从结扎处被勒断。

④ 术后注意保温，避免麻醉后小鼠低体温休克死亡，可将小鼠放在保温垫上。当小鼠可以爬行时，再放回笼内饲养。

第 51 章

慢性肾衰^①

徐桂利

一、模型应用

慢性肾衰进展的病理表现为肾小管间质纤维化，临床表现为进行性肾功能减退，同时伴随心血管病变 [1, 2]。慢性肾衰动物模型为研究慢性肾病的发病病症、发病过程、发病机理及诊疗，探究慢性肾病治疗手段提供了有力的支撑。目前最常用的慢性肾衰模型是 5/6 肾切除致慢性肾衰模型 [2]。

二、解剖学基础

小鼠肾为蚕豆形，位于腹腔中，左、右各一，右肾位置稍前于左肾（图 51.1）。肾外有一层肾浆膜包裹，亦称肾包膜。其深面有一层致密的纤维膜紧紧包裹肾皮质；肾皮质里面是肾髓质（图 51.2）。

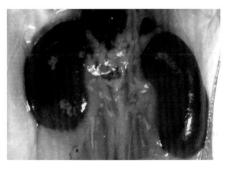

图 51.1　小鼠肾解剖。肾位于腹腔中，右肾偏前，左肾偏后，分居脊柱两侧

图 51.2　小鼠肾截面解剖。蓝色箭头示肾髓质；绿色箭头示肾皮质；黑色箭头示肾纤维膜；红色箭头示肾包膜

---

① 共同作者：刘彭轩。

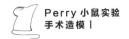

三、器械材料

5-0 带线缝合针，眼科弯镊，眼科直剪，持针器。

四、手术流程

1. 模型组的制备

（1）小鼠常规麻醉。背部剃毛，俯卧于手术台上。术区常规消毒。

（2）分别在左肋后缘和右肋后缘后 1 cm 处，平行脊柱做 0.5 ～ 1 cm 长切口（图 51.3）。

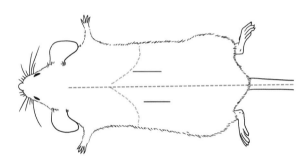

图 51.3　手术切口位置示意。小鼠俯卧位。虚线示脊柱和肋后缘，蓝色线示左肾切口位置，红色线示右肾切口位置

（3）切口处铺无菌纱布孔巾。

（4）分层划开皮肤，剪开肌肉层。

（5）将左肾挤出腹腔。

（6）在肾前缘和后缘划开肾包膜。

（7）用 5-0 缝合线于肾前 1/3 处在肾包膜外逐渐勒紧（参见《Perry 小鼠实验手术操作》"第 31 章　线勒"）（图 51.4，图 51.5）。

（8）保持肾包膜和肾纤维膜完整，将肾勒断。

（9）取出被勒断的肾的前 1/3（前段）。

（10）同样方法摘除肾的后 1/3（后段）（图 51.5）。

（11）确认左肾无血流出后，将其复位。

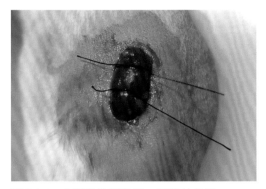

图 51.4　左肾被勒断的前、后段的位置

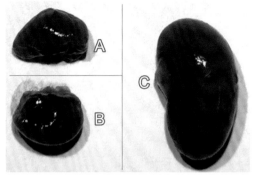

图 51.5　摘除的肾。A. 切除的左肾前段；B. 切除的左肾后段；C. 右肾

（12）将右肾挤出，完全暴露右肾。

（13）用 5-0 缝合线结扎肾蒂。

（14）在结扎线外侧剪断右肾动静脉和输尿管。摘除右肾（图 51.5）。

（15）用 5-0 缝合线分层缝合肌肉层和皮肤手术切口。常规消毒皮肤伤口。

（16）小鼠保温苏醒。返笼正常饲养。

5/6 肾切除手术过程简要示意如图 51.6 所示。

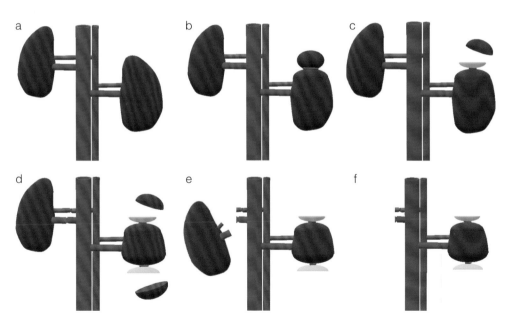

图 51.6　5/6 肾切除手术过程简要示意。a. 暴露肾；b. 结扎左肾前段；c. 线勒法切除左肾前段；d. 同法切除左肾后段，结扎右肾动静脉和输尿管；e. 剪断右肾动静脉和输尿管，摘除右肾；f. 完成 5/6 肾切除

2. 假手术组的制备

（1）麻醉、做手术切口等同模型组手术。

（2）先后暴露左、右肾，关腹。

五、模型评估

（1）血清学检测：术后 8 周，采集静脉血，测定血清肌酐、尿素氮含量。若建模成功，与假手术组比较，模型组小鼠血清肌酐和尿素氮含量均显著升高。

（2）尿液检测：术后 8 周，收集尿液，测定尿蛋白含量。若建模成功，与假手术组比较，模型组小鼠尿蛋白含量显著升高。

（3）组织病理学检测：取左肾，用福尔马林固定；经脱水、石蜡包埋、切片后进行 H-E 染色、α-SMA 免疫组织化学染色、Masson 染色。若建模成功，与假手术组比较，模型组小鼠表现出显著的肾损伤[1, 3]。

六、讨论

（1）手术过程中避免损伤肾前腺（图 51.7）。肾前腺后静脉汇入肾静脉，由于血管细

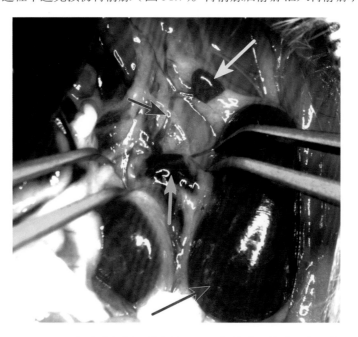

图 51.7　左肾前腺解剖。蓝色箭头示左肾前腺后静脉；黄色箭头示左肾前腺；绿色箭头示左肾静脉；红色箭头示左肾

小，很容易被忽略。右肾摘除时，结扎点要位于肾前腺后静脉外侧，不影响肾前腺正常的血流通路。

（2）肾的部分切除除本文提及的方法之外，亦可使用利器直接切除肾的前、后段，并用明胶海绵等止血材料止血。

（3）左肾部分切除时，注意不可伤及肾门。

（4）若操作技术欠熟练，该手术可以分成两次进行：第一次切除 2/3 左肾；第二次在术后 1 周摘除右肾，以提高小鼠术后存活率。

七、参考文献

1. 余柯娜，麻志恒，钟利平，等 . SD 大鼠与 C57 小鼠 5/6 肾切除慢性肾功能衰竭模型的比较 [J]. 中国比较医学杂志，2015，25(08):48-53+87.

2. HAMZAOUI M, DJERADA Z, BRUNEL V, et al. 5/6 nephrectomy induces different renal, cardiac and vascular consequences in 129/Sv and C57BL/6JRj mice[J]. Sci rep，2020，10(1):1524.

3. TAN R-Z, ZHONG X, LI J-C, et al. An optimized 5/6 nephrectomy mouse model based on unilateral kidney ligation and its application in renal fibrosis research[J]. Renal failure，2019, 41(1):555-566.

第52章

尿失禁^①

顾凯文

一、模型应用

压力性尿失禁指腹压高于最大尿道压时，在膀胱逼尿肌未收缩的状态下，尿液不自主地由尿道外口溢出，多在咳嗽、打喷嚏、直立、劳累等腹压增高时发生。压力性尿失禁的发生机制尚不明确，临床研究表明，发病与盆底组织的解剖缺陷和功能障碍有关。

压力性尿失禁动物模型有多种，各有特点，研究者多根据研究目的，结合发病机制以模拟产伤、切除卵巢、阴部神经损伤、尿道及周围组织破坏等建造压力性尿失禁动物模型。选用合适的动物模型有助于了解疾病发展过程和治疗的效应靶点，为此，制作成功稳定的动物模型对临床研究将提供有效的帮助。

压力性尿失禁动物模型有以下多种建模方法，各有特点：

（1）模拟产伤法：该方法操作简单。手术操作不经腹腔，没有手术切口，动物损伤小，成活率高。

（2）切除卵巢法：该方法有效模拟绝经后女性的生理特点，更好地研究了压力性尿失禁可能的发病机制，但造模时间漫长。

（3）尿道及周围组织破坏法。

（4）阴部神经损伤法：直接损伤控制尿道括约肌的神经纤维组织，该模型具有特异性，但其操作难度大、手术风险高。本章介绍这个模型的构建。

---

① 共同作者：刘彭轩；协助：王飞。

二、解剖学基础

阴部神经（图 52.1）由第 5 腰椎神经发出，与坐骨直肠窝上坐骨神经伴行。自梨状肌下缘沿闭孔内肌进入盆腔，分为肛神经、会阴神经、阴蒂背神经。

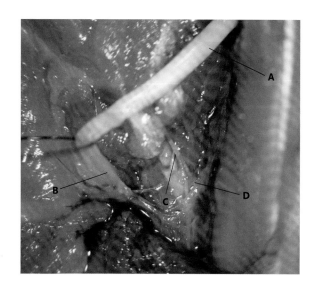

A. 第 5 腰椎神经；B. 坐骨神经；C. 阴部神经；D. 阴部神经分支

图 52.1　阴部神经局部解剖

三、器械材料与实验动物

（1）器械材料：如图 52.2 所示。

（2）实验动物：雌鼠，8 周龄。

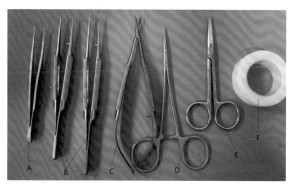

A. 眼科镊；B. 显微镊；C. 显微剪；D. 止血钳；E. 眼科剪；F. 胶带

图 52.2　器械材料

四、手术流程

（1）小鼠常规吸入麻醉，腰背部备皮（图 52.3）。

（2）取俯卧位，剃毛区常规手术消毒。

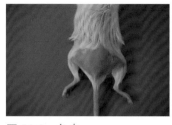

图 52.3　备皮

（3）在骶骨部位沿背中线做皮肤切口，将切口拉向术侧，暴露臀肌与大腿肌。

（4）▶以止血钳钝性分离臀浅肌，暴露臀中肌与坐骨直肠窝（图 52.4，图 52.5）。

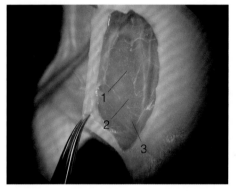

1. 臀浅肌；2. 股二头肌前头；3. 半腱肌
图 52.4　皮下相关肌肉

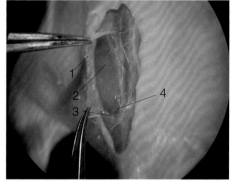

1. 臀浅肌；2. 臀中肌；3. 股二头肌前头；
4. 坐骨直肠窝
图 52.5　臀浅肌下相关肌肉。注意臀浅肌
后起点被股二头肌前头覆盖

（5）将止血钳刺入坐骨直肠窝，暴露该处坐骨神经（图 52.6）。以此为起点，沿臀中肌与髂骨间隙钝性分离臀中肌，暴露梨状肌。

（6）钝性分离梨状肌与脊椎连接，暴露坐骨神经－第 5 腰椎神经（图 52.7，图 52.8）。

（7）分离筋膜后轻轻向上提起坐骨神经，在其背侧找到与其伴行且有连接的阴部神经。分离阴部动脉，用显微剪在阴部神经近闭孔肌分支处上下离断 2 mm（图 52.9）。

（8）双侧造模后闭合创口。

（9）撤除吸入麻醉。小鼠苏醒后返笼。

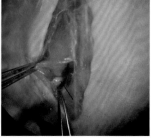

图 52.6　坐骨直肠窝暴露（黑色线标注坐骨神经）

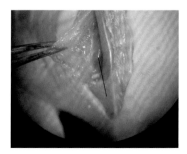

图 52.7　分离臀中肌（黑色线标注梨状肌）

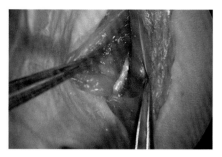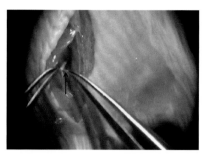

图 52.8　梨状肌分离后的神经　　　　　图 52.9　背侧阴部神经，如箭头所示

五、模型评估

1. 尿动力学检测

小鼠称重后麻醉，仰卧位平放。将 26 G 留置针去除针芯，注射生理盐水排气，用甘油润滑针头表面后行小鼠导尿。导尿手法为：一只手拿显微镊，夹住尿道外口，向上提起以绷直尿道，另一只手将留置针轻轻插入尿道，到达耻骨后旋转一定角度，进针 1 cm。导尿成功后，空针抽吸排空小鼠膀胱，连接延长管及三通，三通外接电生理仪测压管和微量注射泵。

模型组不同时间点膀胱漏尿点压测定结果如图 52.10 所示。

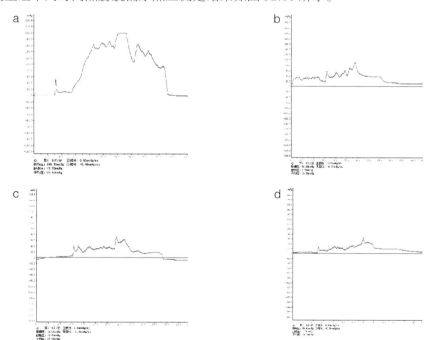

图 52.10　模型组不同时间点膀胱漏尿点压测定结果。a. 对照组；b. 模型组术后 1 周；c. 模型组术后 2 周；d. 模型组术后 4 周

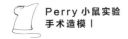
2. 组织病理切片

造模 2 周后小鼠安乐死，取膀胱颈进行 H-E 染色。

模型组病理结果（图 52.11）：红色箭头示膀胱逼尿组织水肿；橙色箭头示肌纤维排列紊乱；黑色箭头示肌细胞变性、坏死；蓝色箭头示病变处大量炎症细胞浸润（以中性粒细胞和淋巴细胞为主）。

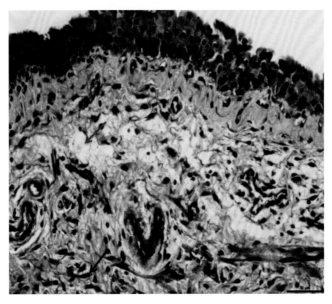

图 52.11　H-E 染色结果

六、讨论

阴部神经在坐骨直肠窝处汇聚，且神经比较细小，钝性分离肌肉时，应向上分离，避免拉断神经。

第53章

膀胱瘘^①

王成稷

一、模型应用

在糖尿病患者中，有27% ～ 85%的患者存在排尿受损的情况[1]，其主要表现为膀胱括约肌受损引起排尿困难。

使用实验动物研究该疾病时，需要对膀胱进行加压检测。由于小鼠膀胱小，插管困难，故鲜有使用小鼠进行该研究的报道。笔者建立小鼠膀胱瘘模型（图53.1），可广泛应用于糖尿病引起的膀胱括约肌损伤的相关研究。由于小鼠个体差异，膀胱容量和内压没有统一标准值。膀胱瘘可以测量每一只受试小鼠的膀胱容量与膀胱内压之比。由此可以定量注入液体掌握膀胱内压，检测膀胱括约肌功能。该模型还可应用于长期多次尿液收集、膀胱给药等实验。

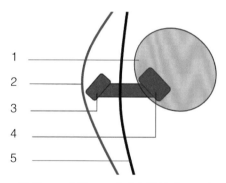

1. 膀胱；2. 皮肤；3. 膀胱瘘管外端；4. 膀胱瘘管内端；5. 腹壁

图 53.1　膀胱瘘设计示意

二、解剖学基础

小鼠膀胱充盈时呈球形，膀胱壁被撑薄；塌瘪时呈袋状，膀胱壁收缩呈皱褶状。膀胱从颈部延伸4组动静脉向膀胱顶汇集，接近顶部时互相连通（图53.2）。顶部中心没有大血管（图53.3），而且肌肉层最厚，可以作为荷包缝合的首选区域。

---

① 共同作者：刘彭轩。

331

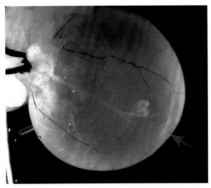 

图 53.2 膀胱侧视照。红色箭头示膀胱顶部，是膀胱颈部发出血管的走行方向

图 53.3 膀胱斜位照。圈示膀胱顶，没有大血管

三、器械材料

（1）器械材料：显微镊，显微剪，显微持针器，眼科剪，眼科镊，8-0 缝合线，5-0 缝合线，无菌湿纱布孔巾，生理盐水，28 G 管塞（用于堵塞膀胱瘘管小蘑菇头），单极电烧灼器。

（2）膀胱瘘管：由 PE 10 聚乙烯管加工成型，长 5 ~ 10 mm，两端膨大，内端固定于膀胱内，外端埋藏于腹部皮下。

四、手术流程

（1）小鼠常规麻醉，腹部备皮，取仰卧位，四肢固定于手术台上。

（2）后腹部常规消毒后覆盖湿纱布孔巾。

（3）于小鼠后腹部开腹，沿腹中线做一长度约 0.5 cm 的纵向切口（参见《Perry 小鼠实验手术操作》"第 17 章 开腹"）。

（4）将膀胱拉出体外（图 53.4a）。

（5）于膀胱顶无大血管处，使用 8-0 缝合线做一圈荷包缝合（图 53.4b），打松结。

（6）于荷包中心处剪一小口（图 53.4c）。

（7）将膀胱瘘管内端由剪口插入膀胱（图 53.5a）。

（8）将荷包扎紧，将膀胱瘘管内端固定于膀胱内（图 53.5b）。

（9）缝合腹壁，将 PE 10 管外端拉至腹壁外，使用缝合线围绕膀胱瘘管外端颈部一圈扎紧，以固定瘘管（图 53.6a）。

图 53.4　膀胱荷包的制作。a. 膀胱被拉出体外；b. 在膀胱顶部做荷包；c. 在荷包中央剪一小口

图 53.5　包埋膀胱瘘管。a. 瘘管内端插入膀胱；b. 收紧荷包，固定瘘管内端

（10）使用 28 G 管塞紧插入外端管口（图 53.6b），防止尿液漏出。

图 53.6　固定并封闭瘘管外端。a. 固定瘘管外端；b. 管塞插入并封闭瘘管

（11）使用缝合线将膀胱瘘管接近外端膨大处固定于腹壁腹中线上（图 53.7a）。

（12）将膀胱瘘管外端埋入皮下，缝合皮肤（图 53.7b）。

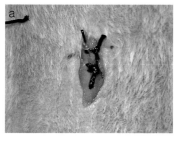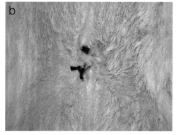

图 53.7　a. 将穿出腹壁的膀胱瘘管外端固定于腹壁表面；b. 缝合皮肤

（13）小鼠保温复苏后返笼，单笼饲养，正常饲养。

五、模型评估

膀胱括约肌耐受检测。

术后 1 周，可使用压力检测仪检测小鼠膀胱压力。

六、讨论

1.膀胱瘘管的制作

使用单极电烧灼器，在电灼头加热的情况下靠近 PE 10 管，此时 PE 10 管会因受热向后卷曲，形成膨大头（图 53.8）。电灼头偏向 PE 10 管头一侧，蘑菇头即可成斜面。瘘管长度可根据需要设计。本模型设计长度为 5 ～ 10 mm。

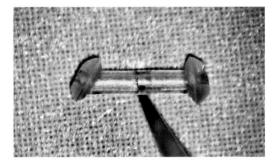

图 53.8　膀胱瘘管

2.膀胱荷包缝合

膀胱荷包缝合时要尽量避免损伤膀胱血管，同时荷包开口需稍大于瘘管的膨大头，以避免膀胱开口后荷包口的缝合线阻碍膨大头进入膀胱。

七、参考文献

UEDA T，YOSHIMURA N，YOSHIDA O. Diabetic cystopathy: relationship to autonomic neuropathy detected by sympathetic skin response[J]. Journal of urology，1997，157(2):580-584.

附 录

表 1　C57 小鼠（雄性，8 周龄）各器官的质量

编号	体重 /g	心脏 /g	肝 /g	脾 /g	肺 /g	肾 /g 左	肾 /g 右	脑 /g	凝固腺 /g	睾丸 /g 左	睾丸 /g 右	包皮腺 /g	眼球 /g 左	眼球 /g 右
1	21.5	0.106	0.894	0.060	0.112	0.123	0.120	0.433	0.014	0.078	0.083	0.077	0.018	0.019
2	21.6	0.112	0.937	0.068	0.127	0.129	0.145	0.393	0.010	0.067	0.071	0.088	0.018	0.018
3	21.6	0.100	0.922	0.059	0.100	0.123	0.134	0.433	0.014	0.071	0.068	0.052	0.019	0.018
4	20.9	0.112	0.928	0.073	0.118	0.121	0.126	0.431	0.013	0.063	0.067	0.070	0.017	0.016
5	21.5	0.112	1.069	0.068	0.112	0.129	0.140	0.420	0.013	0.068	0.070	0.072	0.018	0.020
6	20.2	0.091	0.964	0.064	0.109	0.112	0.126	0.416	0.013	0.057	0.064	0.080	0.016	0.016
7	20.9	0.107	0.928	0.054	0.116	0.112	0.120	0.404	0.014	0.057	0.071	0.056	0.018	0.019
8	20.3	0.135	0.907	0.069	0.120	0.123	0.126	0.423	0.010	0.068	0.070	0.056	0.018	0.019
9	19.5	0.101	0.902	0.061	0.107	0.127	0.139	0.413	0.014	0.080	0.076	0.079	0.018	0.018
10	21.2	0.113	0.985	0.066	0.117	0.139	0.139	0.425	0.013	0.084	0.084	0.057	0.019	0.020
均值	20.92	0.109	0.944	0.064	0.114	0.124	0.132	0.419	0.013	0.069	0.072	0.069	0.018	0.018
标准差	0.678	0.011	0.049	0.005	0.007	0.008	0.009	0.012	0.001	0.009	0.006	0.012	0.001	0.001

注：表 1～表 6 由上海实验动物研究所提供。

表 2　C57BL/6 小鼠（雌性，8 周龄）各器官的质量

编号	体重 /g	心脏 /g	肝 /g	脾 /g	肺 /g	肾 /g 左	肾 /g 右	脑 /g	子宫 /g	包皮腺 /g	眼球 /g 左	眼球 /g 右
11	19.6	0.139	0.816	0.060	0.128	0.104	0.109	0.427	0.070	0.017	0.019	0.020
12	18.8	0.131	0.778	0.062	0.122	0.106	0.113	0.438	0.053	0.015	0.020	0.020
13	18.4	0.084	0.806	0.063	0.142	0.116	0.123	0.438	0.054	0.008	0.015	0.019
14	17.1	0.102	0.770	0.048	0.130	0.100	0.112	0.450	0.036	0.008	0.019	0.022
15	18.2	0.104	0.760	0.062	0.109	0.110	0.110	0.420	0.070	0.011	0.019	0.019
16	18.4	0.099	0.749	0.049	0.126	0.108	0.122	0.441	0.050	0.004	0.022	0.022
17	17.9	0.089	0.669	0.057	0.075	0.092	0.098	0.434	0.033	0.005	0.018	0.017
18	17.6	0.099	0.714	0.054	0.109	0.100	0.104	0.436	0.042	0.006	0.019	0.017
19	17.5	0.089	0.694	0.065	0.074	0.108	0.095	0.439	0.065	0.005	0.021	0.018
20	17.5	0.118	0.682	0.051	0.120	0.100	0.093	0.414	0.082	0.004	0.021	0.020
均值	18.10	0.105	0.744	0.057	0.114	0.104	0.108	0.434	0.056	0.008	0.019	0.019
标准差	0.703	0.017	0.049	0.006	0.022	0.006	0.010	0.010	0.015	0.004	0.002	0.002

表3 C57BL/6小鼠（雄性）血常规数据

编号	白细胞（WBC）/（个/μL）	红细胞（RBC）/(10⁴个/μL)	血红蛋白（HGB）/（g/L）	红细胞压积（HCT）/(10⁻¹%)	平均红细胞体积（MCV）/(10⁻¹fL)	平均红细胞血红蛋白含量（MCH）/(10⁻¹pg)	平均红细胞血红蛋白浓度（MCHC）/(g/L)	血小板记数（PLT）/(10³个/μL)	红细胞分布宽度标准差（RDW-SD）/(10⁻¹fL)	红细胞分布宽度变异系数（RDW-CV）/(10⁻¹%)	血小板体积分布宽度（PDW）/(10⁻¹%)	平均血小板体积（MPV）/(10⁻¹fL)	大血小板比例（P-LCR）/(10⁻¹%)	血小板压积（PCT）/(10⁻²%)	中性粒细胞（NEUT#）/（个/μL）	淋巴细胞（LYMPH#）/（个/μL）
6	5140	988	159	508	514	161	313	1574	266	155	72	75	72	119	400	4370
7	2670	1080	165	517	479	153	319	1468	308	217	79	73	75	107	250	2340
8	3370	938	142	449	479	151	316	844	308	212	73	69	46	58	----	----
9	2410	1032	156	491	476	151	318	1545	295	209	78	72	65	111	260	2110
10	3410	1048	160	495	472	153	323	1931	340	236	91	74	78	143	370	2940
均值	3400.00	1017.20	156.40	492.00	484.00	153.80	317.80	1472.40	303.40	205.80	78.60	72.60	67.20	107.60	320.00	2940.00
标准差	953.058	49.471	7.761	23.409	15.218	3.709	3.311	352.367	23.880	27.081	6.771	2.059	11.444	27.768	65.955	879.460

（续表）

编号	单核细胞 (MONO#) /(个/μL)	嗜酸性粒细胞 (EO#) /(个/μL)	白细胞 (BASO#) /(个/μL)	中性粒细胞百分比 (NEUT%) /(10^{-1}%)	淋巴细胞百分比 (LYMPH%) /(10^{-1}%)	单核细胞百分比 (MONO%) /(10^{-1}%)	嗜酸性粒细胞百分比 (EO%) /(10^{-1}%)	白细胞百分比 (BASO%) /(10^{-1}%)	网织红细胞 (RET#) /(10^2/μL)	网织红细胞百分比 (RET%) /(10^{-2}%)	低荧光强度网织红细胞比例 (LFR) /(10^{-1}%)	中荧光强度网织红细胞比例 (MFR) /(10^{-1}%)	高荧光强度网织红细胞比例 (HFR) /(10^{-1}%)	未成熟网织红细胞比例 (IRF) /(10^{-1}%)	网织通道血红蛋白 (RBCO) /(10^4/μL)	电阻抗法血小板 (PLTI) /(10^3/μL)	光学法血小板 (PLTO) /(10^3/μL)
6	310	60	0	78	850	60	12	0	6096	617	616	234	150	384	868	1574	1213
7	40	30	10	94	876	15	11	4	6642	615	831	159	10	169	948	1468	808
8	-----	-----	10	-----	-----	-----	-----	3	6585	702	737	228	35	263	856	844	798
9	30	10	0	108	876	12	4	0	6264	607	752	206	42	248	908	1545	807
10	50	50	0	108	862	15	15	0	5492	524	850	133	17	150	956	1931	1027
均值	107.5	37.5	4.0	97.00	866.00	25.50	10.50	1.40	6215.80	613.00	757.20	192.00	50.80	242.80	907.20	1472.40	930.60
标准差	117.127	19.203	4.899	12.369	10.863	19.956	4.031	1.744	414.371	56.388	82.983	39.563	50.941	82.983	40.509	352.367	165.489

表 4　C57BL/6 小鼠（雌性）血常规数据

编号	白细胞(WBC)/(个/μL)	红细胞(RBC)/(10⁴个/μL)	血红蛋白(HGB)/(g/L)	红细胞压积(HCT)/(10⁻¹%)	平均红细胞体积(MCV)/(10⁻¹fL)	平均红细胞血红蛋白含量(MCH)/(10⁻¹pg)	平均红细胞血红蛋白浓度(MCHC)/(g/L)	血小板记数(PLT)/(10³个/μL)	红细胞分布宽度标准差(RDW-SD)/(10⁻¹fL)	红细胞分布宽度变异系数(RDW-CV)/(10⁻¹%)	血小板分布宽度(PDW)	平均血小板体积(MPV)/(10⁻¹fL)	大血小板比例(P-LCR)/(10⁻¹%)	血小板压积(PCT)/(10⁻²%)	中性粒细胞(NEUT#)/(个/μL)	淋巴细胞(LYMPH#)/(个/μL)
16	2260	1073	160	504	470	149	317	2030	291	212	87	77	94	156	420	1780
17	1510	962	154	474	493	160	325	1281	228	131	72	78	82	99	390	980
18	1620	1025	167	500	488	163	334	1345	221	129	71	75	66	101	140	1270
19	3010	1071	162	492	459	151	329	1869	287	212	82	75	83	140	230	2720
20	2550	997	153	464	465	153	330	1499	290	206	82	74	79	111	210	2280
均值	2190.00	1025.60	159.20	486.80	475.00	155.20	327.00	1604.80	263.40	178.00	78.80	75.80	80.80	121.40	278.0	1806.0
标准差	564.659	42.828	5.192	15.367	13.221	5.381	5.762	294.663	31.866	39.258	6.242	1.470	8.976	22.668	108.333	637.232

（续表）

编号	单核细胞(MONO#)/(个/μL)	嗜酸性粒细胞(EO#)/(个/μL)	白细胞(BASO#)/(个/μL)	中性粒细胞百分比(NEUT%)/(10^{-1}%)	淋巴细胞百分比(LYMPH%)/(10^{-1}%)	单核细胞百分比(MONO%)/(10^{-1}%)	嗜酸性粒细胞百分比(EO%)/(10^{-1}%)	白细胞百分比(BASO%)/(10^{-1}%)	网织红细胞(RET#)/(10^2/μL)	网织红细胞百分比(RET%)/(10^{-2}%)	低荧光强度网织红细胞比例(LFR)/(10^{-1}%)	中荧光强度网织红细胞比例(MFR)/(10^{-1}%)	高荧光强度网织红细胞比例(HFR)/(10^{-1}%)	未成熟网织红细胞比例(IRF)/(10^{-1}%)	网织通道血红蛋白(RBCO)/(10^4/μL)	电阻抗法血小板(PLT-I)/(10^3/μL)	光学法血小板(PLT-O)/(10^3/μL)
16	40	10	10	186	788	18	4	4	5086	474	861	122	17	139	937	2030	1024
17	90	50	0	258	649	60	33	0	4175	434	619	217	164	381	853	1281	1187
18	190	20	0	87	784	117	12	0	4069	397	664	188	148	336	900	1345	1035
19	50	10	0	76	904	17	3	0	4916	459	875	118	7	125	930	1869	866
20	50	10	0	82	894	20	4	0	5493	551	828	154	18	172	872	1499	748
均值	840	20.0	2.0	137.80	803.80	46.40	11.20	0.80	4747.80	463.00	769.40	159.80	70.80	230.60	898.40	1604.80	972.00
标准差	55.714	15.492	4.00	72.505	92.500	38.826	11.374	1.600	545.319	51.143	106.494	38.149	69.855	106.494	32.401	294.663	151.202

表 5 　C57BL/6 小鼠（雄性）血清生化数据

编号	谷丙转氨酶 (ALT)/(U/L)	谷草转氨酶 (AST)/(U/L)	总蛋白 (TP)/(g/L)	碱性磷酸酶 (ALP)/(U/L)	尿素 (Urea)/(mmol/L)	肌酐 (CRE)/(μmol/L)	尿酸 (UA)/(μmol/L)
1	38.2	123.0	57.79	226.8	11.14	14.2	98.2
2	34.2	130.1	54.46	276.8	9.46	15.5	58.0
3	30.0	136.3	54.59	206.5	11.50	13.0	66.2
4	29.1	69.4	54.83	313.3	9.25	13.6	50.1
5	30.2	104.5	55.80	356.4	7.70	14.5	70.8
均值	32.34	112.66	55.49	275.96	9.81	14.16	68.66
标准差	3.416	24.116	1.240	54.967	1.379	0.845	16.379

表 6 　C57BL/6 小鼠（雌性）血清生化数据

编号	谷丙转氨酶 (ALT)/(U/L)	谷草转氨酶 (AST)/(U/L)	总蛋白 (TP)/(g/L)	碱性磷酸酶 (ALP)/(U/L)	尿素 (Urea)/(mmol/L)	肌酐 (CRE)/(μmol/L)	尿酸 (UA)/(μmol/L)
11	19.5	105.8	56.89	171.2	10.15	12.8	49.0
12	25.7	138.0	60.88	141.4	11.78	14.0	51.8
13	21.1	134.8	55.43	203.9	9.62	11.1	38.2
14	24.1	153.5	56.69	216.0	13.90	12.5	47.7
15	26.2	200.0	52.31	206.1	13.17	11.7	53.4
均值	23.32	146.42	56.44	187.72	11.72	12.42	48.02
标准差	2.611	30.909	2.759	27.633	1.657	0.991	5.305